團隊建設
與
有效溝通

程新友 著

崧燁文化

目 錄

出版說明

　　「飯店經理人叢書」涉及戰略、品牌、企業文化、品質管理、人力資源、市場營銷、財務、法律知識、收益管理、安全管理及創新力等飯店營運中的重大專題，由管理經驗豐富的飯店人或研究飯店企業的專家學者執筆，力求用通俗的語言講述飯店經理人自己的探索與實踐經驗。此叢書以服務現實為出發點，以解決飯店管理中的症結為主線，以國際上飯店管理的新趨勢、新理念為參照，以提升飯店經理人的管理水平為最終目的，以向飯店經理人傳輸新思想為最高追求。為了方便飯店經理人閱讀，我們在每章中以「導讀」模組列出了章內重點知識或閱讀指導；為使飯店經理人對內容有直觀認識並引發讀者思考，我們設置了「案例分析」模組。透過對寫作專題的嚴格選擇和對編寫體例的精心設置，做到內容與形式的最優化結合，集中凸顯實用風格。

　　「飯店經理人叢書」是一個開放的體系，我們希望有更多的飯店業經營者、管理者與專家學者加入到叢書的寫作隊伍，在讀者、作者與我出版社的共同努力培育下，讓這套飯店經理人的圖書永遠反映時代的脈動。

第一章 團隊與優秀團隊

導讀

團隊是由團隊成員及其領導者組成的一個共同體，該共同體透過合理利用每位成員的知識和技能，協同工作、解決問題，達到共同的目標，從而實現組織的高效運作。作為一個團隊，它要符合自主性、創造性和合作性等三個條件，否則就只是一個群體。要使團隊對目標達成一致，其關鍵是確立目標責任。成功打造一支優秀的團隊是飯店經理人的一項重要使命。

第一節　團隊不等於群體

引言

◎知名的成功學大師拿破崙‧希爾曾經這樣描述團隊：

首先，一個團隊要有一個清楚的目標或使命，這個目標或使命通常包括在組織的使命中，體現了組織的遠大目標。憑藉著這個目標，團隊才會有方向感。相對於整個團隊來說，團隊中的每個小組也有其明確的目標，而小組的每位成員的作用也很清楚明確。

其次，高績效的團隊會有一位充滿活力的領導者，他知道怎樣合理有效地利用好團隊每個成員的力量，來高品質地解決問題，而這樣解決問題的效果遠遠超過一個成員單打獨鬥所帶來的效果。

第三，在團隊中，溝通是開放和坦誠的。團隊的每個成員可以透過溝通、合作發現分歧並處理分歧。團隊的所有成員都參與決策，並共同推動決策的執行。

最後，高績效團隊的氛圍良好，每位成員都以成為團隊的一員為榮。他們榮

辱與共、同舟共濟，一起為成功喝彩，將失敗作為學習的機會，並努力在下一次做得更好。

「團隊」是管理學上獨具魅力的一個詞。在競爭激烈的知識經濟時代，單打獨鬥已經成為歷史，現在的競爭已經不再是個體之間的競爭，更多的是團隊與團隊、組織與組織之間的競爭。許多時候，目標的實現、困難的克服、挫折的平復，不能僅是憑藉個人的力量和勇氣，而必須要依靠整個團隊的智慧。

‖ 一、什麼是團隊

◎在非洲的草原上，如果看到羚羊在奔逃，那一定是獅子來了；如果看到獅子在躲避，那一定是象群發怒了；如果看到成百上千的獅子和大象集體逃命的壯觀景象，那就是螞蟻軍團來了。

也許個體的力量是微不足道的，但是團隊的力量往往不容忽視，甚至是令人震撼的。一個人辦不成的事情，往往一個團隊可以輕而易舉地做到。一支優秀的團隊往往可以創造出一個個偉大的奇蹟。

◎佛祖釋迦牟尼曾問他的弟子：「一滴水怎樣才能不乾涸？」弟子們面面相覷，答不上來。釋迦牟尼說：「把它放到大海裡去。」

小溪能泛起美麗的浪花，卻無法波濤洶湧，只有大海才能納百川，激起「驚濤拍岸、捲起千堆雪」的萬丈巨浪。個人與團隊的關係，就像這小溪與大海的關係，只有當涓涓細流匯聚成大海，才能樹立海一樣的遠大目標，敞開海一樣的寬廣胸懷，散發出海一樣的巨大能量。個人的發展離不開團隊的發展，每個人只有將自己的目標與團隊的目標融為一體，與團隊同舟共濟的時候，才會隨著團隊的發展而實現個人的目標和價值。

（一）團隊的概念

◎英國有句諺語：「一個人做生意，兩個人開銀行，三個人能建殖民地。」

什麼是團隊？美國知名管理學家喬恩・R・卡曾巴赫認為，團隊就是由少數有互補技能，願意為了共同的目的、業績目標和方向而相互承擔責任的個人組成

的群體。在團隊中，個人利益、局部利益、整體利益是相互統一的。同時，作為一個團隊，它還要符合三個條件：自主性、創造性和合作性，如果不具備這三個條件，我們只能說它是一個群體，而不是團隊。

1.自主性

團隊要有自主性，這就要求團隊領導者要對團隊成員適度放權，讓成員能夠自主做事。可以這麼說，如果成員找領導者的次數越多，就表明團隊的自主性越差。那麼，怎樣才能提高團隊成員的自主性？

（1）釐清授權範圍

領導者要能釐清自己的授權範圍，掌握團隊每位成員的「有效操作空間」。

（2）自主處理

領導者要向被授權的成員說清楚他的權限，並形成為文字。

（3）合理安排工作

領導者還要根據重要性和急迫性，將各項工作安排好先後順序。

（4）共同商議

領導者要和所授權的成員共同討論授權範圍的擴大或縮小等事宜。

（5）問題細項化

領導者還要關注團隊成員的工作，指出他們工作中存在的問題與不足，並形成書面文字，將每項問題細項化。

讓成員有自主性，就是要讓成員充分地感受到是自己在決定要如何處理並解決問題，而不是處處讓別人指使自己去工作。給團隊成員充分的自主權，可以使成員在工作的過程中，在履行職責的同時實現自身的價值，從而獲得較大的心理滿足，進而最大限度地激勵出成員的積極度和創造性，讓成員釋放工作熱情，使整個團隊的工作效率大大提高。

2.創造性

　　許多團隊都存在著這樣一種現象，即領導者下達命令、作出決策，而下屬只是依照領導者的指示做事。什麼事情都是領導者一人思考，一人決策，這樣的團隊是沒有創造性的團隊。作為團隊的領導者，要經常思考的是問題的關鍵點，以及定期對團隊的工作提出流程改善建議，對於該如何實施等涉及到細節的具體操作步驟應交由下屬去思考。那麼，領導者應該如何培養成員的創造性呢？

　　（1）鼓勵學習

　　領導者要鼓勵成員透過閱讀和蒐集相關訊息加強對新知識的攝取，創建學習型團隊。

　　（2）自我檢查

　　領導者應要求每位成員作自我檢查，對目前工作狀況的缺失進行分析，並提出具體的改進意見。

　　（3）優化改良

　　領導者應要求成員在學習和借鑑他人優點與長處的基礎上，結合自身特點，優化改良，提出新觀點、新想法、新方法。

　　（4）有創造性思維

　　領導者還要引導成員打破固有的思維方式，形成創造性的思維模式。

　　作為團隊的領導者，要努力培養成員的創新意識，使團隊具有創造性，改變傳統「上令下行」的管理方式，使團隊能夠突破現狀，不斷超越、不斷發展和進步。

　　3.合作性

　　一個人的手，雖然五根手指有長有短、有粗有細，雖然名稱不同，各司其職，每根指頭的力量也有限，但是只要它們緊密合作、共同發力，只要揮出為掌，則夾裹一縷勁風；握緊為拳，則蘊涵虎虎生氣。一個團隊就好比是這隻手，它的威力來自於成員間的緊密合作。如果一個團隊缺少成員之間的精誠合作，那麼，再完美的策略、再偉大的創意都是沒有用的。合作是一切團隊成功的保障。

（1）身先士卒

在團隊遇到重大任務或困難，尤其是比較棘手、難以解決的問題時，領導者要能夠身先士卒、勇為表率，以自己的實際行動激勵大家團結一致，共同戰勝困難。

（2）轉變角色

領導者在下屬面前不宜始終保持威嚴的形象，而要視具體情況靈活轉變角色。例如，對於新來的下屬，領導者要充當教練員的角色，指導並幫助下屬適應新的工作、新的環境。

（3）不要推諉

工作中出現一些失誤是難免的，重要的是當問題出現時，一個具有合作意識的團隊，其成員，尤其是團隊的領導者應勇於承擔責任，主動想辦法去解決問題、彌補過失，而不是相互推諉、相互指責。

案例1-1

◎某飯店採購部負責採購飯店經營所需的原材料、酒水及辦公用品等，工作多且繁瑣。該飯店的每一位採購員採購回飯店各部門所需物品後，並不是把物品往倉庫裡一丟，等所屬部門急用時，再讓他們填寫工作聯絡單和物品出庫單領用物品，而是親自將單據填寫好之後，把單據和物品一起送到相關部門，這充分體現了該飯店優秀的團隊合作精神。

案例1-2

◎某飯店的工程部門負責整個飯店設施設備的維護，以保證飯店各個環節的正常營運。這家飯店具有良好的團隊合作氛圍，其工程部的員工並不是坐在辦公室裡，等著其他部門出現問題後拿著維修單找來時，才提著工具箱前去檢修，而

是巡視飯店的各個場所（例如，每天下午14：00　去客房部的房務中心拿維修單），發現問題就及時處理，將問題解決在最初階段。同時，工程部的員工在維修時總帶著工具箱及一大塊布，為的是在工作時先將布鋪在地上以防地面弄髒。而不是像有些飯店，維修後才要房務員或清潔員來打掃，這充分體現了該飯店二線部門為一線部門服務的精神。

事實上，每個團隊都有兩種客戶：一種是外部客戶，這個大家都能認識到；另一種是內部客戶。對於後者，大家往往不以為然，容易忽視。事實上，團隊各個成員之間也相當於一種客戶關係，大家在服務外部客戶的同時也要服務好團隊內的其他成員，如果連自己的人都服務不好的話，怎麼可能服務好難以掌控的外部客戶呢？要知道，一個團隊之所以強大，甚至所向披靡，其根源不在於其每一位成員個人能力是否卓越，而在於其成員整體的團隊合作性是否強大到具有競爭力。

（二）團隊由哪些要素構成

團隊是指擁有共同的效益目標、在工作中緊密合作並相互負責的一群人。任何形式的團隊，都包括五個要素，簡稱「5P」。

1.目標（Purpose）

團隊應該有一個既定的目標。目標是團隊成員的行動導航，使團隊清楚要往哪個方向發展，成員個人又該往哪個方面努力。沒有目標，團隊就沒有方向。

2.人員（People）

人員是構成團隊的最核心的力量。目標是透過人員的具體行動來實現的，所以，人員的選擇是團隊中非常重要的一項工作。在一個團隊中，有的人要制定計劃，有的人要執行計劃；有的人要協調不同的人一起工作，有的人要監督團隊對目標的實施情況，不同的人透過各自具體的分工來共同完成團隊的目標。

3.定位（Place）

團隊的定位，包括團隊整體的定位和團隊成員的個人定位。在飯店組織中，團隊整體定位是指，團隊在飯店組織中位於什麼位置，團隊最終是對誰負責；團

隊的個人定位是指,團隊成員在團隊中具體扮演什麼角色。

4.權限(Power)

在以飯店經理人為核心的團隊中,飯店經理人授權程度的高低與團隊的整體發展有關。一般情況下,團隊發展越成熟,飯店經理人的授權程度越高,對下屬的直接管轄相對越少。

5.計劃(Plan)

團隊目標的實現需要一系列具體的行動方案,詳盡的計劃可分解為實現目標的具體工作任務,只有在計劃的控制下,團隊才能夠向目標一步步邁近,並最終實現目標。

‖ 二、團隊與群體的區別

◎請思考,下面五種類型,哪些是群體?哪些是團隊?

國家體操隊、某飯店客人、某飯店銷售部、候車廳的乘客、某民間舞龍隊。

實際上,在這五種類型中,只有國家體操隊、某飯店的銷售部和某民間舞龍隊才是真正意義上的團隊,而某飯店客人和候車廳的乘客只是群體。

如果一群人只是偶然入住同一家飯店,這只能說是一群人在一起,而並不是一個透過共同合作來達到共同目標的團隊。但是如果飯店突然出現意外事故,例如,意外失火了,這群人想要儘快逃離,於是就有了共同目標而結成為團隊。

團隊與群體容易混淆,但是團隊不等於群體,兩者之間有著本質上的差別。群體僅是一群人的集合;而團隊則是有組織、有紀律、有思想、有目標的一群人的組合。

表1-1 群體與團隊的區別

	群　體	團　隊
1	對個人負責	每個人之間相互負責
2	目標和宗旨不統一	有統一的目標
3	強調個人成果	強調集體成果
4	沒有固定、明確的領導者，且每個人的責任不明確	共同承擔領導責任
5	根據自身的業績間接衡量自己的效率	根據集體的工作成果衡量績效
6	上令下行	鼓勵開放式討論，共同制定決策

根據表1-1的歸納，我們可以將團隊與群體的區別概括為以下幾個方面：

（一）核心方面

群體只是人們因為偶然的機遇走到一起，他們中間沒有一個能夠產生統帥作用的關鍵人物，彼此之間也沒有共同的目標和利益關係。但是團隊會有一位核心人物，帶領團隊各成員一起去實現共同的目標。

（二）目標方面

群體可以沒有明確的目標，但是團隊要有明確、可行的共同目標，且各成員對目標必須要有認同感。目標是凝聚團隊成員的向心力，是引領團隊前行的導航，是形成團隊的最根本的因素。

（三）合作方面

群體是個不穩定的組織，群體成員之間的關係也比較複雜，可能是對立的，也可能是友好的。而團隊成員則必須齊心協力，只有這樣才能實現團隊目標，從而打造高績效團隊。

（四）責任方面

群體分工不細緻，也不嚴謹，因此，在責任劃分上也不明確，容易發生爭論、推諉的現象。而團隊成員職責分明，成員不僅要為自己負責，還要為整個團隊負責，必須承擔因個人行為導致團隊利益受損的責任。

（五）技能方面

群體中個人的技能可以不同，也可以相同；而團隊中，成員之間的技能必須

是互補的，只有將具備不同知識、技能、經驗的人組合在一起，才會實現團隊的有效組合。

（六）結果方面

群體缺乏領導核心，所以績效很難以絕對的標準來考核，容易受個人能力、個人作用的影響。團隊是一個整體，不存在個人主義，因此，個人的績效也就是團隊的績效。

第二節　飯店的團隊

引言

◎　有一位知名的船長，帶領船上的夥伴無數次地破風擊浪。他說要想團結好船上的這些夥伴，讓他們努力工作、聽從指揮，就必須讓他們達成一個共識：這是我們每一個人的船，而不是某一個人的船。

◎　在群雄逐鹿的電器市場，海爾家電集團能夠脫穎而出、傲視群雄，成功打入國際市場，原因一定是許多的。但是，有一點不能忽視的是海爾員工的萬丈豪情：因為這是我們的海爾。

◎白手起家的中國乳業第一人牛根生，最大的願望就是要把「蒙牛」經營成一家百年老店，他說：「『蒙牛』不是屬於牛根生一個人的，它是屬於千萬消費者、百萬酪農和十萬股東的。」

☆　飯店作為一個系統性、紀律性、規範性很強的組織，其本身就是一個大的團隊；而飯店的各個部門、各個成員小組，又是一個個崗位較小的團隊。飯店要建立起團結一致、堅不可摧的團隊，就要向每一位員工灌輸這種理念——這是我們大家共同的飯店！

‖ 一、飯店的團隊組織結構

飯店的組織形式表現為飯店的組織結構，它反映的是飯店內部的指揮系統、

21

訊息溝通網絡和人際關係等各部分之間關係的一種模式。是指對於工作任務如何進行分工、分組和協調合作的模式。組織形式不僅體現了人們工作中的相互關係，而且還反映了飯店不同階層、不同部門、不同職位的職責和權力。同時，也為飯店各部門、各環節之間的溝通與合作提供了框架，為整個飯店管理奠定了基礎。組織結構的模式將隨著飯店任務的發展而更新演變，並最終影響飯店組織效率的發揮。飯店組織結構是飯店的指揮管理系統，飯店內各部門和人員之間的權責關係，飯店各項工作之間的上下左右協調關係和隸屬關係，均透過組織結構來表示。

（一）組織構成要素

飯店組織作為一個系統性很強的團隊，一般要包括三個基本要素。

1.特定的目標

任何的組織都是因為共同目標而存在的，不論這種目標是明確的還是模糊的，它總是組織存在的前提。沒有目標，組織就沒有存在的必要性。一個飯店是由許多個部門組成的，部門內還可分成若干單位。但是這些部門都是為了完成飯店組織的總目標而建立的，並為完成總目標制定了部門目標，只有當各個子目標得以實現時，飯店組織的總目標才會得以實現。

2.組織成員

一個組織是否具有生命力，能否在激烈的市場競爭中得以生存和發展，關鍵就在於組織中的人。人既是組織中的領導者，又是組織中的被領導者。在一個組織中，人與人之間形成了如同事關係、上下級關係等多種人際關係，良好的人際關係是建立組織系統的基本條件和要求。一個組織能否協調一致，發揮組織的優勢，很大程度上取決於組織的領導者能否帶領組織成員處理好各種人際關係。如果領導者無法處理這些關係，將很難行使權力實施有效的管理。

3.組織結構

飯店各種關係的處理，必須有統一的規範，這就是組織結構。即明確每個人在組織中所處的位置以及相應的職務，建立相應的職位體系和規章制度，就可以

形成一定的組織結構。為了體現組織的力量，組織必須根據個人的特點、才幹、性格等，科學性的進行分工，合理安排個人的職務，使人人各盡其能、各司其職。

　　飯店組織作為一個大的團隊，具有一定的結構基礎，組織中的每一個成員能夠明確知道自己在組織中的地位和作用，明白其職責和權限，以使工作指令能沿著指揮鏈從上一級向下一級傳達。這種組織有利於嚴格控制，因為任何一個人都無權過問職責以外的事務。同時，這種組織也有利於實現生產專業化，提高效率，減少人際之間的摩擦。此外，也有利於監督、檢查工作，容易協調組織中各部門的關係。

　　（二）飯店團隊組織結構設計的原則

　　飯店的團隊組織結構設計，是以組織結構安排為核心的組織系統的整體設計工作。組織結構的設計原則是對飯店組織結構的準則和要求。雖然飯店的組織結構必須適應各自的經營目標和環境，但是設計原則可理解為判斷組織結構是否合理的必要條件。凡是符合設計原則的組織結構通常被認為是合理的，否則就要進行組織變革，如何變革同樣要從組織設計原則中尋找方向。為了更好地發揮組織的功能，就必須遵循以下設計原則。

　　1.目標明確化的原則

　　任何一個組織的存在，都是由它特定的目標所決定的。也就是説，每一個組織和這個組織中的每一個部分，都是與特定的任務、目標有關係，否則它就沒有存在的意義。就飯店而言，其組織結構形式要為飯店的經營業務服務，服從飯店的經營目標，使飯店的組織結構與飯店的目標密切相連，並把各級領導者和全體員工組織成一個有機的整體，為提供符合社會需要的高品質的服務產品和創造良好的社會經濟效益而奮鬥。

　　人是組織中的靈魂，因此，組織設計也要有利於組織成員在工作中得到培養、提高與成長，有利於吸引人才，發揮員工的積極性和創造性。

　　2.等級鏈原則

「等級鏈」由法國古典管理學理論家亨利‧法約爾提出，是組織系統中處理上下級關係的一種規則。飯店組織的等級鏈的基本含義是指，飯店組織從上到下形成若干管理階層，從最高階層的管理者到最低階層的管理者之間形成一條等級鏈，逐級發布命令、指揮業務運作。該鏈條結構所反映出的組織特點表現為以下幾個方面：

（1）強調階層管理。飯店管理組織必須根據飯店的規模、等級，形成若干管理階層，提倡層層管理、層層負責，原則上不越級指揮。

（2）強調權責統一。職責與職權是組織理論中的兩個基本概念。職責是職位的責任、義務；職權是在一定的職位上，為履行其責任所應具有的權力。在等級鏈原則中，各管理層均有明確的職責，並擁有相應的權力。只有責而無權，則難以履行職責；有權而無責，也會造成濫用權力、盲目指揮，產生官僚主義。

（3）強調命令統一。命令統一就是要求各級管理組織機構，必須絕對服從它的上級管理機構的命令和指揮，每個管理階層的指令均應與上一級組織的指令保持一致，而每個成員原則上也只有一個上級，並且只聽命於直屬上級交辦的命令。誰下指令誰負責。同時，成員在執行團隊領導者指令的時候，不是簡單地重複上級的指令，而是在不違背上級指令的同時，結合本身實際情況而有所發揮、有所創造。

3.分工合作原則

分工就是按照提高專業化程度和工作效率的原則，把總體的任務、目標分解成各級、各部門及每個人的任務、目標，以避免出現表面上是共同負責，實際上是職責不分、無人負責的混亂局面。合作就是在分工的基礎上，明確部門之間和部門內部的協調關係和配合方法。飯店要堅持分工合作的原則，關鍵是要儘可能地按照專業化的要求來設置組織結構。在工作中，要嚴格分工，分清各自的職責，在此基礎上，要將相關的合作關係透過制度予以規定，使各個部分、各種資源形成一股指向目標的合力，使各部門內外的協調關係走上規範化、標準化、程序化的軌道。

4.管理跨度原則

所謂管理跨度，是指一位上級領導者所能直接、有效地領導下級的人數。由於每個人的能力和精力是有限的，所以一個領導者能夠直接、有效指揮下級的人數也是有一定限度的。根據「法約爾跳板原理」，隨著飯店規模的擴大，管理階層相應增多，形成金字塔狀。當然，一位領導者實際能夠領導多少員工，還要取決於上下級的工作能力、工作班次和外部環境的變化等多種因素。

5.精簡高效原則

所謂精簡高效原則，就是在保證完成目標，達到高品質服務水準的前提下，設置最少的結構、用最少的人完成組織管理的工作，真正做到「人人有事做、事事有人做」，保質又保量。為此，飯店管理組織結構中的每個部門、每個環節，以至於每個人，都是為了一個統一的目標，組合成最適合的結構形式，實行最有效的內部協調，使工作處理得高效、準確，而且減少重複和推諉，使組織具有較靈活的應變能力。

6.不斷創新原則

飯店所處的環境是不斷變化的，飯店的經營目標和範圍也會因為各種原因而有所調整。所以，飯店組織要能夠與時俱進、不斷創新。組織創新，是指對組織要素的創新性組合和組織運行機制的創造，旨在使組合適應變化的環境，以達到持續、穩定發展的目的。組織作為一個系統，對內面對成員個人，對外面對環境。一方面，要集合組織內個人的力量，形成有機的整體，以便更好地實現組織目標；另一方面，要適應環境，謀求自身發展。這種特殊的性質，決定了組織不可避免地處在各種矛盾之中。組織創新的基本目標，就在於緩和組織本身發展過程中的矛盾與衝突。

（三）組織結構的類型

目前，比較典型的飯店組織結構主要有直線制組織結構、直線職能制組織結構、事業部制組織結構、矩陣型組織結構等四種類型。其中，直線職能制的組織結構是中國大陸飯店普遍採用的一種飯店組織結構。

直線職能制的組織結構是直線制組織結構和職能制組織結構相結合的產物，

它以直線制的垂直領導和嚴密控制為基礎，同時又吸收職能制組織結構中劃分職能部門以有利於各部門集中注意力進行專業化服務、監督和管理的特點，從而使該類組織結構模式兼具了兩者的優點，更有利於飯店的經營和管理。直線職能制組織結構將飯店所有的部門分為兩大類：一類是業務部門，例如，銷售部、客服部、客房部、餐飲部、康樂部、工程部等；另一類是職能部門，例如，人力資源部、財務部、安全部等，而每一個部門都由若干工作組成，每一個工作的職責又由相關員工來承擔。不同規模、不同等級的飯店通常有各自的組織形式。一般大型飯店的組織結構設置，包括總經理室、人力資源部、公共關係部、銷售部、客服部、客房部、餐飲部、康樂部、財務部、安全部、工程部等。如圖1-1。

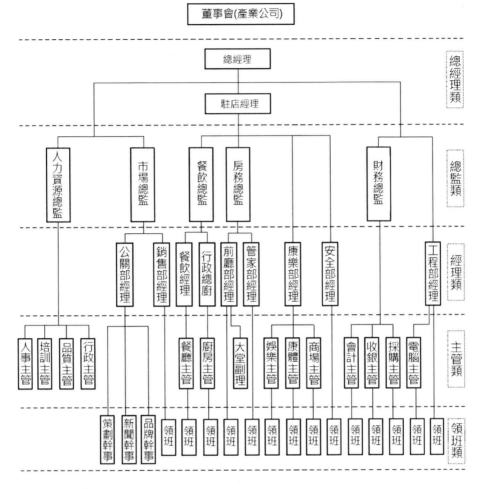

圖1-1 大型飯店組織結構圖

‖ 二、飯店是一個團隊

　　飯店是一個相互聯絡著的統一的整體，是一個大的團隊，許多的任務和工作，不是某一個人、某一個部門能完成的，通常都是整個團隊共同合作的成果。飯店目標與要求的實現，有賴於各部門的配合與合作。如果飯店內部各部門之間經常相互推諉、相互攻擊、互不配合，則難以形成一個成功的團隊。

　　飯店的每一位員工都要具備團隊觀念和全局意識。一個只能做好本份工作的群體不是一個好的團隊，只有能夠以互助為樂、協助他人做好工作，並為他人創造便利條件的團隊，才是一個優秀的團隊。

　　（一）上級支持，下屬配合

　　有人說：「一個成功的團隊，70%的精力用在各種人際關係的處理上。」取得上級的支持，是員工參與決策管理、保證工作順利進行的前提。同時，因為飯店的許多工作都需要下屬獨立完成，飯店的領導者不可能無時無刻進行監督，因此，取得下屬的配合也是飯店領導者在團隊管理工作中的一項重要工作。也就是說，團隊的各個成員要想做好本份工作，首先要取得上級的支持，能為上級排憂解難；而領導者也要取得下屬的配合，讓下屬盡心盡力地做好各項工作。

　　（二）各部門合作配合

　　做好飯店管理工作，如果只顧自己埋頭苦幹是遠遠不夠的，還需要其他部門的配合和支持。一個團隊如果其成員之間是團結的、敬業的；相互合作與相互配合的，那麼，這一定是一個高效率的團隊。團隊各個成員的一項重要職責就是保持部門之間良好的合作關係。

　　1.擺正各部門的位置

　　◎　東方文華飯店的信念是：「如果你不是直接為客人服務的，那麼你的職責就是為那些直接為客人服務的人服務。」

　　團隊成員應充分認識到：飯店是一個整體，只有各個部門共同合作才能使飯店得以正常運轉和發展。不論哪個部門、哪個單位的工作脫節，都會影響飯店的正常運轉和服務品質，進而影響飯店的效益。因為沒有櫃台部門，後台部門的工作就失去意義；而沒有後台部門的協助，櫃台部門也無法提供讓客人滿意的服務。

　　2.明確工作職責

　　部門之間的關係難以處理的一個重要原因，是各部門互相依賴卻又各自為政，因而，經常會出現「踢皮球」的現象。為了避免「踢皮球」、相互爭論和相

互推諉，飯店經理人就必須明確各部門及單位的具體工作職責，要求每個成員都各司其職、各守其責，飯店才能正常營運。

以飯店大廳副理為例。大廳副理的工作職責是什麼？他的工作內容又是什麼？作為飯店的大廳副理，他的主要工作是巡視大廳情況、解決客人的疑難問題、處理客人的投訴、向客人介紹飯店環境，代表飯店做好VIP客人的迎送工作等。

處理客人投訴是大廳副理的一項重要職責，但僅僅處理好客人投訴是遠遠不夠的。事實上，當客人心中有抱怨時，只有很少數的人會告訴你，大部分心裡感到不愉快的客人從不向飯店反映問題，其中絕大部分的客人選擇了不再來飯店光顧。所以，選擇投訴的客人，實際上是為飯店改進服務提供了一次機會，飯店對於客人的投訴應持歡迎的態度。

大廳副理的工作還包括一項新內容——拜訪客人，主動徵詢客人的意見，化被動接受客人投訴為主動查缺補漏。在通常情況下，大廳副理每天要拜訪15位客人。首先，大廳副理要向客人表示歡迎、問候，然後根據飯店的實際情況徵詢客人對飯店設施、設備、服務項目、服務水平等方面的意見和建議，再將這些訊息整理，彙報給飯店的高層領導者，同時與相關部門聯絡，及時處理客人的投訴。透過主動拜訪，飯店可以直接了解到客人對各服務項目和設施的反應，並且能夠真正做到有的放矢地改進工作，不斷提高飯店的服務品質和服務水平。

案例1-3

◎　　某飯店1001房間的蔣先生，在飯店大廳休息時，大廳副理主動迎上前去，禮貌地詢問蔣先生對飯店的設施設備、服務工作等有什麼意見和建議。蔣先生反映他的房間的浴室馬桶漏水，並且浴缸下水道較不暢通。於是，大廳副理立即聯絡工程部人員到蔣先生的房間將這些故障及時排除，蔣先生事後表示非常滿意。大廳副理又向工程部和客房部的負責人回饋此訊息，使他們能夠及時檢修每個房間的設施設備。

3.樹立全局觀念

◎ 沒本事的人總是埋怨別人，有本事的人會先檢視自己。

當部門之間出現衝突時，不要急於指責當事人，更不要把部門間的矛盾暴露在客人面前，而應該先解決客人的問題，幫助其他部門處理好問題。至於部門間的責任問題，應該在事後設法彼此達成一致意見，以求徹底解決。飯店經理人應該在整個團隊中樹立全局觀念，讓每一位成員都能體會到：飯店是一個團結合作的整體。

案例1-4

◎ 在一次飯店會議上，銷售部回饋的客人意見中有一條是：客人投訴飯店裡的白蝦死後仍放到餐桌上給客人食用。採購部在早會上反駁，表達他們每次都會及時將死掉的白蝦挑選出來。

試想一下，如果採購部的海鮮管理員真的及時將死掉的白蝦挑選出來的話，客人的投訴也就不可能會產生了。從白蝦的採購到放到客人的餐桌上，可能要經過許多個環節：採購部的採購員採購食材→財務部的驗收員驗收→海鮮房的管理人員管理→廚房的廚師取出白蝦清洗、配菜→廚師烹煮→劃菜員劃菜→傳菜員傳菜→服務人員上菜。在眾多的環節中，無論哪一個環節若能都仔細把關，這道有問題的菜也就不可能出現在客人的餐桌上。然而，如果餐飲部、採購部都認為自己已經做好份內的工作，認為這個問題不可能出現，那麼同樣一個問題可能就會重複出現在我們的飯店裡，接下來就是客人的再次投訴。而換一種方式，當這個問題出現以後，餐飲部、採購部都把它當作一個重要問題來仔細檢視、查核，再把它進一步擴展，想到其他蝦子、黃魚等是否也會出現這種情況，那麼以後此類問題就會杜絕了，從而也就此提高了飯店的經營效果。

4.遵守協議

◎ 己所不欲，勿施於人。

如果想使兩個部門之間的關係惡化，最簡單的方法就是違反合作協議，把自己的工作強加於別人身上。違反協議，即使是無意的，也很容易引起對方的敵意，進而影響部門間的團結。言而有信，是一個人的立身之本，對一個團隊來說也同樣重要。

5.訊息傳遞及時有效

在管理工作中，飯店經理人應努力去了解各部門的一些重大活動，把一些關係到其他部門或單位的訊息及時傳遞到位。例如，某項主題活動的展開、某種促銷活動的推出、客房內新增加的設施設備等，都應告訴飯店相關部門的負責人，以方便員工向客人宣傳，這也是團隊觀念的體現。

6.互相尊重

◎ 你敬我一尺，我敬你一丈。

互相尊重，包括三方面的意義：一是對人的尊重；二是對其他部門成員的尊重；三是對他人不同意見的尊重。飯店經理人應該傳達這樣的訊息給下屬和員工：即我不贊同你的這種意見，但我欣賞你這個人，認可你的工作成績。

7.每位員工都是服務人員

（1）後台為櫃台服務

案例1-5

◎　在一家飯店的大廳，在旺季時經常可以看到這樣一種現象：一個會議剛結束，各部門的管理人員及員工馬上來到會場，開始整理會場並布置下一場的宴會。有的搬椅子，有的擺放餐桌，有的鋪台布。半小時後，當休息完畢的客人前來用餐時，會場已經布置成了一個可容納500多人的宴會廳，又開始接待參加會議的客人用餐。在忙碌的人群中，有可能是客房部經理在擺放桌椅，有可能是人力資源部經理在布置餐廳。而宴會服務中，有可能是銷售部、財務部員工在值班；有可能是安全部、工程部或其他部門的員工在傳菜。一切都顯得有條不紊、

忙而不亂。這樣的場面要歸功於該飯店注重全員輪班的培訓，向大家灌輸：每位員工都是飯店服務人員的角色意識，和後台員工必須為櫃台員工服務的服務意識。

　　飯店是一個大團隊，不分你我，彼此之間如同一家人。提供高品質的產品和服務，贏得客人的滿意，實現飯店的效益，是飯店所有成員共同的目標。所以，櫃台部門在對客人服務中遇到困難需要幫助時，後台員工要能夠及時提供必要的幫助。

　　（2）前道工序為後道工序服務

案例1-6

◎　餐廳營業結束，服務人員在清理桌面時，將客人在用餐過程中對菜餚、服務與管理的評估，以及用餐後的剩菜情況作出統計，並上交領班，由餐飲領班在部門會議上向部門彙報，或每週一次彙總後交給行政總廚，這樣更方便我們發現服務與管理上的不足並加以改進。同時，行政總廚也能從中清楚地了解到餐飲菜餚的品質，以及大部分客人的口味和他們的需求，從而有針對性地對菜餚進行調整。

　　飯店的服務工作是連貫的。對客人而言，無論哪個環節都代表著飯店整體的服務。在飯店的經營運作中，可以把後道工序當作是前道工序的客人。例如，餐飲部和客房部是採購部的客人，而客服部又是客房部的客人，整個飯店中各部門之間互為客人，這樣一來，各部門之間可緊密合作，避免不必要的組織內耗，提高飯店的工作效率，減少內部人力、物力、財力的浪費。又例如，幾乎在每個飯店的餐飲部和廚房之間都存在著不同程度的矛盾，究竟餐廳與廚房，誰服從誰？一時間人們難下結論。但是，如果大家有前道工序為後道工序服務的意識，二線圍著一線轉，廚房圍著餐廳轉，餐廳圍著客人轉，這樣的話，廚房就會無條件地滿足餐廳的要求，也就是滿足它的客人的要求。飯店只有使我們的客人滿意而歸，才能促使客人再次高興而來。所以說，飯店員工除了做好本職工作以外，還

必須為下一道工序的員工提供力所能及的方便。

任何一項優質的產品都不是某一個人的成績，從生產產品到客人消費結束後點頭表示滿意，是飯店許多部門、許多員工共同努力的成果。如果其中任何一個環節出現問題，都會為「完美」添上瑕疵。因此，飯店的每位員工都要有意識地做好自己的工作，儘可能為下一道工序的員工提供方便。

（3）經理為員工服務

案例1-7

◎　某飯店在關心員工方面做了許多具體的工作。在炎熱夏季，飯店經理必須到各個部門、單位探望、慰問員工，為他們送去冷飲的同時，也為他們送去一份清涼感。在除夕夜，飯店經理必須與堅守崗位的員工一起吃年夜飯。飯店經理人必須定期召開員工懇談會，傾聽員工在工作上、生活上的意見。飯店還設有一張「員工愛心卡」，鼓勵員工隨時把困難寫在卡片上，以便飯店幫助其解決問題。此外，飯店還要求各級管理者遇到員工都要面帶微笑，主動問好；飯店值班經理每天要在員工上下班的出入口、打卡處，向來上班的員工問好，向下班的員工道聲「辛苦了」。種種措施都體現了飯店對員工的關愛之心，也使員工真切、深刻地感受到飯店的關愛之情。只有當飯店經理先向員工表示出關愛，員工才會將這種關愛傳遞給每位客人。

飯店員工要為客人服務，那麼，飯店的經理人就要為員工服務。在處理事務時，要實事求是，不專斷；教育員工時，要態度和藹，不亂發脾氣。為員工服務，就是要做到尊重員工、善待員工。要尊重和關心每一位員工，要為每一位員工創造良好的工作環境，要幫助員工解決困難，要指導員工工作並使其獲得職業發展。同時，飯店還可將員工的滿意度、員工的流動率，作為衡量飯店管理水平的一項重要指標。

客人每次下榻一家飯店，都是一次完整的經歷。飯店在接待客人的過程中，任何一個環節如果出現微小的疏忽，都可能破壞這份完美，導致客人不滿。所

以，飯店作為團隊要善於合作、善於補足缺漏處；要全過程、全方位來做好各項品質管理工作。所有員工在任何時候、任何場所，都有責任去滿足客人的合理需求。

現代飯店的競爭，不單單要依靠領導者的智慧，更多的是要憑藉團隊的力量。飯店經理人要讓每一位飯店員工都能夠樹立一種「這是我們的飯店」的信念，從而自覺、自願地，為飯店、為這個團隊，做好自己份內的工作，如此一來，這個飯店就一定能夠在競爭中立於不敗之地。

第三節　什麼是優秀團隊

引言

◎ 拔牙風波

有個牙科醫生，幫病人拔牙，一不小心，牙齒掉進了病人的喉嚨裡。醫生說：「對不起！你的病已不屬於我的職責範圍，你找喉科醫生去吧！」喉科醫生檢查過後說：「牙齒落到胃裡去了，你去找治療胃的專家吧！」治療胃的專家用X光幫病人檢查之後說：「牙齒落到腸子裡去了，你找腸科醫生去吧！」最後，病人出現在肛門科時，醫生用內視鏡一看，吃驚地叫道：「天呀！你那裡怎麼長了一顆牙？快去找牙科醫生吧！」

☆　　這位病人也真是夠痛苦的，為了拔一顆牙齒，整個醫院都快轉了一圈了，結果還是從哪科出來又回到哪科去。而這位「很負責任」的牙科醫生，皮球踢來踢去，最終還是踢回到自己。這家醫院的醫生實在令人不敢恭維，這不是團隊，而是一盤散沙。

怎樣的團隊才是一支優秀的團隊？從表1-2中，我們可以看到好團隊與不好團隊的差別。

表1-2 好團隊與不好團隊的特徵對比

好團隊的特徵	差團隊的特徵
明確的團隊目標。成員對團隊的目標明確，並且自覺地為這一目標而奮鬥。	沒有共同的目標。團隊中個人有個人的目標，就是沒有共同的目標。
共享。團隊成員能夠共享團隊中其他人的智慧、團隊的資源和訊息。	成員之間利益不能共享。成員之間很少談與自己工作有關話題，你防著我，我防著你。

續表

好團隊的特徵	差團隊的特徵
成員具有不同的團隊角色。團隊需要成員擔任不同的角色:實幹者、協調者、推動者、創新者、訊息收集者、監督者、凝聚者、完善者。	團隊角色單一。「我們都是螺絲釘，組織讓我們想幹什麼，就幹什麼」。雖然具有不同的分工，卻只有兩類角色:領導與群眾、領導者與被領導者、老闆與工讀生。
良好的溝通。成員之間公開並誠實地表達自己的想法，主動溝通，盡量了解和接受別人。	溝通不順暢。缺少主動交流，有人挑撥關係，有問題互相推卸和埋怨，背後議論別人。
共同的價值觀和團隊規範。為不同的團隊成員提供共同的、適合的統一平台。	沒有共同的價值觀。團隊成員各有各的價值觀。
歸屬感，歸屬感也就是凝聚力。成員願意屬於這個團隊，團隊成員之間願意幫助別人客服困難，或是自覺自願地多做工作。	一盤散沙。成員之間互相勾心鬥角，你爭我鬥。成員把在團隊中工作視為謀生的手段，成員與團隊之間完全是一種雇傭關係。
有效授與權利。成員有管道獲得必要的技能和資源，團隊政策和做法能夠支持團隊的工作目標，在團隊中能夠做到人人有職有權。	不授與權力。團隊的領導者工作越來越忙，下屬們卻每天悠閒自在，無事可做。

一、優秀團隊的特徵

　　一個團隊中最怕出現的是以下兩種情況：一種是團隊中有些人個性張狂，很難採納別人的意見；另一種就是當利益不一致的時候，會出現互相傾軋的現象，影響了團隊的協調一致性。對於這兩種情況，最理想的解決辦法就是塑造一個優秀的團隊。優秀的團隊必須具備七種特徵。

（一）目標明確

　　一個優秀的團隊，必須有每位成員樂於為之努力的共同的、明確的目標，這

個目標就像是一面旗幟，有了它，成員就組成為一個強有力的集體，大家朝著這個目標努力奮鬥；沒有它，團隊的每位成員就會各自為政。

（二）資源共享

一個優秀的團隊，成員之間應能共享有助於達成團隊共同目標的資源、知識、訊息。

（三）角色清楚

優秀團隊的特點就是大家的角色都不一樣，各有所長、各有千秋，形成互補。因此，每一個團隊成員都要認清角色，揚長避短，發揮自身優勢，這樣的團隊才有競爭力。

（四）良好溝通

一個團隊從創建到發展離不開人際關係的處理，也離不開良好的溝通能力。優秀的團隊首先應該能夠進行良好的溝通，成員間溝通的障礙越少，團隊發展就越好。這也是每一位飯店經理人的深刻體會。

（五）觀念一致

團隊文化要求團隊成員要有共同的價值觀。價值觀對於團隊，就像世界觀對於個人一樣。世界觀指導個人的行為方式；團隊的價值觀指導整個團隊成員的行為，因而，團隊成員從想法上必須要統一。

（六）有歸屬感

歸屬感是團隊非常重要的特徵之一。當成員產生對團隊的歸屬感，他們就會自覺地維護這個團隊，願意為團隊做更多的事情，不願意離開團隊，團隊各成員之間就會如同「家人」般關愛友好。

（七）有效授權

有效授權，是形成一個團隊非常重要的因素。只有透過有效的授權，才能夠把成員之間的關係確定下來，形成良好的團隊。作為團隊的領導者，應該把主要的時間和精力放在思考決策、計劃工作、教育員工這三件事上。然後，把任務分

配給下屬，讓下屬發揮自己的主觀性、創造性和合作性去處理問題，自己再給予指導、監督和檢查。有的領導者從早忙到晚，似乎是告訴人家，飯店裡的那些員工，既沒有自主性，也不會創造，更不會合作，作為飯店的經理人放不下心，就只好親力親為了。這就等於明確地告訴他人，他的團隊不是一個優秀的團隊。

二、優秀團隊的形成條件

建立一支優秀的團隊是一項具有創造性的工作。對團隊目標達成一致並獲得承諾及建立目標責任，是團隊取得成功的關鍵；同時，完成目標的想法和步調，還必須能夠保持一致性。

（一）目標一致

每個團隊都有一個確定的發展目標，這是團隊成員前進的方向。飯店是一個大的團隊，有一個宏觀的目標，而具體到飯店的各個部門、各個單位，又分為各個小的團隊，又有其具體的細項化的目標，再落實到每個員工身上；每個人又有其自己的工作目標。飯店根據階層的高低可以制定許多的目標，但是，所有的目標都必須符合自下而上的服從關係。即個人的目標要依據部門或單位的目標制定，而部門或單位的目標，又是對飯店總目標的具體化和細項化，以飯店的總目標為導向。

（二）想法一致

目標確立之後，保持想法一致是建立卓越團隊的又一個不可缺少的因素。特別是對於新建的團隊，成員之間考慮問題的角度與思維方式會有所差異，工作方法、使用的戰略戰術也會有所差異。如果團隊的想法無法保持一致，這個團隊就會像一盤散沙，難以形成凝聚力。但是，另一方面，如果團隊裡的任何事情都需要上級親自去思考、去決策，員工只是一味地遵從上級的安排，那麼長此以往，這個團隊就失去了競爭力和創造力。所以，作為團隊領導者的飯店經理人，必須要培養團隊的每位成員的主動意識：

1.主動關心客人

員工要將主動關心客人作為一種工作習慣，透過預先掌握客人的需要，為客人提供超前與超值服務。

2.主動向上級彙報

團隊的領導者應該讓下屬養成向上級主動彙報的習慣。主動向上級彙報，一方面可以讓上級放心；另一方面，萬一下屬誤解了上級的意思，可以及時得到修正。

當上級的決策大多依據員工的意見制定，而每位員工又都能主動彙報，這樣一來，管理就不會脫鉤，鏈條就不會斷裂，這個團隊也就穩固了。

（三）步調一致

飯店的每個成員都是團隊中不可缺少的一份子，在共同的目標指引下，團結共進、眾志成城地向目標邁近。但是，因為成員各自的能力、做事風格和工作效率有差異，團隊中難免會出現有的人跑得快、有的人跑得慢的現象。結果，整個團隊就會像個鬆散的馬拉松隊伍，配合不緊密、缺乏協調性。要保證團隊的整體步調一致，團隊的領導者首先要從自我做起，著重培養和鍛鍊團隊的互助合作性。

1.不推諉

加強團隊的互助合作性，團隊的領導者首先要注意加強飯店各部門之間的互助合作。如果各部門之間遇到問題相互推諉、互踢「皮球」，這只「皮球」早晚要被踢破；同時，也會造成工作效率低下和資源浪費。

2.不自大

如果團隊的領導者把自己的位置擺得高高在上，而視團隊成員為執行其命令的侍從，那麼這就只是一個「監督型」的群體，稱不上是團隊；如果成員樂意以你為核心，遇到棘手之事樂於請教你，這才會形成團隊。當飯店經理人的工作只是訓練和引導員工去做事時，這就達到了團隊的最高境界。

3.不特殊化

◎　三國時，曹操曾下令：「凡肆意踐踏良田者殺無赦。」一天，曹操率軍經過一片良田時，突然，戰馬受驚，闖進田裡，踐踏莊稼數畝。而軍令如山，曹操立即要拔劍自刎，被眾部將苦苦攔下，「國不可一日無君，軍不可一日無將。」最後，曹操還是割下自己的一縷頭髮以示眾部下：「法不可違。」此事被後人傳為佳話。

作為團隊的領導者，尤其要率先垂範、以身作則，嚴格遵守自己制定的規章制度，不能因為自己擁有的權力就凌駕於制度之上。

第四節　怎樣建立團隊

引言

◎　三隻偷油吃的老鼠

有三隻老鼠一起去偷油吃。到了油缸旁一看，油缸裡的油只剩一點點在缸底了，並且缸身太高，誰也喝不到。於是，牠們想出辦法：一隻咬著另一隻的尾巴，吊下去喝。第一隻喝飽了，上來；再吊第二隻下去喝……。

第一隻老鼠最先吊下去喝。牠在下面想，「油只有這麼一點點，今天算我幸運，可以喝個飽。」第二隻老鼠在中間想，「下面的油是有限的，假如讓牠喝完了，我還有什麼可喝的呢？還是放了牠，自己跳下去喝吧！」第三隻老鼠在上面想，「油很少，等牠們兩個喝飽，還有我的份嗎？不如鬆開牠們，自己跳下去喝吧！」於是，這兩隻老鼠都爭先恐後地跳下去。結果，三隻老鼠都掉在油缸裡，永遠也逃不出來了。

☆　團隊是一個整體，一項工作能否順利展開，在於團隊的成員是否能夠通力合作。如果團隊中的每個人都各自打著各自的算盤，就像故事中的小老鼠一樣，只想著，「要是其他的老鼠把油喝完了，自己就沒有油喝了」，那麼，到最後只會是誰都沒有油可喝。只有當整個團隊的利益都實現的前提下，個人的利益才可能實現。

┃ 一、團隊建立的障礙

現今的時代是一個強調「合作共贏」的時代，是一個鑄就優秀團隊的時代，團隊建立成為時下企業管理的一種潮流趨勢，同時，又因為團隊中存在著各式各樣的衝突，從而也導致了眾多團隊遭遇了骨牌式效應的失敗。

（一）來自於團隊組織結構的阻力

1.傳統官僚體制的管理模式

傳統官僚體制的管理模式強調上令下行，下屬只是機械式地執行上級的指令。而團隊在執行任務的時候往往需要具有相當的靈活性、擁有適當的自主權。從某種意義上來說，傳統的管理模式嚴重地阻礙了團隊的應變能力。

2.死板、教條的團隊氛圍

許多領導者認為團隊是越穩定越好，因此，要求凡事都依據既定的管理制度，照本宣科、中規中矩。事實上，這只會使整個團隊籠罩在一片僵化、死板、教條式的氛圍中。而發展成熟的團隊，則能夠鼓勵一些邊緣化的探索，鼓勵成員做一些有突破性和創造性的、有益的嘗試，這將為團隊未來的生存和發展開闢新的通道。

3.單一的訊息傳遞方式

傳統的組織結構訊息的傳遞往往是自上而下的，下屬被動接受上級的指令，缺少上下級及平行間的訊息溝通和交流，這必定會影響執行指令的效率和品質。在團隊中，個體之間、成員和領導之間，甚至團隊和團隊之間，都需要透過訊息的傳遞來進行溝通和交流。這種傳遞的方式可能是自上而下的，也可能是自下而上的，甚至可能是在平行之間進行傳播。

4.部門之間各自為政

飯店組織結構中每個部門都有自己的職責。如果它們各自為政，一旦出現了問題就會相互指責、埋怨，推卸責任。例如，客人投訴菜餚有問題，服務人員說是廚房廚師未做好；廚師說是採購部採購的菜品質有問題；採購部又說財務部低

估了菜品的價格，撥給的資金不夠，自然買不到足夠的好食材；財務部又說菜餚賣不出去，飯店經營營業額不達標……。這樣互踢「皮球」，必然會導致組織的衰敗。

（二）來自於飯店管理階層的阻力

1.組織結構臃腫

傳統飯店組織結構的設置主要是站在飯店的角度來設定工作，而未來的飯店則需要站在客人的角度考慮問題。部門多、規矩多、階層多，這樣會造成相互間的職責不清、關係不明、訊息傳遞慢、管理費用高和工作效率低等問題。有些飯店「總」字號人物過多，正副職關係很難協調處理，也導致飯店管理混亂，影響團隊的建立和發展。

2.不願授權

有的團隊領導者不能夠及時地授予團隊成員應有的職權和責任，使得團隊形同虛設。

3.缺少培訓

有的團隊領導者沒有及時地給予團隊的成員提供足夠的培訓和支持，造成團隊的發展出現嚴重的「營養不良」，甚至早早夭折，不能與時俱進。

4.總目標未量化

有的團隊領導者沒有及時地向團隊傳達飯店的總體目標，並為其制定出相關細則，使得團隊在發展的過程中沒有目標、沒有計劃、沒有方向，在工作中東做一個西做一個，做了太多的無用之功。

（三）來自於團隊成員的阻力

1.利益上的衝突

飯店各部門的劃分會產生各部門的利益。當人們把目光只注意到個人和小群體間的利益時，往往就會把利益置於目標之上，顛倒目標和利益的關係。利益上的矛盾如果用情緒而不是用理智來對待的話，就會產生情緒上的衝突進而阻礙團

隊的建立。

2.思維上的狹隘

當思維和心理上是以自我為中心時，就無法擺正自己的位置。過多地指責對方的言行，就不能客觀地把良好感覺和正確態度永遠奉獻給自己，心態的不端正會給工作帶來阻力。飯店大多數部門、單位的特點是獨立操作、廣泛聯絡，在聯絡的過程中，如果不能正確對待自己和正確對待別人，就容易產生矛盾。

3.無事生非

飯店不是機器生產，飯店的工作往往在一天中會有空閒的時間。例如，客房部房務員整理完房間以後會比較清閒。飯店常常會有淡旺季，在淡季時飯店相對來說就比較空閒一點。如果空閒時對員工放任自理，尤其是二線的員工，則往往會人多嘴雜、無事生非。例如，在員工發放薪水前後、夜班人員在不接待客人時，也會張家長、李家短，聊天議論。為了避免無事生非，造成彼此間的矛盾激化，飯店在企業文化建立中，應該創造一種有助於提高員工職業素養的優良環境。

4.害怕承擔責任

有的團隊成員害怕，團隊必須完成的目標和任務會讓自己承擔更多的責任和義務。還有的成員擔心，因為團隊的成員在一起工作時，會因為各自的性格、觀念等有分歧而產生新的衝突，使自己的責任更大。這些想法其實都是有礙於團隊建立的。

正是這些來自各個方面的因素，將會阻礙團隊的建立和發展。那麼，怎樣才能建立一個優秀的團隊？每一位領導者都在探索中努力尋找最佳的答案。

二、建立優秀團隊應該遵循的原則

建立優秀團隊要遵循以下的「5W1H」原則。

（一）Who——我們是誰

團隊成員必須正確認識自我、端正工作態度、明確自身的優勢和劣勢；了解自己在處理問題的方式、價值觀等方面與他人的差異，透過對自身情況的客觀分析，在團隊成員之間形成共同的信念和目標，建立起團隊運行的遊戲規則。

（二）Where ——我們在哪裡

每一個團隊都有自己的優勢和劣勢，透過分析團隊所處的環境來評估團隊的綜合能力，找對團隊的位置，評估團隊現狀與目標之間的差距，以明確團隊應該如何發揮優勢、迴避威脅、迎接挑戰。

（三）What ——我們做什麼

團隊的每位成員都應該以團隊的目標為導向，明確團隊的行動方向、行動計劃，以及自己具體的目標和任務，從而能夠煥發激情、做好充分的準備，積極迎接每一階段的挑戰，逐步實現團隊的整體目標。

（四）When——我們何時行動

在適當的時刻採取適當的行動，是團隊成功的關鍵。團隊在遇到困難或阻礙時，應把握時機審時度勢地處理應對。在面對內外部矛盾衝突時，應在合適的時間因勢利導，化解消除矛盾與衝突。

（五）Why ——我們因為什麼而行動

許多飯店在團隊建立中容易忽視這個問題，這也是導致團隊運行效率低下的一個原因。團隊要保證高效率運作，必須讓團隊成員清楚團隊成敗對他們的影響會是什麼，以增強團隊成員的責任感和使命感。

（六）How ——我們如何行動

怎樣行動涉及到團隊的運行問題，即團隊內部成員要如何分工、不同角色的成員應承擔的職責、履行的義務等。同時，各個成員也應有明確的工作職責描述和說明，以建立團隊成員的工作準則。

三、自動自發，從我做起

案例1-8

◎　小董在某飯店洗衣房上班，他很不滿意自己的工作，曾憤憤不平地對朋友說：「我的經理一點也不把我放在眼裡，改天我要對他拍桌子抗議，大不了辭職不幹。」「你對洗衣業務弄清楚了嗎？各種工作操作流程你懂嗎？去汙漬的竅門都弄清楚了嗎？」他的朋友反問道。「還沒有。」「君子報仇十年不晚，你不如用飯店的洗衣房當作免費學習的地方，什麼東西都學會了之後，再一走了之，不是既有收穫又出了口氣嗎？」朋友提出了建議。小董認為有道理，於是就默記偷學，不斷地鑽研在工作中。每天上班比別人早，下班比別人晚。一年之後，朋友問他：「現在你可以準備拍桌子、不幹了吧？」「可是現在經理對我刮目相看，不斷地委以重任，我現在已經是洗衣房的紅人了。經理還準備提拔我呢！」「這件事我早就料到了。」朋友笑著說：「當初經理不重視你，是因為你的能力不足，又不肯努力學習；後來你下苦功，能力不斷提高，經理自然會對你刮目相看了。」

一個人工作是否順心，上級是否重視你，問題不在於上級的眼光，而在於你自己的工作態度。只有當你的付出大於所得，讓上級真正看到你的能力大於你所處的位置時，他才會給你更多的機會為他創造更多的效益。

（一）掂掂你自己有幾斤幾兩——反觀自身

1.個人主義要不得

在實際工作中，一個團隊的成員有時會缺少溝通，資源不能共享；個人在想個人的事，個人追求個人的利益；不能容忍別人，看到問題就橫加指責，卻為自己的缺點提出各種辯解的理由。甚至有些人狂妄自大，認為自己是團隊的主導、靈魂，是舉足輕重的人物，卻不知自己有幾斤幾兩。這種個人主義泛濫，自然形不成優秀的團隊。要形成一個好團隊，關鍵是要從自我做起。劣質團隊的根源不在於團隊的其他成員不好，而在於「我」自身。

2.加強自我反省

看到有人追求私利，不顧團隊利益；或者疏於溝通，不與他人分享訊息經驗時，應反觀自己是否也這樣。在議論別人的時候，應捫心自問，自己是不是也刻意迴避自己的缺點，或者希望別人能夠理解自己的缺點；而別人出現問題時，自己是不是往往理解成是別人主觀上不願意把事情做好。當遇到溝通障礙時，應反觀自身是否主動與他人溝通，是否主動地克服溝通的障礙；飯店的規則，我們自己有沒有遵守；獲得不錯的工作成績之後，有沒有和他人共享……。

3.寬以待人

「嚴於律人，寬以待己」的做法，雖然是出於人的本性，但用在處理團隊成員關係上是極有害的。團隊成員間要學會「嚴於律己，寬以待人」，這是在團隊成員間形成良好工作氛圍的前提。

4.從「我」做起

團隊成員要有「我該為別人做些什麼」的意識，不能像小孩子一樣，碰到桌腳怪桌腳，應該從客觀的角度分析問題，多從主觀上找到自己的原因。所以說，領導者在看到自己的團隊存在各種問題的時候，首先要做的不是抱怨自己的下屬和員工，而是要反觀自身：是不是有哪些地方自己沒有做好？如果沒有做好就要從自我做起。如果做不到這一點，團隊就不會成為好團隊。

（二）是騾子還是馬——樹立個人品牌

1.是騾子還是馬？

是騾子還是馬？光靠嘴巴說是不行的，要拉出來遛遛看才知道。就像產品有產品的品牌，企業有企業的品牌一樣，任何人也都有其自身的品牌。一個人自身價值的大小，往往體現在其自身品牌方面。我們常聽說某某人很敬業、某某人解決問題的能力很強、某某人擅長於某一方面等，這就是個人的品牌。要在工作中樹立品牌，就必須比別人付出更多，比別人更加熱愛自己的工作、對團隊更加忠誠。雖然飯店業是一個人員高流動性的行業，但是，即使我們明天就要離開所從事的工作，也要在今天忠誠於自己的團隊，要在每一天的工作中樹立自己的品牌。

2.不要只為薪水工作

一個人如果總是把目光盯著自己和別人存摺裡的幾個數字，或者是每一季、年終的紅包大小，並且為此大傷腦筋的話，他怎麼可能會注意到，除了薪水之外可能會獲得的成長機會呢？怎麼可能會發現，在工作中所能學到的技能和經驗，對自己未來的發展有多大的幫助呢？怎麼會明白，為什麼別人的薪水在節節攀升，而自己薪水卻是原地踏步呢？他的視野已經被侷限在存摺裡的幾個阿拉伯數字上了，不知道自己到底需要什麼，也看不到明天會怎樣。

人們往往羨慕那些具有非凡的創造力、決策力和敏銳的洞察力的傑出人士，他們所擁有的身價隨著他們的個人魅力而成長。事實上，他們也並非一開始就擁有這種卓越的能力，而是在後來的長期學習和實踐中逐漸累積起來的。他們在工作中，能夠不斷地了解自我、發現自我，使自己的潛能得到最大限度地發揮。不要說：「老闆給我多少錢，我就為老闆做多少工作。」我們所獲得的報酬不僅僅是薪水，更多的是我們寶貴的經驗、良好的訓練、才能的釋放和個人價值的實現。只為薪水而工作，工作是乏味、枯燥的。為自己而工作，則在使別人獲利的同時，也在實現自己的人生價值。

3.熱愛每一份工作

中國有句古話，叫「三百六十行，行行出狀元」。任何一份工作，對於每個人來說都是一次邁向成功的機遇。然而，有些人自以為滿腹經綸，就應該有一個高職位、高薪水的工作與自己匹配。殊不知，一個徒有鴻鵠之志，卻沒有一點實踐經驗和能力的人，飯店如何敢委以重任？還有一些人迫不得已從事基層的工作，對工作卻消極應付、毫無工作熱情可言，更不要說有什麼敬業精神了。只有無限熱愛並尊重自己工作的人，才能在工作中樹立自己的品牌，才能獲得成功。

4.不要只做上級吩咐的事

知名的美國鋼鐵大王卡內基曾說過：有兩種人注定一事無成：一種是除非別人命令他去做事，否則決不會主動做事的人；另一種是，即使別人命令他去做事，也做不好事的人。而那些不需要別人催促，就會主動去做該做的事，並且堅持到做好每一件事的人必定會成功。因為這些人總是要求自己要多努力一點、多

付出一點，而且付出的要比別人期望的還要多。

對自己的嚴格標準往往是自己制定的，而不是他人要求的。如果你對自己工作的要求比上級對你的要求還要多出一點點的話，你永遠不必擔心你的付出會得不到上級的認可。因為，每位上級都希望自己的下屬能夠積極主動地工作。所謂主動，就是沒有人要求你、命令你、強迫你要做什麼，而你已經自覺且出色地完成了應該做好的每一件事。

主動做事的同時還要求能夠主動思考。每個人在執行上級交代的任務時，都可能會遇到各種困難。那該如何克服這些困難？有的人束手無策；有的人墨守成規；有的人三番兩次地向上級請示，直到上級無奈地說：「讓你做好這件事，還不如我自己來做。」這種人算不上是主動做事的人，最後也只能被淘汰出局。真正會主動做事的人，會比別人付出更多的智慧、熱情、責任心、想像力和創造力，清楚地知道自己的職責，清楚自己該做什麼，而不是等待上級的吩咐。

5.上級在與不在，都是一樣地工作

工作僅僅按照上級要求去做是不夠的，還要能主動去做、自願去做。自動自發，不僅僅是一個口號，更是一份責任心，也是一種人生態度。堅韌執著的人與得過且過的人的最大區別，就是兩者是否對自己的行為負責。上級在與不在時都能認真工作的人，會對每一項工作都傾注自己的最大熱情，認真對待，力求做到百分百的完美。無論上級何時來檢查，自己交上去的都是一份完美的答案卷，因此他能獲得更多的獎賞，並最終取得事業的成功。而那些喜歡在上級面前表現，喜歡做表面文章的人，做工作就像是劣質的柑橘——金玉其外，敗絮其中。也許一次、兩次，上級會被他的表面工作所矇蔽，獲得短暫的成功和輝煌，但時間一久，總會發現他偷懶、敷衍、不負責任的一面的。

6.充滿自信

在團隊工作中，自信是必不可少的。領導者不但要有意識地培養成員的自信心，而且還要激發每位成員的信心。只有整個團隊充滿信心，才能群情激昂，發揮強大的戰鬥力，取得優異的業績。

領導者要有自信。領導者是團隊的方向指標，他的想法指引著下屬努力的方向。沒有人會跟著一個垂頭喪氣的將軍去打仗。拿破崙曾說：「一隻綿羊率領一百隻雄獅，打不過一隻雄獅率領的一百隻綿羊」。所以，領導者要有自信，下屬才能看到希望，才能充滿信心。

領導者更要培養員工的自信。培養員工的自信，直接關係著團隊的向心力與工作效率及其結果。培養員工的自信要從以下兩方面著手：一是要鼓勵冒險。在工作中，要鼓勵員工去做他人從未嘗試的事。沒有冒險，團隊就缺少活力。

另外，領導者要對員工充分信任。大凡有才之士，都有極強的自尊心、自信心，有獨立解決問題的能力。領導者應充分信任他們，如果對人將信將疑、處處設防，必定會傷害他們的自信心，影響他們的工作積極性，最後不歡而散。「信而不疑」是一種強大的力量，不但能讓下屬有足夠的信心，而且還能聚集才華橫溢、肝膽相照的人才。

培養團隊成員的自信，成員才能放開手腳盡情工作，使勇者竭其力、智者盡其德、仁者援其惠、德者效其忠，從而發揮團隊的最大效力。

‖ 四、創建一支優秀的團隊

◎ 智豬博弈

豬圈裡有一頭大豬和一頭小豬。豬圈的一頭有豬食槽，另一頭安裝著控制豬食供應的按鈕，按一下按鈕會有一定量的豬食進入槽裡。如果是小豬按動按鈕，則大豬會在小豬到達食槽前把食物全部吃光；如果是大豬按動按鈕，則大豬到達食槽時只能和小豬搶食剩下的一些殘羹冷炙。既然小豬按鈕後卻不得食，則小豬不會主動按鈕；而大豬為了生存，儘管只能吃到一部分，還是會選擇按鈕。那麼，在兩頭豬都有智慧的前提下，最終結果是小豬選擇等待。

在建立優秀團隊的過程中，像「智豬博弈」這樣的事情時有發生。「智豬博弈」的現象讓我們意識到，團隊建立遠不只是一個口號，飯店經理人要想自己的團隊在市場經濟大潮中立於不敗之地，就必須用行動將之打造成為一支充滿激情

的卓越團隊。

（一）明確目標

◎ 不會高飛的雄鷹

一個獵人在叢林中捉到一隻受傷的幼鷹，他把這隻幼鷹帶回家中飼養。這隻鷹跟著獵人家的一群雞一起啄食、嬉戲。日子一天天過去了，幼鷹也漸漸長大了，羽翼也豐滿了。獵人想把這隻鷹訓練成獵鷹，卻發現牠根本就沒有了飛的慾望。獵人嘗試了許多辦法，都毫無效果。最後，獵人只好把這隻鷹帶到山崖上扔了下去。這隻不願飛的鷹，在求生的本能趨使下拚命地慌亂撲打著翅膀，就這樣，牠居然飛了起來。

長期安逸的生活環境，習慣了在草叢中覓食，讓雄鷹變成了雞，降低了自己的目標，扼殺了其飛翔的慾望和潛能。

當今的競爭已經沒有了疆界，只有站在一個更高的起點，給團隊設定一個更具挑戰性的目標，才會有更廣闊的發展前景。

1.只有想做第一，才能成為第一

三星品牌在韓國婦孺皆知。三星是韓國的商業巨人，不管什麼行業，只要三星一插手，其他企業就沒有好日子過了。三星集團之所以能躋身於世界知名企業的行列，要歸功於三星董事長李秉哲所倡導的「第一主義」。他提出「事事第一」、「利潤第一」的經營口號和發展目標。李秉哲說：「生產品質低劣的產品，雖不犯法，但有失公德，會受到社會的譴責和所有正義的撻伐。」所以，每當三星要開發新產品時，李秉哲都會先蒐集同類的所有高級產品，自己研究後，將其作為學習和超越的對象。

目標像靶子，行動像飛箭，只有瞄準了目標，行動才可能成功。目標又是團隊行動的燈塔，只有想成為第一的團隊才有可能登上巔峰，傲視群雄。

2.目標越高，發展越快

對於一個團隊來說，目標越高、發展越快。在為團隊設定目標時，我們要讓

它有足夠的吸引力，並激勵團隊的每一位成員全心全意地去完成它。樹立起一個遠大的、令人心動的目標，再加上堅定不移的決心和必勝的信念，可以説，我們已經獲得了成功的一半。

（二）接受衝突

自古以來，我們的社會價值觀就不斷強調「天時不如地利，地利不如人和」、「家和萬事興」、「以和為貴」，認為衝突應力求避免。現在，最新的管理理念認為：沒有衝突的地方就沒有進步。有衝突，才會發現問題；有分歧、有爭論，才會產生新的意見和方法。有衝突，才會有創新；有創新，才會有發展；有發展，團隊才能有進步；有進步，團隊才能在競爭中立於不敗之地。

（三）排除利己思想

有利己思想的人以自我為中心，自私、自大，凡事要自己説了算；凡事要以自己的利益為先。排除利己思想，就是要求每位成員都要把自己當作團隊中的一塊磚，弄清楚團隊利益和個人利益的關係，要謙虛、團結；有遠見、顧全大局。

（四）確立原則

松下幸之助説：「堅持始終如一的原則，並且心存感謝與服務誠意，必使一切利益又回饋到自己身上。」確立原則，就是自己對事情要有主見，不要用「隨便」、「無所謂」、「你看著辦」等口頭禪，這是一種無原則的表現，優秀的團隊要反對無原則的自我犧牲。做就做，不做就不做；是就是，不是就不是；同意就同意，不同意就不同意，不能存在模棱兩可的現象。

（五）團結合作

一根筷子容易折斷，一把筷子卻很難被折斷。也就是説，一根筷子抵禦外力的能力是有限的；但是，當每根筷子相互依靠、相互支撐，合為一體時，抵禦外力的能力就大大增強，超過了每根筷子的抵抗力之總和。

團結合作代表了一種價值觀，這種價值觀鼓勵團隊成員聆聽他人的觀點和意見，並作出建設性的反應。把他人的觀點往好處想，給予他人支持，並尊重他人的利益與成就。這樣的價值觀有助於團隊發揮合力，有助於提高個人和整個組織

的績效。

1.合作共贏才是贏

◎ 鋼鐵大王卡內基說：「放棄合作，就等於自動向競爭對手認輸。」

◎ 松下電器公司總裁松下幸之助說：「松下不能缺少的精神就是合作，合作使松下成為一個有戰鬥力的群體。」

團結合作才能發展、才能勝利。缺乏合作精神的團隊不可能前進，就像馬拉車一樣。當所有的馬朝著一個方向，步調協調地奔跑時，這輛車才能穩健地前進；如果幾匹馬奔跑的方向不一致，這輛車就寸步難行，弄不好還會人仰馬翻。今天的團隊比以往任何時候都更需要合作精神，資源共享、訊息共享，才能夠保證創造出高品質的產品、高品質的服務。特別是團隊各個成員之間，相互合作產生的合力要大於兩個成員之間的力量總和，這就是「1＋1＞2」的道理。一個團隊只有相互團結、相互合作，才可能擰成一股繩，向著一個共同的目標邁進。

2.合作才能取得成功

對於一個團隊而言，每位成員都是團隊中的一份子，他所做的每一項工作都是整個團隊的一個重要環節，其中任何一個環節出現問題，都可能會導致整件事情前功盡棄。只有具有團結合作精神的成員組成的團隊，才能夠承擔起責任，才能夠取得勝利。如果每個人都是各自為政，只考慮自己的工作或個人的利益，而不去關注別人、關愛他人的話，就會使整個團隊因為缺乏團結、合作而癱瘓，就不可能成就任何事業。

「康泰之樹，出自茂林，樹出茂林，風必折之。」任何的競爭都不是個人賽，而是群體賽。飯店經理人如何有效地管理人才，鑄就一支優秀的團隊，說到底，還是要方向正確、分工明確、遵循原則、合作共進。

第二章 團隊的觀念與意識

導讀

　　飯店的競爭，從根本上説，是人的競爭。飯店的生存與發展取決於飯店團隊成員的觀念與意識，這也體現出了飯店團隊整體實力和水平的高低。也就是説，現代飯店的管理，首先要求團隊成員要有現代化管理的觀念和意識，然後再從科學的角度出發，認識飯店的性質、飯店發展的規律。只有團隊成員的觀念和意識達到了一定的境界之後，飯店的各項管理工作才能達到相應的水平。為了更好地適應激烈的市場競爭和多變性的消費要求，飯店的團隊要善於應變和創新，要具有和市場發展相吻合的觀念與意識。

第一節　服務意識

引言

　　◎團隊成員要視客人為「總裁」，全心全意為客人服務，必須將服務外化到行動中，而不僅僅是停留在空喊口號。

　　某公司總裁想要贈送給當天過生日的一位下屬一份生日禮物，由於時間急迫，來不及準備禮物，於是就想送100美元做禮品。但不巧，他手頭上又沒有嶄新的100美元鈔票，於是他來到一家銀行換鈔票。銀行的員工熱情地接待了這位客人。遺憾的是，她也找不到新的美鈔，於是向客人致歉，並馬上走出銀行去其他地方換。換回新鈔後，她猜想客人換新鈔一定是用在某種特殊意義的場合，就用禮盒和綵帶包裝好之後，遞給這位客人，同時説了三句話。第一句：「對不起！先生，由於沒有及時幫您換好鈔票，耽誤了您的時間，請您原諒。」第二句：「您在需要服務的時候，首先想到我們銀行，我非常感動。」第三句：「感

謝您讓我提供了一次為您服務的機會。」第二天,這位總裁就把250萬美元存入了這家銀行。

　　☆　這就是以理念贏得客人。換新鈔,完全是銀行份外的工作內容,這位職員也根本不知道對方就是大老闆。她的優質服務不是靠監督,不是靠制度來完成,而是來自她內心深處的真誠,這就是理念的力量。同時,也說明了理念的成功與效益的成功,不僅沒有矛盾,而且兩者是必然的因果關係。

　　「服務」是飯店的立業之本,是飯店的競爭之道,是飯店的財富之源。飯店員工一到工作崗位,就要進入為客人服務的工作狀態。飯店服務意識的核心是「客人意識」,即要設身處地為客人著想,要站在客人的角度去思考和解決問題。在對客人服務的過程中,飯店的團隊應具備「客人至上」的服務理念。目前許多飯店服務停留在「任務式」的服務,沒有用心、用情,缺少主動服務意識。因此,飯店經理人只有在團隊中樹立起「客人至上」的理念,並對員工提出細項化要求,員工才有可能踐行「客人至上」的理念。

‖ 一、樹立服務意識

　　飯店的服務意識,既包括「客人至上」的對外部客人的服務意識,又包括「我為他人」的對內部客人的服務意識。

　　(一)客人是我們的領導和朋友

　　1898年,貴族飯店時期的代表人物凱薩·里茲提出:「客人永遠不會錯。」(The guest is never wrong !)即客人知道自己真正需要的是什麼。不存在是否合理、是否可能的問題,只要客人提出的需求就是合理的、可能的,飯店就應無條件地尊重並滿足客人的需求,即相信「客人永遠不會錯」。今天,這個理念已經成為許多高級飯店處理與客人關係的一項行為準則。

　　服務,同樣是中國大陸飯店的基本職責,充分尊重客人是飯店的基本態度。客人選擇我們,來飯店消費,是對我們的信任,是讓我們提供了一個服務和表現的機會,我們應該以客人為中心,把客人的需求作為工作的核心內容;應該想客

人之所想，急客人之所急，儘可能地滿足他們合理化的要求。飯店要做到讓客人滿意，不但需要具備豐富的專業知識，還需要發自內心的真誠的服務。因此，我們要像尊重領導者一樣尊重客人，像關愛朋友一樣關愛客人。一切為了客人的滿意，將客人的滿意作為我們工作所追求的目標。

（二）客人永遠是對的

1908年，被譽為「現代飯店管理之父」的埃爾斯沃斯・斯塔特勒提出了「客人永遠是對的」（The guest is always right）這一飯店業的經典名言，並將它作為所有斯塔特勒旅館的座右銘。它強調的是，飯店應站在客人的角度，從贏得客源市場的角度出發去考慮問題。客人來飯店消費，是飯店服務的對象，是飯店的衣食父母。雖然客人的意見和要求許多，或許其中有無理之處，但是絕大多數的客人還是通情達理的。飯店要講究「讓」的藝術，把「正確」留給客人，不與客人爭執。要善意地理解和諒解我們的客人，並透過自身的規範、服務來影響某些客人，改變其不得體的言行。

（三）團隊領導者的服務意識

團隊領導者的服務意識是雙重的：一方面，團隊領導者作為飯店中的一員，自身要樹立起為客人服務的理念，並透過實際的工作和行動向員工傳播這種理念；另一方面，團隊領導者還要把下屬當作合作的對象，而不是管理的對象，要樹立為下屬服務的意識。因為，管理的本身就包括著服務。例如，合理地安排工作以減輕員工的工作強度；關心員工的想法、學習、工作和生活情況；指導員工科學、高效率地工作等，這些都是團隊領導者為員工服務的表現。

‖ 二、提供優質服務

飯店服務的本質是透過自己的工作為他人創造價值。對客人來說，服務就是一種經歷，飯店服務價值能否實現，關鍵就在於飯店能否為客人創造價值，即能否為客人創造愉快的經歷。因此，真正優質的服務，應該是站在客人的角度來衡量的、能夠打動客人「心」的服務。

（一）理解客人的需求

客人需求具有多樣性、多變性、突發性等特點。飯店服務要打動客人的心，就必須對客人的需求保持高度的敏感，要能準確預見客人的需求，並根據客人的需求提供相應的服務，使其獲得滿足。

規範化服務是飯店提供優質服務的基礎，而遵守規範的前提是，制定的規範要科學、合理。如果規範不合理或不符合客人的需求，就會制約員工服務工作的靈活性，使服務規範有餘但親切、友好不足，甚至會讓客人感到拘謹。合理的規範化服務，需要飯店為員工提供適當的培訓和指導，以使員工在遇到一些特殊情況時，能夠根據客人的需求為其提供相應的服務。同時，服務還必須具有科學性，主要體現在飯店有形設施的數據化、無形服務的有形化、服務過程的程序化、服務行為的規範化、服務管理的制度化、服務結果的標準化等方面。

因此，飯店首先應正確認知客人的需求，明確提供客人的核心服務、相關服務和輔助服務的內涵，掌握好每個服務階層質和量的要求；其次，要把認知客人的需求轉化為對服務品質的規範，即對各個服務環節進行分析、量化，以制度的形式確立下來，變無形為有形、變模糊為精確、變不可衡量為有憑據可依；第三，服務人員要能夠把規範的、標準的服務轉化為靈活的、有針對性的服務。

（二）掌握客人的心理

於細微處見精神，於細小處見真情。飯店服務要做到用心、用情，要使客人感受到員工的每一個微笑、每一句問候、每一次服務，都是真誠的、溫暖的。同時，客人不僅是追求享受的自由人，還是具有優越感的愛面子的人，往往以自我為中心，思維和行為具有情緒化的傾向，對飯店服務的評估帶有很大的主觀性，即以自己的主觀感覺作為判斷的依據。飯店要讓客人感到有面子，懂得欣賞並配合客人的「表演」，使客人在飯店消費的經歷中找到自我和當「領導者」的快樂。而由於特定的思維和心理，有的客人難免會吹毛求疵，甚至無事生非，對此，飯店應該給予客人充分的理解和包容。總之，飯店只有先正確掌握客人的心理、讀懂客人的「心」，才可能為客人提供與其需求相對應的產品。

（三）超越客人的期望

　　要打動客人的心，只讓客人滿意是不夠的，還必須讓客人感到驚喜。只有當客人有驚喜之感時，客人才能真正動心。為此，飯店提供的服務要努力超越客人的期望，使客人感到下榻該飯店倍受尊重和關照，從而願意成為飯店的忠實客戶。

　　飯店能否讓客人滿意，不全是因為飯店的產品是否完備與豪華，有時候細緻溫馨的服務更能讓人感動，贏得客人的忠誠。另外，客人又是千差萬別的，即使是同一位客人，因為場合、情緒、身體、環境等的不同，他也會有不同的需求特徵和行為表現。飯店要根據這些差異提供個性化的服務，要打破常規、別出心裁，在服務的過程中能夠隨機應變、投其所好，滿足不同客人變化著的個性需求，讓客人經歷一種前所未有、意想不到的愉快經歷。

　　當然，要超越客人的期望，飯店的宣傳及廣告也必須適度，既要能展現出飯店的服務特色和優勢，讓客人嚮往並吸引他們的光臨；又要符合客觀實際，不浮誇，避免使客人產生過高的期望。

　　（四）實現飯店的目標

　　優質的服務是對客人而言的。如果優質的服務不能產生良好的效益，那對飯店而言就不能算是優質的。因為客人滿意並不是服務的最終目的，而是飯店獲取效益的途徑與手段。所以，飯店服務的目標應該是在客人滿意最大化的前提下，實現飯店利益的最大化。飯店經營者乃至普通員工均須銘記自己最基本的使命：「為客人創造價值，為飯店創造效益。」否則，儘管你的服務非常到位，客人也非常滿意，但由於成本過高導致飯店經營效益不達標，這種服務顯然也是不能持久的。

　　總之，飯店團隊應樹立「為他人服務」的理念，妥善處理好與客人的關係，儘量站在客人的角度去理解客人、聆聽客人的建議、歡迎客人投訴、積極為客人解決問題、用真心和誠意贏得客人，使其成為飯店的忠誠朋友。

案例2-1

◎ 用真誠溫暖客人

10月18日下午16：30，某飯店客房樓道裡靜悄悄的。客房部領班小古到樓層例行檢查住房狀況及衛生情況。當她走到1011房間門口時，聽到房間裡傳出一位女客人痛苦的聲音，小古急忙敲門進入。這是一位採訪中國大陸省運會的新聞媒體的客人。此時，這位女客人臉色蒼白、虛弱無力。原來，她因為腿關節風濕引發膝蓋腫脹，需要馬上到醫院診治。見此情形，小古立即聯絡飯店車輛，攙扶客人去醫院進行緊急治療。

晚上，客人從醫院返回，小古又帶著鮮花水果代表飯店探望了客人，詢問客人的病情，並徵詢客人有無特殊需求，安慰客人要好好休息，同時安排當班員工對這位客人多加關照。考慮到客人走路會不方便，第二天早上，小古又早早地把早餐送到了客人的房間。接下來的幾天，她每天為客人送餐，詢問客人的病情，客人感動地說：「你們飯店的服務真是太周到了、太仔細了。以前只是聽說飯店是『家外之家』，現在我是真的感受到了家的溫暖。」

當聽到客人對我們的服務表示認同時，你的感受是怎樣的呢？作為一位飯店人，我們應該用心、用情來打動客人；用人性化的服務來感動客人。盡心盡力多為客人提供細緻入微的服務，讓每一位入住我們飯店的客人，都能因為我們的「真心」而感受到家的溫馨。

第二節　市場意識

引言

◎ 沒有人氣就沒有財氣；先爭人氣，再爭財氣。

◎ 效益是靠爭出來的——爭聲譽、爭特色、爭品質、爭吸引力。

◎ 凡是接觸客人的員工都在營銷，優質服務是最好的營銷。

◎「金毛鼠」風波

一位客人下榻某四星級飯店，夜裡發現房內有老鼠，嚇得她逃到走廊上大喊

大叫。四星級飯店客房內有老鼠，這件事如果被傳出去的話，等於給本來生意就因為不景氣的飯店判了死刑。飯店總經理認為，刻意地隱瞞這件事，不如把它巧妙地公開為好。於是，他將計就計，飯店公共關係部設計出這樣一則廣告：各位客人，為了使你們在本飯店停留期間感受到樂趣，本飯店養有兩隻珍貴的「金毛鼠」作為吉祥物，哪位客人有幸看到，即獎勵壹仟元；若能將其抓獲，則獎勵五仟元。廣告一出來，知道此事的人以為錯過了一次意外發財的好時機，而不知道此事的人開始用心捕捉「金毛鼠」；另外，還有一些好奇者紛紛前來投宿。當然，飯店裡根本沒有「金毛鼠」，於是，該飯店又獲得了「無鼠飯店」的美名，真可謂「一箭多雕」啊！

☆　市場經濟作為一種客觀規律，認識它、駕馭好它，企業就會興旺發達；反之，企業必定衰敗。在市場經濟運作中，飯店只有遵循市場規律、積極參與市場競爭，才能在競爭中求生存、求發展、求興旺。而飯店要成為市場大潮中的強者，樹立明確的市場意識是首要問題。

‖ 一、具備市場意識

在市場經濟的條件下，飯店的一切資源配置主要來自市場；飯店的經營決策、組織設置、運作方式都應符合市場規律。樹立市場意識，則要求飯店的團隊主動了解飯店行業的發展趨勢與競爭對手的情況，掌握市場需求，密切注意市場發展的動向，使飯店的產品與市場需求相適應，並努力開發新的市場需求領域，引導消費，達到提高企業經濟效益和社會效益的目的。

（一）樹立和發展市場意識

隨著飯店市場環境的不斷變化，團隊成員的市場意識也要隨之變化。而團隊的領導者無論是調配資金、物資，還是吸引人才、客源、調整經營內容等，都要遵循市場規律。

1.樹立市場營銷觀念

市場營銷是指在滿足客人（包括現實客人和潛在客人）需求的基礎上實現銷

售收入。例如,從1990年代中後期開始,中國大陸各飯店透過增添服務項目、改變原有產品提供方式、提供個性化服務等來吸引客人。

2.樹立社會營銷觀念

社會營銷觀念,是指企業在滿足客人需求的基礎上,還需承擔一定的社會責任,以實現整個社會的可持續發展。在飯店行業,表現為注重環保、創建綠色飯店。飯店在追求滿足客人需求的同時,應儘量減少物質資源的占用與浪費,只要走可持續發展之路。

3.樹立網路行銷觀念

網路行銷是指企業透過電子商務等手段來滿足客人對本企業產品的需求,並儘量給消費者提供各種方便。目前,中國大陸飯店網路行銷的主要方式是飯店網路預訂和網上廣告等。

4.樹立現代營銷觀念

現代營銷觀念打破傳統的自主生產、經營的模式,轉變為以客人需求為中心。即你(客人)需要什麼、希望得到什麼,我(生產者)就生產什麼、提供什麼。飯店營銷強調的是滿足客人的需求。

(二)建立適應市場經濟體制的經營體系

現代的經營體系包括:明確產權關係、嚴格兩權分離、減少行政干預、調整組織結構、強化訊息管理,把市場營銷放在應有的地位,建立起健全的經濟責任制,再根據市場經濟需求選拔相應的管理人員,實行業績考核,並建立合理的紅利分配制度。

(三)市場是飯店經營決策的依據

飯店的經營是圍繞著客人展開的。飯店的服務作為一種商品提供給客人,其價值完全是為了滿足客人的需求。客人滿意的就是適合客人需要的,客人不滿意的就是不適合客人需要的。不適合客人需要的使用價值是不可能實現市場價值的。因此,飯店對業務內容的設置、對產品的設計,是以適應客人的需要和市場

的需求為依據的。所以，飯店制定經營決策應從市場規律出發，是飯店去適應客人，而不是要客人去適應飯店。飯店經營決策的依據是客人的實際需求而不是我們自己的主觀臆想。飯店產品要適合市場需求，一上市就有好的銷售成績，就要研究客人的消費心理、研究市場的需求狀況。在產品策劃中，飯店應著力開發合市場需求，一上市就有好的銷售成績及富有特色的飯店產品。

（四）掌握市場訊息，適應市場變化

要了解市場、掌握市場，就需要掌握市場訊息。飯店市場複雜多變，例如，客源市場、餐飲、娛樂、房價、促銷手法等，都會在短時間內發生變化。要事先預測市場變化，只能依靠訊息。飯店的訊息系統中要明確市場訊息收集、處理、輸出的責任部門，以從組織結構設置上保證飯店決策能符合市場需求。

（五）確定市場定位，做好促銷工作

飯店市場有等級和區域之分，任何一家飯店都不可能獨攬市場。同時，因為飯店自身的性質不同，客源對象也不同。飯店應根據自己的情況作出正確的市場定位，包括對客源類別、客源階層、客源來源、市場價格等的定位。只有市場定位準確，飯店的經營、銷售才有目標和方向。

‖ 二、全員營銷意識

許多服務人員錯誤地認為營銷是銷售部的工作，但實際上，營銷是一種觀念，而非某種具體的銷售行為。美國市場營銷學會（American　　　　　　　Marketing Association，AMA）對營銷的定義是：「營銷是計劃和執行關於商品、服務和創意的觀念、定價、促銷和分銷，以創造符合個人和組織目標交換的一種過程。」飯店的全體成員營銷意識，包括以下幾個方面的具體內容。

（一）做好本職工作

飯店的外部營銷，主要指飯店營銷部的營銷工作，包括目標市場開發、拜訪老客戶和協議等工作，加大與客戶溝通的力度；而飯店的內部營銷，則是指飯店各個部門、所有員工，都必須具備的一種理念意識，即市場營銷的觀念應深入到

飯店每位員工的思維中，所有員工都應明確了解，要以自己出發，提供客人優質的服務，竭盡所能地留住每一位客人，使客人滿意我們的產品是我們每位員工的重要職責。另外，在日常的工作中，員工還應積極參與飯店安排的各項營銷活動。

（二）推薦飯店產品

由於飯店員工和客人直接接觸，因此，員工要熟悉飯店各個部門的產品，並善於利用各種機會向客人推薦飯店的產品。例如，大廳副理在拜訪客人時得知其朋友將來本地，希望找一家有電腦出租的飯店。大廳副理告訴這位客人，本飯店的商務客房配備電腦，可為客人提供寬頻上網服務。我們每一位員工都要有積極主動的營銷意識，要儘可能地引導客人在本飯店內消費，以提高飯店的綜合收益。

（三）具備全局觀念

全員營銷意識還要求飯店各部門之間相互配合、相互合作，每位員工都必須具備全局的觀念。一方面，客人將飯店看作一個整體，任何一個部門、任何一位員工，在對客人服務的過程中出現了問題，就可能會影響到客人對於我們整個飯店的認識和看法，甚至影響到其他部門及整個飯店的營銷；另一方面，員工在向客人推薦飯店產品時，不應只是推薦本部門的產品，而是在考慮本部門產品的同時，利用各種機會，針對客人的需要，連同推薦飯店其他部門的產品，以提高客人在飯店的綜合消費額。例如，飯店的櫃台及客房員工，應該主動向住房客人，介紹飯店的特色菜餚和餐飲消費的相關優惠活動等。

（四）了解產品訊息

員工應廣泛了解飯店產品的訊息。飯店中有許多分工不同的單位和部門，各單位人員各司其職。但是當客人需要幫助時，他會向任何一位員工詢問，因為他認為，飯店中的每一位員工都有義務為他服務。而員工也應在適當的時間、適當的地點，把適當的東西推銷給適當的人，做好飯店的「服務式的推銷」。這就要求飯店員工所掌握的，不應局限於本部門的或本單位所需的專業知識技能，還要拓展至飯店服務與管理所需的全方位的知識和能力，以便全面滿足客人的需求。

同時，飯店推出的一些主題營銷活動，不僅要讓每位員工知道，還要讓員工了解詳細的情況，員工了解得越多，越有利於員工的推銷。例如，餐飲美食節推出的時間、地點、菜餚特點、營養價值，以及一些相關典故等。

服務就是營銷，營銷重在服務。優質的服務是最好的營銷方式，爭取客人回住率人是最好的營銷手段。因此，飯店要透過各種有效途徑來提高員工的全員營銷意識。全員營銷不是單靠一個人來完成的，而是全員努力的結果。所以，飯店應要求凡是接觸客人的員工都作營銷。

案例2-2

◎ 飯店業主的反思

有一家四星級飯店，2001年以前，主要以舉辦會議為主，客人反映良好，客源較為穩定，在本地同類型飯店中享有較高的聲譽，取得了良好的效益。2002 年初，該飯店對部分硬體進行了改造，使之達到五星級標準，並對客源結構做了調整。除了繼續承辦國內大、中、小型會議以外，還承辦了相當數量的境外旅遊團和國內外商務散客。同時，房價也提高了25%，餐飲毛利率在原有的45%的基礎上又提高了10%。但是，飯店在軟體上未作調整，既未對飯店的組織結構、營銷體系、服務規程、管理制度等方面作相應的整合和完善，也未對飯店員工進行系統地培訓。自此以後，客人的投訴率明顯上升，飯店的經濟效益不僅未能達到預期目標，反而呈下降趨勢。

從中可以進行分析得出：市場是飯店賴以生存的基礎，而市場又是飯店制定、實施各項經營管理措施的依據和檢驗標準。該飯店不做市場調查就盲目地調整經營策略，導致未能取得預期效果。究其原因在於，飯店目標市場的混亂、市場營銷策略的失誤和軟硬體的不協調。飯店經理人要有經營的頭腦，所做的任何經營決策都必須以市場為中心，以客人需求為導向，提高客人滿意度，並同步加強飯店軟體建設，使之符合五星級飯店的要求。

第三節　品質意識

引言

◎ 品質＝硬體＋軟體＋訊息＋協調。

◎ 品質是全體員工的事情。

◎ 追求卓越，向零缺陷服務的目標努力。

◎ 品質是飯店的生命線，是飯店參與市場競爭的基礎。

◎ 任何人在工作中出現差錯，都會使飯店對客人的整體服務品質降低。

☆　以品質求生存，以品質求信譽，以品質贏市場，以品質贏效益。服務品質是飯店的生命，品質就是效益，飯店服務品質高、經濟收益多、社會整體效果好。優質服務不僅增加客人回住率，更使潛在客人光顧。

服務品質的競爭是飯店主要競爭內容之一。飯店服務品質不同於其他行業的品質內涵，它包括有形產品和無形服務兩方面。而對於飯店服務品質的評估，完全是依據客人的個人感受。飯店的團隊應具有品質意識，認識到品質是飯店生存之本。

‖ 一、服務品質標準的內涵

飯店員工的品質意識，體現為其對飯店服務品質標準的理解與掌握。一般而言，評估飯店服務品質的標準其要素有：

（一）品質可靠

品質可靠，是指飯店提供給客人的產品和服務要穩定、一致。即飯店的任何部門，要在任何時候、任何地點對任何一位客人，都應提供優質的服務，不能因人、因事、因地、因時而異。

（二）反應及時

飯店的每位員工都要學會察言觀色，對客人的需求要非常敏感；對客人提出的要求要能夠及時作出反應；要隨時、隨地為客人提供有針對性的服務，使客人滿意。

（三）勝任工作

飯店的每位員工都應接受專業培訓，熟悉並能夠靈活掌握、做好，本職工作所必須的業務知識和業務能力。而能夠勝任本職工作，可以為不同的客人提供超出客人期望的服務。

（四）可聯絡性

對客人服務是一種連貫的過程，二線與一線、一線與客人之間都是緊密聯絡的。飯店的員工要具有責任感，對客人提出的服務要求，應及時予以滿足。當客人提出的問題自己無法解答時，要幫助客人找到能夠解決問題的人。如果客人提出的要求飯店無法滿足時，也應耐心地向客人解釋，不推諉責任或是隨便應付客人。

（五）注重禮貌

禮貌禮節是對所有從事服務行業員工的基本素質要求。飯店所有員工都要以飽滿的精神面貌和整潔的服裝進入工作崗位，然後以謙虛、恭敬的服務態度為客人提供服務，隨時、隨地準備好為客人解決任何問題。

（六）善於溝通

一方面，飯店應及時掌握飯店的產品訊息，以便為客人介紹或推銷；另一方面，飯店的各部門之間、各業務環節之間、各單位之間，應及時溝通及了解客人的需求訊息，以便為客人提供個性化的服務。

（七）可信任性

飯店員工的服務態度和服務方式應恰到好處，能夠維護客人的隱私，給客人以信任感，使客人在飯店消費期間，能夠獲得愉悅的經歷和滿足感。

（八）確保安全

飯店為客人提供的所有產品和服務，都必須使客人感到安全可靠。要確保客人的財物安全、人身安全和心理安全。

（九）理解客人

飯店員工應在日常工作中注意觀察、仔細揣摩客人的消費心理，掌握客人的需要、理解客人的需求，從而能夠在適當的時機提供客人周到的服務，滿足客人的特殊需求，提高客人的滿意度。

（十）有形性

飯店提供的各種產品和服務，要讓客人能夠感受到物有所值，而且確實能為客人帶來超值的享受，能夠吸引客人再次光臨。

品質標準只是飯店服務品質的基本要求，每位員工都應在此標準的基礎之上追求卓越。

‖ 二、提升員工的服務品質意識

服務品質不是飯店的團隊領導者可以靠檢查出來的，而是要靠每位員工在平凡的工作中一點一滴創造出來。而且，創造一定水平的服務品質較為容易，但要保持一定水平的服務品質就比較困難了。保持服務品質的穩定，要掌握好以下幾個要點。

（一）一步到位

飯店在為客人提供服務時，最好能夠第一次就把事情做到圓滿。飯店的團隊領導者不要滿足於99%的客人滿意率，因為這意味著還有1%的客人對我們的服務不滿意。這1%不只是一個簡單的數字，而是代表著一位位具體的客人。也許這是客人第一次來飯店消費，但是就是因為這一次的不滿意，可能會導致客人以後都不再光顧我們的飯店。

（二）做客人之所需

飯店在為客人提供各項服務之前，首先要認真傾聽客人的意見，預先了解客

人的潛在需求，要讓他們在飯店消費的過程中找到安全、舒適、溫馨的感覺。同時，飯店要重視客人的意見，並懂得如何根據收集到的訊息滿足客人的心理需求。飯店要想客人之所想、做客人之所需。對客人所提出的任何一項要求，都能夠作出快速、準確的反應。

（三）及時修正非常重要

飯店的團隊領導者要注重培養，員工在問題出現後的第一時間內儘量彌補過失的能力。因為問題發生的當時，往往也就是解決問題的最佳時間，時間拖得越久，問題就越不容易解決。如果我們在第一時間發現問題，修正的成本也許只要1元，而第二天就需要10　元，一週之後就需要100　元，一個月以後可能就需要1000元，甚至更高的成本才能解決。

（四）善於掌握服務品質標準

飯店的服務品質標準的制定應追求完美，只有完美的標準，才會有完美的服務。同時，服務品質標準應該統一，因為客人評估飯店服務品質，通常是根據最弱的一個環節來評估，即人們常說的「100－1＝0」的原理。

飯店的團隊領導者應透過培訓，使員工掌握要做什麼、怎麼做、做到什麼程度的品質標準。同時，團隊領導者對於標準的執行應嚴格、公平。品質意識的核心內容在於不斷改進，即飯店的團隊領導者應根據客人需求的變化而不斷尋求改進的措施，使服務品質達到零缺陷。

案例2-3

◎ 全面品質管理的典範

麗思卡爾頓（Ritz-Carlton）飯店管理公司，是一家聞名世界的飯店管理公司，其主要業務是在全世界開發與經營豪華飯店。與其他的國際性飯店管理公司相比，麗思卡爾頓飯店管理公司雖然規模不大，但是它管理的飯店卻以最完美的服務、最奢華的設施、最精美的飲食與最高檔的價格，成了飯店之中的精品。麗

思卡爾頓飯店的成功與其服務理念,和全面品質管理系統密不可分。

在麗思卡爾頓飯店裡,無論總經理還是普通員工,都要積極參與服務品質的改進。高層管理者要確保每一個員工都投身於這一過程,要把服務品質放在飯店經營的第一位。高層管理人員組成了公司的指導委員會和高級品質管理小組。他們每週會晤一次,審核產品和服務的品質措施、客人滿意情況、市場成長率和發展、利潤和競爭情況等。他們要將四分之一的時間用於與品質管理有關的事務,並制定兩項策略來保證其市場上的品質領先者的地位。具體來説,公司遵循下列五項指導方針:對品質承擔責任、關注顧客的滿意度、評估組織的文化、授權給員工和小組,以及衡量品質管理的結果。

麗思卡爾頓飯店將客人對產品和服務的要求,作為該公司服務的最重要的黃金標準,它包括信念、格言、服務程序和基本準則。

1.信念:對麗思卡爾頓飯店的全體員工來説,使客人得到真實的關懷和舒適,是我們最高的使命。

2.格言:我們是為女士和紳士提供服務的女士和紳士。

3.麗思卡爾頓飯店將其服務程序概括為直觀的三部曲,它們是:(1)熱情和真誠地問候客人,如果可能的話,做到稱呼客人的名字並問候;(2)對客人的需求作出預期和積極滿足客人的需要;(3)親切地送別、熱情地説再見,如果可能的話,做到稱呼客人的名字向客人道別。

4.基本準則:具有麗思卡爾頓特色的服務戰略——注重經歷,創造價值。

(資料來源:整理自www.veryeast.cn)

第四節　品牌意識

引言

◎ 品牌是企業在市場中的靈魂。

◎ 偉大的品牌是由內而外打造出來的。

◎ 沒有品牌的企業，是最終不會被市場接受的。

◎ 優秀的品牌能夠簡潔地表達企業的核心價值觀和承諾。

◎ 實施服務創新、培養忠誠顧客，是飯店品牌的基礎。

◎ 飯店品牌要以客人為中心，以品質為基礎。

◎ 凱悅的服務宗旨——「時刻關心您」；凱悅的理念——在任何時候、任何地方，只要公司能夠做到，公司就會透過各種方法回報當地居民和環境。每一個凱悅飯店及其附屬機構，為了這個目標都會透過公司的「FORCE 計劃」——富有責任心和愛心的僱員家庭（Family of Responsible and Caring Employees）——提供志願服務。

（資料來源：整理自www.veryeast.cn）

☆ 美國知名品牌專家拉里・賴特這樣描述品牌：「未來是品牌的戰爭——是品牌互爭長短的競爭。商界和投資者都必須認識到，只有品牌才是企業最珍貴的資產……擁有市場比擁有工廠重要得多，而唯一擁有市場的途徑是擁有具備市場優勢的品牌……現在創建或保持品牌的工作，比任何時候都重要而又艱難。」在現代經濟中，品牌是一種戰略性資產和核心競爭力的重要泉源。對任何企業來說，樹立品牌意識、打造強勢品牌，成為保持戰略領先性的關鍵。

飯店作為一種特殊的服務性行業，品牌建立尤其重要。是否擁有強勢品牌，決定了飯店在市場上的競爭地位，沒有品牌就意味著沒有市場。如何進行飯店品牌建立，探索適合市場行情和飯店實際的品牌建立模式，樹立知名品牌飯店形象，走出一條與國際接軌的管理道路，是中國大陸飯店發展的重大課題之一。

‖ 一、品牌的內涵

（一）品牌釋義

品牌作為一種複雜的符號，代表著產品的特徵、利益和服務的一貫性承諾。它是飯店的一種無形資產，能為飯店帶來強大的競爭力。

美國市場營銷學會對品牌的定義是：品牌（brand）是一種名稱、術語、標記、符號或設計，或是它們的組合運用，其目的是藉以辨認某個銷售者或某群銷售者的產品或服務，並使之與競爭對手的產品和服務區別開來。飯店品牌並不是簡單地取一個好聽的名字，它包括了豐富的含義。營銷大師菲利浦·科特勒在《營銷管理》一書中提出，飯店品牌的含義包括了六個階層的意思。

（1）屬性——某一種品牌首先給人帶來某種特定的屬性。

（2）利益——屬性需要轉換成功能和情感利益。

（3）價值——品牌還體現了該製造商的某些價值觀。

（4）文化——品牌象徵一定的文化。

（5）個性——品牌代表了一定的個性。

（6）使用者——品牌還體現了購買或使用這種產品的是屬於哪一種消費者。

飯店在進行品牌建立時，首先要明確品牌的背後是文化的累積。為此，飯店在加大品牌建立和宣傳力度時，應注重營銷活動的文化性，尋求不同的文化賣點。

（二）品牌的內容

1.品牌與廣告

廣告是指透過大眾傳播媒介向社會傳遞飯店及其產品的訊息。廣告是客人認識商品的重要管道，其最基本的功能是擴大商品的影響力，目的是強化品牌，持續性地刺激客人的消費需求。成功的廣告能夠完整地表達出該商品所具有的特質。品牌作為商品的形象，幫助客人識別商品。品牌的創建是為了能夠提高產品在市場上的競爭力，創造良好的社會效益。

2.品牌與促銷

促銷是指飯店透過各種方式，將產品及其訊息告知客人，並說服客人購買該產品的一種市場營銷活動。促銷旨在招徠客人、增加客源，主要方式有人員推銷

和銷售推廣。

（1）人員推銷。人員推銷是飯店員工勸說客人或中間商購買該飯店的產品。

（2）銷售推廣。銷售推廣是為了刺激市場快速和強烈反應，所採取的鼓勵達成交易的促銷方式。

3.品牌與服務

服務對於飯店品牌建立具有重要意義。在技術高度同質化、競爭高度白熱化的今天，飯店在硬體上的差異越來越小，服務逐漸成為打造個性化品牌的重要手段。因為，服務是飯店客人滿意之鑰匙、飯店形象之根本、飯店品牌之基石、飯店利益之源頭。誰贏得了客人的心，誰就最終贏得了市場。「服務制勝」的理念將是飯店市場今後發展的主要方向，也是飯店市場成熟後的主要表現。對於任何一個品牌，提供一流的服務和優質的保障，是樹立飯店品牌形象的前提條件。

4.品牌與公關

公關，是指透過雙向溝通、內外結合等方式，改善飯店和社會各方面關係的一項管理活動，其作用是引導客人消費、幫助飯店化解危機、維護飯店的品牌形象。公關在樹立飯店品牌形象過程中的作用，主要是為飯店建立良好的輿論環境。公關的主要策略有，飯店與政府共呼吸、飯店與對手同命運、飯店與體育手挽手、飯店與文藝心連心、飯店與媒體共發展、飯店與名人手拉手、飯店與網路結親家等。

‖ 二、具備品牌意識

飯店品牌，是飯店品質的標誌，也是飯店文化的體現。在現代經濟條件下，品牌是飯店的立足之本，是飯店的招客之寶。良好的品牌能為飯店帶來不可估量的財富。一些中國大陸知名的飯店，如「白天鵝」、「金陵」、「香格里拉」、「假日」、「喜來登」等，其平均房價和客房住宿率，均在當地同類型飯店中名列前茅，這都歸功於其強大的品牌影響力。飯店競爭的核心內容是品牌的競爭，

這是飯店最高階層的競爭。中國大陸的飯店企業要想與國際市場接軌，就必須具備品牌意識。

（一）認識品牌：關注客人需求

飯店的服務品質，就是對外要讓客人滿意，對內要讓管理高效率、順暢。客人的意見和評估是衡量飯店品牌強弱的主要標準。也就是說，飯店要不斷地去尋找市場裡客人提出的意見。優質的服務，不僅要能滿足客人的顯性需求，更要能預見性地滿足客人的隱性需求。

（二）樹立品牌：提供優質服務

服務是飯店創建品牌的基礎，飯店要提供優質的服務產品，就必須真正做到以客人滿意為出發點，只有真正滿足客人的需求並創造價值的服務，才是有效的服務，才是優質的服務。飯店要利用各種途徑來檢驗客人接受服務之後的滿意度。例如，現場觀察、客人意見表、大廳副理拜訪客人、收集客意見、客人投訴受理等。如果僅能滿足客人的需求，但是不能為飯店創造價值，或者是能為飯店創造價值但是不能滿足客人的需求，都是無效的服務，都無法贏得市場，無法樹立飯店的品牌形象。

（三）維護品牌：提升飯店知名度

目前，中國大陸的飯店競爭大多還停留在價格的競爭上。一些飯店往往把壓低價格競爭作為殺手鐧，結果造成服務品質下降、營運市場混亂、飯店形象受損、經濟效益嚴重下滑。經驗告訴我們，一家飯店要想永遠立於顛峰，必須苦練內功，並致力於飯店品牌的建立與維護；且透過不斷提升服務產品和服務品質，確實維護飯店的品牌形象。

（四）創造品牌：關注品牌建立

飯店要創建自身的品牌，必須注意以下幾方面：

（1）飯店必須注重品牌名稱，這是飯店品牌的標記。例如，「喜來登」、「希爾頓」等。

（2）飯店必須注重穩定的品質，這是品牌的基礎。

（3）飯店必須注重鮮明的個性，這是品牌的生命。

（4）飯店必須注重對品牌的宣傳，這是樹立品牌的必要途徑。飯店要創造品牌，就必須提高其知名度，透過各項活動和各種媒介努力宣傳自己，使飯店在客人乃至社會中產生較大的影響。

（五）發展品牌：即需具備國際眼光、戰略眼光、發展眼光。

品牌的國際化能力，即品牌在世界上的影響力和影響範圍，也是衡量一個品牌含金量的重要指標之一。中國大陸的飯店企業要創建國際品牌，就必須著眼於國際市場，走集團化發展的道路。飯店企業一方面可自己「造船」，擴大經營活動領域，走集團化、多元化的經營之道；另一方面，也可與其他競爭對手建立橫向戰略聯盟，組成聯合艦隊，以「銷售聯合體」、「命運共同體」等方式攜手共進。飯店企業還可與旅行社、航空公司等，建立縱向的戰略聯盟；也可以採用現代網路技術，組建相對鬆散的聯合體；或透過購買加盟連鎖等方式隸屬於某一知名的集團，借助於該集團的品牌優勢和營銷網絡優勢，採用「借船出海」的方式進行經營，這也是飯店企業擴大品牌影響、樹立品牌形象的一條捷徑。

案例2-4

◎ T市F飯店開業公關策略

T市是一個秀麗的海濱城市，長三角經濟區的核心城市之一，其市區目前已有四家四星級飯店。F飯店是一家按照國際五星級標準投資建造的飯店，有各種類型的客房300間（套），餐飲設施規模宏大，康樂設施一應俱全，於2005年3月18日正式營業。為了使飯店在開業初期就能夠順利打開市場局面，飯店特定制定了一系列公關策略：

1.進行市場調查。在進行明確的市場定位以後，飯店展開全方位的媒體宣傳攻勢，充分利用電台、報紙、戶外廣告等許多手段加大宣傳力度。

73

2.承接大型的重要政府會議，透過此類會議提高飯店的知名度。飯店臨近市政府，憑著與政府部門建立的密切關係，可以為客人提供更多的政治、經濟、文化建設等多方面的諮詢服務。飯店重點做好與政府各部門的公共關係，積極爭取政府及其各部門的幫助與扶持，並透過其特殊的影響力，努力提高飯店的知名度，提高市場競爭力。

3.F飯店根據市場情勢量身定做了一套獨特的宣傳方式，就是「在服務中傳播，在傳播中營銷」。靠著實際行動宣傳自身優勢，靠著優質的服務產品和服務項目，在目標客人中樹立良好的口碑；透過不斷深化社會形象，使客人能夠識別並認同飯店，從而建立起客人的忠誠度、樹立社會的美譽度，進而提高飯店的社會效益和經濟效益。

4.F飯店透過贊助大型演出，取得演出冠名權來擴大飯店的社會知名度。透過與主辦方的聯絡與合作，飯店作為參加演出的當紅明星的指定下榻地，提高了飯店在當地同行中的地位；透過在飯店內主持、召開大型的新聞發布會，聯絡眾多知名媒體前來採訪、宣傳和報導，提高飯店的社會知名度；借助明星的社會影響力和新聞媒體的強勢宣傳力度，來提升飯店的品牌價值。

第五節　人本意識

引言

◎　人是企業最寶貴也是最昂貴的資源，中國大陸海信集團在創業之初就充分認識到這一點，將人才戰略視為海信第一戰略。在海信，企業有三大資源：一是人力資源，二是經濟資源，三是訊息資源。其中，人力資源被視為第一大資源。海信集團董事長周厚健先生在其《企業經營的人本戰略》一書中寫道：「一個成功的企業首先生產的是人，其次才是產品。」就是這種生產人的理念賦予海信一種「人」的文化：把人當作主體、把人當作目的，一切以人為中心。「敬人」作為海信企業文化的核心，充分體現了海信集團的人本意識。

一流的人才是建立一流企業的基礎。海信集團確立了「人才是本、技術是

根、創新是魂」的企業理念，確保了「人才戰略」的實施，並將「人才工程」的建立列為企業的第一工程。

☆ 隨著知識經濟時代的來臨，市場環境的變化要求對飯店業的管理進行變革。在這種背景下，人本管理的新思維已經在不斷取代傳統管理的模式。人本管理的思維支點是以「人」為中心，倡導「企業即人」、「企業為人」、「企業靠人」的管理想法。

飯店業是「人」的行業，人在飯店經營管理中有著極其重要的意義和作用。一方面，飯店產品的生產主要是由人來完成；另一方面，飯店產品品質的高低，也是以人的主觀感受來評定。飯店企業的活動都應圍繞著人來展開的，所以，應將全體員工作為經營活動的主體，把發揮群體智慧視為力量泉源，實施創新性的人本管理。

‖ 一、飯店的人本意識

（一）人本意識

飯店的人本意識是指，在飯店管理的對象中把人作為首要的因素而列為管理之首，充分發掘人的積極性和能量，進而進行有效地管理。人本意識強調人，但不排斥其他管理要素，因而人本是由人及物、由本及表。在飯店裡，最多的是人，中心也是人；人面對人，人聯絡人。因此，飯店管理最終是人的管理。飯店要想各方面都管理得好，首先要管理好人，飯店成功或失敗的直接原因其實都在於人。飯店要成功，必須以人為根本。

（二）員工第一

◎ 凱薩‧里茲的一句名言是「好人無價」（A good man is beyond price），即優秀的員工是飯店的無價之寶。

沒有滿意的員工就沒有滿意的客人，只有愉悅的員工才能為客人提供令其愉悅的服務。

在飯店管理中，管理的主體是人，管理主體的狀況決定了飯店管理的狀況。

在管理的客體中，人是起著決定性作用的因素。因為人是有生命的，人有思維、有智慧，具有能動性。而管理客體中的其他各因素都受人的支配。以人為本，就是把員工當成合作的對象而不是管理的對象，要真正地激勵員工的積極性，讓員工能夠從內心裡願意為客人提供滿意的服務。

‖ 二、真正做到「以人為本」

人本意識把人看成是積極的、能動的。飯店能否正常有效運轉，能否取得預期的經營效果，最終取決於飯店員工的素質和員工積極性的發揮，因此，飯店的團隊領導者要真正樹立「以人為本」的意識，要認識到人是飯店發展的根本、是飯店最寶貴的財富。飯店必須給員工提供快樂工作的平台，營造快樂工作的氛圍，培養快樂工作的心態。

（一）提供快樂工作的平台

飯店的團隊領導者要樹立人本意識，首先要尊重人的價值，要為員工創造表現和發展的平台。

1.給員工希望

（1）飯店的等級。飯店的等級會給員工極大的希望，員工一般都會覺得在五星級飯店中工作很有面子，因而會倍加珍惜工作機會，努力工作。

（2）經理人的行事作風。飯店經理人公正、務實、民主的行事作風，也會為員工樹立榜樣，引導員工行為向組織目標所期望的方向發展。

2.給員工機會

（1）升遷——內部招聘。飯店內部員工的晉升是填補飯店內部空缺職位的最好辦法。一方面，晉升的員工對飯店的內部情況已有相當的了解，通常能夠很快適應工作要求；更重要的是，晉升對飯店員工的工作積極性能產生激勵作用，讓員工感到有發展的機會。

（2）培訓——開闊眼界。透過培訓可以使員工掌握最優秀的工作方法和技

能，擴大知識面、增強自信心、提高專業技能。而且，當時機來臨時，員工因為其綜合素質的提高，而獲得提拔或晉升的機會也相對增大。因此，培訓為員工增加了發展的機會。

（3）發揮專長——成就感。飯店經理人應考慮為員工選擇一個適當的工作崗位，為其發揮專長創造環境，使「人在其位，位得其人」。這對於挖掘飯店員工的潛力，不斷激發他們的工作興趣和積極性，增強飯店凝聚力、節省飯店勞動力、促進飯店的發展，都有著重要的意義。

另外，飯店經理人還可透過舉辦各種形式的競賽活動來提升品質、強化管理、提高效益。例如，「微笑大使」、「服務明星」的評選；「技術比武大賽」等，給員工以物質或精神的獎勵，或以舉辦員工旅遊等方式給員工正面的激勵。

3.給員工出路

員工在飯店工作多年，總希望在飯店謀取一席之地，飯店應給員工出路。

（1）飯店的管理之路。飯店應把有管理能力的員工提拔到管理職位上來，如果飯店裡的管理職位沒有空缺，應考慮向飯店業相對比較落後的地區進行承接諮詢管理的業務，從而增加管理職位。

（2）飯店員工技術之路。有些員工是技術上的高手，但管理能力較欠缺。這些員工也是飯店的財富，應妥善加以利用。一般來說，飯店可以給他們以主管（領班）級員工的稱號或待遇。

4.給員工待遇

（1）薪水設計要合理。薪水是保障和改善員工生活的基本條件，也是員工個人價值的一種體現。飯店的薪水設計是否合理，不但關係到人才的引進，還影響到員工的工作積極性。飯店要想激發員工的工作積極性，最基本、最簡單的方法，就是給予員工與其職責和工作表現相對應的相對合理的收入。

（2）分配要公平。飯店員工在工作取得成績並獲得報酬之後，他所關心的不僅是自己報酬的絕對值，而且還關心報酬的相對值。這就要求飯店領導者在分配時（特別是發放獎金）應儘量公平、公正。因此，飯店必須給予員工公平的競

爭條件，使他們能各盡所能、各盡其才，同時還要建立績效考核制度，保持績效考核的客觀、準確、全面性。

（二）營造快樂工作的氛圍

1.關愛員工

當飯店要求全體員工對客人有愛心時，飯店經理人對員工也應該充滿愛心。愛心表現之一是對員工的尊重。在飯店中，任何員工在人格上是平等的，飯店要平等對待每位員工。尊重員工的主人翁地位，讓員工參與管理，增強員工對飯店的歸屬感，關注員工的需要，並儘量滿足其中合理的部分，以求確實提高員工的工作積極性。

2.理解員工

飯店作為一個現代服務行業，具有工作時間的不穩定性、社會角色的特殊性、工作性質的特殊性、工作內容的單調性等這些特徵，而這些特徵恰恰是對人的素質的一種挑戰。因此，飯店經理人應體諒員工的苦惱，並在管理過程中多點人情味，員工的工作積極性自然會被激發出來。

3.信任員工

能否合理用人反映了經理人對團隊的領導能力。飯店應知人善任，即了解每個員工的長處和短處，把每個員工和最適合他的工作結合起來。而且用了人，就要充分信任他。所謂「用人不疑」，就是用人也不要有太多的「指示」，更不應該去壓制下屬。用人要給他們責任，同時要授權下屬。用人要堅持公平原則，不能任人唯親，要誰都能上能下，在市場競爭環境中，機會對每個人都應該是均等的。

飯店經理人充分信任員工，並對員工抱持較高的期望，員工就會充滿信心，並產生強烈的榮譽感、責任感和事業心。這樣的員工願意承擔工作，更願意承擔工作責任，同時也願意在自己工作和職責的範圍內處理問題。因此，飯店經理人應明確下屬的工作責、權、利，即使將各項工作的標準制定得稍高一些，他們通常也會盡最大努力去設法達到要求。同時，他們希望遵循規定的程序和標準完成

工作，而不希望上級過多地干涉他們的工作，否則，會認為是上級對自己的不信任，從而會影響工作積極性。

（三）培養快樂工作的心態

心態是人的思維方式和與之相適應的處事態度，也是影響人行為的重要因素。

1.樹立正確的認知

想法決定出路，觀念決定行為。要想快樂工作，就必須樹立正確的認知。

（1）把工作當作是展現自我的平台。只有將工作當作是對自我的肯定、自我的滿足，而不是僅僅將其作為謀生的方法，工作才會豐富、有趣。

（2）認同飯店的文化。員工只有認同並融入飯店的文化，才會對飯店的經營目標、經營方式表示認同，才能形成群體、形成凝聚力。

（3）要正確認識飯店工作的特殊性。飯店作為現代服務行業，具有其特殊性。員工只有認識到這一點之後，才能理解並熱愛自己工作的環境和工作的內容。

2.擁有積極的心態

態度決定一切。沒有良好的態度，就沒有忠誠、敬業、服從、自主、奉獻的精神。

（1）勤奮工作。把工作看成是自己的一項職責，盡心盡力去做好。

（2）主動工作。不能像老牛拉車，揮一下鞭子，走一步路。應該無需別人督促就能出色地完成任務。

（3）有責任心。就是要能恪盡職守，認認真真做事。

（4）姿態謙遜。要好學上進，永不滿足。

3.保持快樂的情感

擁有快樂的情感、保持工作的激情，是每一位員工所追求的，是飯店實現可

持續發展的重要決定性因素。

（1）堅定的信念。員工只有相信自己，將「客人的滿意作為自己最大的收穫」轉化為自己的行為理念，才能為客人提供最好的服務。

（2）心態平和。俗話說：「境由心生。」快樂的情感來自於平和的心境，凡事往好的一面想，要透過自己的努力創造並把握機會。有作為才有地位，有精彩才有喝彩。

（3）保持健康的心理。人的情感與其心態有直接的關係，健康的心理會促使一個人產生快樂的情感。

第六節　整潔與維護意識

引言

◎「全員動手，美化環境」，飯店應該永遠保持乾淨、整潔。

◎ 員工應主動清除菸蒂、紙屑等雜物。

◎ 清潔的同時要考慮到保養。

◎ 養成及時除漬的習慣。

◎ 飯店整潔與維護達到品質標準，是全員配合、努力的結果。

◎ 注重飯店的整潔與維護，應成為飯店每個員工特有的一種職業習慣。

◎ 想要讓客人注重環境內外整潔，應從「我」做起。

☆　影響客人選擇飯店首要的因素是飯店的位置，而位置一旦確定，對客人而言，飯店的整潔與維護，即成為對飯店觀感評估的一個重要項目。飯店的整潔與維護狀況，可從這一點體現了飯店的管理水平，反映了飯店設施設備的完好狀態。合理、到位的整潔與維護工作，既降低了設施設備的維修費用，也提高了客人的滿意度。整潔與維護是飯店管理的基礎工作，也是飯店服務品質的重要內容。隨著飯店業的不斷發展，硬體水平的逐漸提高，作為團隊領導者應注意培養

團隊的整潔與維護意識。

案例2-5

美國旅館基金會與P&G／寶僑，為了研究美國旅遊市場上旅行者的偏好，合作進行了一項調查研究。從19,000　名被調查的具有代表性的旅行者中抽樣出1,365份問卷。這些旅遊者在過去的一年裡，外出旅遊天數在5天或5天以上。調查的內容為：客人初次選擇一家飯店考慮的因素、客人再次選擇一家飯店考慮的因素、客人不再選擇一家飯店的因素。其結果如表2-1　所示。從中我們可以看出，客人初次、再次選擇一家飯店時所考慮的因素中，整潔因素均排在第一位。

表2-1 客人選擇一家飯店考慮的因素

排名	初次選擇	再次選擇	不再選擇
1	清潔	清潔	不夠清潔
2	合理的價格	合理的價格	不夠安全
3	便利的位置	便利的位置	員工不關心顧客/不禮貌
4	良好的服務	良好的服務	噪音
5	安全保險	安全保險	房價太高
6	品牌/聲望	品牌/聲望	床上用品不相配
7	公司/家庭折扣	公司/家庭折扣	缺乏維修保養
8	預定服務	其他	溫度控制問題
9	其他	預定服務	毛巾不夠用
10	推薦	娛樂設施	其他

（資料來源：整理自http://www.hoteljob.cn）

‖ 一、整潔與維護專業化

飯店的團隊應認識到，隨著整潔與維護工作的技術含量在不斷提高，整潔與維護專業化將是飯店行業的發展趨勢。

（一）保養在先，維修在後

飯店的團隊要更新觀念，增強保養意識。要當「護士」，不要當「醫生」，應加強設施設備的保養及對設施設備檔案、說明書等的管理。應培養員工樹立「主人翁」意識，要愛惜飯店的設施設備，尤其是飯店工程部門，平時要加強對設施設備的維修保養完好狀況的動態檢查，並要把整潔與維護作為一項常規工作，在日常工作中要加強對員工的業務指導和培訓，而不能等到飯店設施設備出現問題，需要大量維修費用之後，才發現整潔與維護工作的重要性。

（二）保養的及時性

養成及時除漬的習慣，漬跡越早清除越容易。為了保證處理及時，除漬應由部門自己負責，應將其作為一項單位要負責的工作，更要讓其成為飯店團隊的職業習慣。這就需要團隊領導者長期的監督、檢查和培訓。一旦形成職業習慣之後，飯店必然受益匪淺。在一些管理出色的飯店中，員工一旦發現地毯上有斑跡，不必吩咐就會很自覺地拿來小刷子和地毯除漬劑將其清除乾淨，為此地毯可以保持十年如新，真正做到無斑無跡。而大多數飯店的地毯3～5年就難以繼續使用了。

（三）保養的專業性

飯店整潔與維護的隊伍、各類設施器材選用、設備保養方法及措施，都要專業性。專業化的整潔與維護應講究科學的方法。專業化的整潔與維護是為客人、為各部門提供服務的意識，團隊的領導者應培訓員工在日常工作中善於觀察和思考，為客人和各部門提供最適當的服務。例如，客人在大廳休息處聊天，清理菸灰缸後，應尊重客人意願放回方便客人使用的地方而非飯店規定的位置。又例如，根據各部門營業時間和客流量制定整潔與維護計劃，而不是只考慮自己執行的方便。

（四）保養的制度化

飯店應建立規範、明確的整潔與維護制度，對飯店的各項設施設備實施標準化的整潔與維護，並建立系統的流水帳，加強對整潔與維護工作的現場巡視管

理，保證飯店的團隊按照制度，將整潔與維護工作作為一項重要的工作來嚴格執行。

║二、整潔與維護全員化

為了使飯店達到整潔與維護的品質標準，必須培養全體員工的主動意識，提高整體的配合度。

（一）整體的配合

部門與部門之間的相互配合，是整潔與維護全員化的保證。例如，某飯店的一間客房內，因為下雨，牆壁的壁紙遭到雨水浸潤，使緊靠窗口的地方有很大一塊的牆壁壁紙發黑發霉，這與清潔衛生標準要求的「無斑跡」相去甚遠。即使房務做的再徹底，也難以做到符合其標準，徹底解決的辦法只有求助於工程部的配合，以採取適合的處理方法。

（二）全員的觀念

從整潔與維護工作本身而言，客房部的PA組是該項工作的專業部門，但整潔與維護的意識上至飯店總經理，下至飯店每位員工，不論哪個部門，都應具備整潔與維護意識。團隊的每位員工都有責任和義務保持飯店環境的整潔美觀，團隊的領導者更應以身作則、樹立榜樣。即我們通常所說的「飯店經理人的口袋就是垃圾袋」。飯店的員工都應主動清理菸蒂、紙屑等不潔之物。

（三）透過服務約束客人

飯店豪華的氛圍，輕柔的背景音樂，潔淨無塵的地面，一塵不染的花木，富麗堂皇的裝潢，體貼細緻的服務，會約束客人的行為。換句話說，如果您把客人當作一位高素質的貴賓，那麼客人的行為自然會受到約束，這就是服務環境的約束。

飯店這種氛圍和潔淨環境的營造，需要團隊內全體員工及不同部門團隊的配合，使整潔與維護成為飯店人人所特有的職業習慣。即約束客人應從約束自己開始。

第七節　服從意識

引言

◎ 每位員工只有一個上級。

◎ 下屬服從上級，飯店服從客人。

◎ 你能從三十層樓跳下去嗎？

如果你的上級讓你從三十層高樓上往下跳，你是選擇跳還是不跳？

作為下屬，你的正確做法是服從上級的指示，即要選擇跳。但服從不能盲目。也就是説，你要請上級為你準備一個降落傘，要講究策略。

☆　命令代表決策者的意志。飯店組織中必須有統一意志，必須強調服從命令。飯店是個「家」，又是個「軍營」。「飯店就是軍營」，是指飯店紀律，及飯店中各級人員對命令的服從都應該像軍隊一樣。飯店各級人員對上級的命令，不論對錯與否，都應該不折不扣地執行，絕不允許以任何藉口拒絕執行命令。誰命令發生失誤，那麼誰就負責。

作為飯店的員工應該具備服從意識。飯店的每位員工只有一個上級，等級鏈制度是飯店有序、高效運行的保證，無特殊情況不允許越級指揮、越級報告。員工要學會樂於接受上級任何語氣的指令。下屬服從上級，飯店服從客人。

‖ 一、命令統一原則

飯店服從要講究命令統一原則。所謂命令統一原則，是指以下幾方面。

（一）命令的精神要一致

飯店從最高管理階層到最低管理階層的命令精神應保持一致，每個管理階層發布的命令要與最高決策或上一階層的決策保持一致。各種指令之間不要發生矛盾和衝突。

（二）命令要逐級發布

飯店的任何指令，不管要透過多少階層，都應該是發布命令者向直屬下級階層發布指令，一級扣一級，逐級進行而不能越級。越級指揮，架空了中間環節，這樣會使等級鏈發生斷裂，組織會發生混亂。

（三）避免多頭指揮

飯店的每位員工都只有一個直屬上級，並且只聽命於這個直屬上級，而對其他人的命令可以不予理會。除非在特殊或「例外」的情況下，否則多頭指揮，將會使接受命令者無所適從。

（四）監督不等於命令

在命令統一的原則下，要分清楚命令與監督的不同。非直屬上級不可以越級指揮，但可以監督下級。

‖ 二、服從上級

服從是下級對上級的一種應盡責任。飯店管理，簡單地說，即是飯店團隊透過對下屬下達各種工作指令，使下屬執行，並實現管理目標與要求的活動。飯店管理的成敗從一定程度上來說，取決於下屬對各種工作指令的執行效果的好壞。團隊的領導者對下屬的指令從服從程度而言，主要有以下三種。

（一）命令

命令是服從程度最高的一種指令。一般情況下，命令是上級在正式場合或以文件形式下發的重要指示，具有嚴肅性和不可變更性。下屬對上級的命令必須無條件服從。

（二）要求

要求是服從程度稍輕的一種指令，是上級根據飯店的發展要求，或自己的經驗累積對下屬提出的一種期望。下屬對上級的工作要求一般來說也應該服從。

（三）建議

建議是服從程度最輕的一種指令，是上級根據下屬的表現或工作現狀，結合

客觀因素和自己的主觀判斷，對下屬提出的個人的看法。下屬對上級的建議，可根據具體情況來決定是否服從。

║ 三、服從客人

除了服從上級的指令之外，飯店的團隊還應服從客人的一切合理而正當的要求。當團隊面對客人的投訴時，應遵循「客人至上」的服務原則，從解決客人的實際問題出發，以客人的需求為導向，換位思考，提高客人的滿意程度，最終培養忠誠的客人。

◎ 客人或上級絕對不會錯。

◎ 如果發現客人或上級有錯，那一定是我看錯。

◎ 如果我沒看錯，一定是因為我的錯導致客人或上級犯錯。

◎ 如果是客人或上級的錯，只要他不認錯，那就是我的錯。

◎ 如果客人或上級不認錯，我還堅持他錯，那就是我的錯。

總之，「客人和上級絕對不會錯」，這句話絕對不會錯。這裡強調的是一種「讓」和「理解」的藝術，並在實際工作中要講究「策略」。

第八節　效益意識

引言

◎ 效益是飯店生存和發展的基礎。

◎ 開源節流是提高效益的有效途徑。

◎　兩個人面前各有一碗葡萄。一個人喜歡先吃大顆的，每次都是挑最大的一顆葡萄吃，結果，他吃的都是最大顆的葡萄，很開心。另一個人喜歡先吃小顆的，每次都是挑最小的一顆葡萄吃，把大的留在最後吃，結果他始終充滿希望，也很開心。

☆　對於任何事務，存在即是合理的，但是如何將已經存在的事務轉化為飯店經營所要獲得的效益？這是每一位飯店的團隊領導者都應認真思考的問題。無論何種類型的飯店，贏得效益都是其最終的目標。飯店的團隊領導者應樹立效益意識，不僅要善於開源、取得收入，還應會透過各種成本控制，達到節流的目的，爭取以最少的資源消耗取得同樣多的效益；或者是以同樣多的資源消耗取得更多的效益，進而實現飯店經營的最佳效益。

飯店要獲得持續效益，必須追求經濟效益、社會效益和環境效益等的各方面相互聯結。其中，經濟效益是基礎和根本，離開經濟效益，飯店企業作為非公共產品的經濟組織就失去了存在的基礎；社會效益是飯店的無形財富，是經濟效益的支撐；環境效益體現了飯店對環境的關愛，主要表現在保護環境、節約資源、科學用能等方面。

一、效益意識的要求

飯店是一個經濟組織，其經營活動就是要取得經營效益。飯店團隊的效益觀念，不僅僅是著眼於效益的目標和結果，更重要的是著眼於達到目標和結果的途徑和方法。因此，飯店的團隊領導者不僅要有雄心大志，更要有經營的技巧、藝術、謀略；有經營的想法和靈活性，以效益觀念來取得真正的收益。

二、效益意識的主要內容

（一）積極開拓客源和財源

飯店的效益主要靠開源，沒有來源再節省還是沒有效益。開源的主要內容：一方面是市場的開拓和產品的開發；另一方面，飯店要透過產品開發，延伸和拓寬服務內容和服務項目，以更豐富的產品、更完備的服務吸引更多的客人，廣進財源。飯店經理人必須強化效益意識，重要的是要有經營的想法和競爭策略，注重策略的變化和銷售的技巧。

（二）控制成本費用

成本費用對控制飯店效益而言具有舉足輕重的作用。效益意識注重必要的勞動和必要的消耗，儘量減少不必要的投入和浪費。飯店經理人在成本消耗方面要精打細算，盡力降低成本、杜絕浪費，建設環境友好型組織，爭取持久的效益。

（三）有形的勞動投入和潛在的經濟效益

所謂有形的勞動投入和潛在的經濟效益，是指飯店的勞動投入是有形的，但是它不直接產生效益，而是為產生效益服務。例如，飯店對廣告宣傳的投入、公共關係活動的投入等。這些耗費不像服務產品交換那樣直接就能看見效益，但它具有潛在的效益價值。對此，飯店經理人也要學會算帳，管「天」，不要老是管「地」，以爭取長遠、持久的超額效益。

總之，效益是飯店生存和發展的基石。飯店管理的最終目的就是獲得良好的經濟效益、社會效益和環境效益。在飯店經營中，各類經營報表是飯店團隊領導者最關心的數據，領導者要養成每天早上看飯店經營報表的習慣。有人開玩笑說：飯店經理人的臉就是飯店經營的晴雨表。事實上，沒有生意，就沒有效益，失去的生意永遠補不回來。開源節流是飯店提高效益的有效途徑，而員工的工作效率既是成本也是效益。只有當飯店的產品形成了良好的品牌，創造了良好的社會效益和環境效益之後，經濟效益自然隨之而來。

案例2-6

◎ 某飯店成立節能小組的規定

為加強飯店節能管理的有效運作，及規範節能小組的日常管理，明確節能小組的工作內容與相關職責，確保飯店的節能工作可持續發展，最大可能地提高飯店能源利用率和經濟效益，特別制定節能小組章程如下：

一、組織結構

組長：飯店工程部經理

副組長：工程部人員、人力資源部品管經理

　　成員：餐飲部、客房部、康樂部、客服部、安全部、銷售部、公共關係部、財務部等部門督導級管理人員各一人組成。

　　二、節能小組組長（副組長）工作職責：

　　1.審核並制定節能小組管理細則。

　　2.研究、策劃、組織協調飯店的節能計劃及技術措施（硬體節能整體改善）。

　　3.不定期對節能降耗工作進行檢查，並通報檢查結果。

　　4.熟悉各部門燈光開啟管理制度、節能管理細則，並進行針對性的專項檢查。

　　5.每月召開一次節能管理分析會議，並公布本月各部門的工作成果與不足。引進先進的節能技術，並不斷改革創新。

　　6.與節能小組成員一起討論，制定下一步的節能工作計劃。

　　7.經常與同行業的單位進行交流、學習節能技術，不斷提高自身的業務水平，以更好地為飯店節能工作服務。

　　三、節能成員工作職責

　　1.負責本部門的節能監督工作，安排好本部門每天的節能執行工作。

　　2.飯店每天的專項檢查工作不得缺席，若有特殊事情要提前一天向飯店節能小組請假。

　　3.參加節能小組每月的專題工作會議，並在會議上通報本部門當月的節能情況。

　　4.根據天氣、季節，對燈光開啟作出適當的靈活調整。

　　5.根據節能管理細則及燈光開啟規定，對本部門各個單位員工進行培訓。

　　6.節能小組成員有權監督飯店各區域的節能工作落實情況。

　　四、獎懲條例

為了加強對節能小組成員的管理，保證各種節能工作從上到下都能得到順利、貫徹和執行，確保飯店節能管理工作的有秩序進行，在加強溝通和協調的前提下，制定此獎懲條例。對於認真、負責的節能小組成員，予以相應的精神和物質獎勵；而對於工作不力、責任心不強的成員，給予必要的處理。

1.獎勵條例

（1）能為飯店節能管理工作提出合理化、可行性建議，並被採納、取得實效者。

（2）長期為部門及飯店的節能工作盡心盡力，並取得一定成績者。

（3）任職期間，本部門節能工作從未出現大的差錯者。

（4）在飯店的經營達到飯店最大接待能力的70%時，節能耗費與營業總額比值控制在8%～9%時。

（5）以上獎勵條款的其他事蹟者。

能做到以上幾點者，飯店將給予不同程度的表揚或加分，並將一些優良表現或成績存入檔案，作為以後對其資格考評的一個依據。

2.懲處條例

（1）在節能小組的會議、培訓課及各項檢查活動中遲到、早退者。

（2）未請假而擅自不參加節能小組活動者。

（3）對接受的任務草草了事、敷衍塞責，而且未事先說明原因，而不按時、粗糙地完成布置的任務者。

（4）所屬部門的節能耗費急劇上升時。

（5）違反以上處罰條例的其他事項者。

節能小組將根據《員工手冊》及飯店有關制度給予相應的處理。

附：飯店節能小組成員名單及各單位節能細則（略）。

第三章 團隊溝通的對象與方法

導讀

　　飯店是一個團隊、一個整體，其營運是否高效、有序，取決於飯店員工之間相互配合的默契程度。而工作的默契配合，離不開飯店良好的溝通環境。溝通環境不僅反映了團隊領導者的管理和協調能力，而且在很大程度上取決於順暢的溝通管道。對於一個團隊來說，只有建立了良好的溝通管道，才能在團隊各成員之間營造出相互信任、真誠合作、開放溝通的和諧環境。

第一節　什麼是溝通

引言

　　◎　《聖經》中有這樣一則故事：在古代巴比倫，一群膚色不同的人，黑種人、黃種人、白種人，他們正在建造一座通天塔。因為他們使用的是同一種語言，彼此之間不存在交流與溝通的障礙，訊息傳達得既準確又迅速，配合得很有默契、有序，於是宏偉的工程建設得相當快。上帝看到這一切，心想：「人類假如如此協調工作的話，還有什麼事情辦不成呢？」於是，他就讓不同膚色的人使用不同的語言。因為語言不同，訊息無法準確、快速地傳遞，塔上面需要建築的石料，塔下的人卻往上送水，接著爭吵聲、咒罵聲亂成一片，工程陷入了癱瘓狀態，最後終於因為各種糾紛，人類偉大的合作力量消失了，通天塔也半途而廢了。

　　☆　溝通，實質上是團隊成員彼此之間的一種訊息的交流。團隊中一旦缺少了訊息的交流與溝通，各成員之間就很難就某一問題達成共識，如果不能達成共識，團隊就難以形成統一的步調，也就無法充分、有效地發揮出團隊的力量，無

法實現團隊共同的目標。

‖ 一、溝通的原理

溝通是指兩個或兩個以上的人或群體，透過一定的聯結管道，傳遞和交換各自的意見、觀點、想法、感情和願望，從而達到相互了解、相互認知的過程。簡單地說，溝通就是兩個或兩個以上人員之間訊息傳遞和相互理解的過程。這個過程由三種基本要素構成：其一是訊息發送者；其二是發送的具體訊息；其三是訊息接收者。那麼，訊息是如何在發送者和接收者之間傳遞的呢？其原理如圖3-1所示。

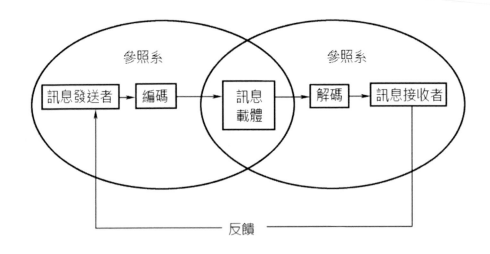

圖3-1 溝通原理

（一）編碼

訊息發送者要把需要發送的訊息，如想法、感情、認識等轉換成能夠讓接收者理解的一系列訊號。為了進行有效的溝通，這些符號必須與適當的訊息載體相符合。例如，載體是書面的報告，則訊號應為文字、圖表、圖片等。

（二）解碼

訊息接收者根據這些訊息的傳遞方式，選擇相應的接收方式。例如，訊息是

口頭傳遞的，接收者就必須仔細聆聽，同時，把這些訊息還原成特定的想法、感情、認識等。由於發送者編碼水平及傳遞能力與接收者解碼能力的差異，訊息在此過程中可能會失真、會被曲解。

（三）參照物

參照物是訊息發送者和接收者理解訊息所必須的因素。例如，個人經驗、興趣、觀點、情感、態度、知識等。訊息被有效理解的程度，取決於訊息發送者和接收者雙方參照物的重合部分的多少。

（四）訊息載體

訊息一般透過某種具體的圖形、文字、聲音等形式，或者是透過肢體語言、臉部表情等形式進行傳遞。

（五）回饋

為了使溝通準確、有效，訊息發送者必須透過訊息接收者的回饋，來檢驗他所傳遞的訊息是否已經被對方準確接收並被正確理解。因此，要建立訊息回饋機制，構成雙向溝通。

二、溝通的目的

溝通是團隊成員之間為保證訊息傳遞的及時性、準確性，而廣泛採用的一種方法，其目的則可能是多方面的。

（一）被人理解

尋求對方的理解是溝通的首要目的。透過溝通，訊息發送方把自己的觀點、認識和意圖傳遞給對方，使對方能夠準確地認識和理解自己所要表達的想法。

（二）理解他人

在團隊中，個人因為所處的位置、所站的角度不同，不可避免地會有意見分歧。在溝通的過程中，透過訊息的交流和回饋，訊息接收方可以了解到對方的觀點，掌握他人的意圖，並理解他人的想法。

（三）獲取訊息

溝通是用來獲取訊息的最佳管道。透過有目的、有針對性的溝通，可以使溝通的雙方獲取自己所需要的訊息。

（四）促成行動

有效的溝通可以使溝通雙方的觀點和意見達成一致，進而形成統一的計劃，促使雙方能夠為同一個目標採取行動。

三、溝通的作用

溝通能夠消除誤會、減少摩擦、化解矛盾、避免衝突，發揮團隊的最佳功效；溝通還能夠集思廣益、增強團隊凝聚力，是團隊建立的法寶。

（一）溝通是最重要的管理活動

溝通是團隊領導者最重要的管理行為之一，優秀的領導者一定是一位好的溝通者。領導者透過各種方式的溝通，就自己的基本要求、工作計劃、實施方案等與團隊成員達成共識，並使總體工作目標得以實現。溝通是發揮團隊協調性的有力保證，如果沒有溝通，就無法了解團隊各部分的真實情況，也就無法有針對性地進行協調，實現團隊的和諧統一。

（二）溝通是領導者激勵成員，實現領導職能的基本途徑

一個團隊中，領導者，是為了滿足團隊成員的想法而為此擬定各種實施方案、採取行動的人；成員，就是透過領導者達成自己願望和目的的人，而這些過程都必須透過有效的溝通得以實現。

（三）溝通可以化解分歧、統一觀點

在一個團隊裡，存在意見分歧是常態的，也是正常的。唯有透過溝通、討論、協調，才能達成共識。建立和諧的團隊關係，不是指在團隊中一味地順從他人的意見，而是要透過溝通的方式將問題徹底討論清楚。在溝通中，成員之間相互交流自己的觀點，以團隊的眼光來看問題，使想法更加成熟、清楚，進而形成

統一的觀點、達成一致的見解，從而在執行計劃時，可以團結一心，共同履行職責。

（四）溝通能夠消除誤會、增進信任

一個團隊可能由數人、數十人、數百人，甚至成千上萬人組成，團隊每天的活動也由許許多多具體的工作構成。因為各成員的學識、性格、經歷、能力等諸多方面的差異，在工作的過程中，對團隊目標的理解、對訊息掌握的程度等都會有所不同，彼此之間存在誤解是不可避免的事。如果在誤解產生之初，未能及時有效地加以解決，任由誤解存在，只會導致誤解越來越深，甚至最後造成團隊的分裂。有效的溝通可以消除成員之間的誤解，加深理解，促使成員之間相互交流意見、統一想法、達成共識、建立良好的人際關係、加強和鞏固成員之間的信任關係，有助於協調各成員之間的活動，使各項決策和行動獲得團隊的認同，並保證群體目標的順利實現。

（五）溝通使訊息傳遞及時且順暢

知名管理學家切斯特·巴納德認為：「溝通就是把一個團隊中的成員緊密地聯絡在一起，以實現共同目標的方法。」而有許多的團隊，成員之間存在許多的無形的「牆」，妨礙了彼此的溝通。如果溝通管道長期堵塞，就會造成訊息不交流、感情不融洽、關係不協調，甚至會導致基層的許多建設性意見，不能及時回饋至團隊的高層領導者；同時，高層領導者的意見也不能以原貌傳送給團隊所有成員。所以，要建立高效率的團隊，就要加強團隊內部的訊息交流，清除溝通障礙，建立起完善的溝通系統。

（六）溝通是聯絡團隊與外部環境的紐帶

飯店作為一個大的團隊，必然要和客人、政府、職能部門、公眾、供應商、競爭者等發生各式各樣的關係。飯店必須滿足客人的需求，遵守政府和職能部門的法令法規，履行自己的社會責任，獲取物美價廉的原材料，並在激烈的行業競爭中贏得一席之地。所以，飯店必須與外界進行有效的溝通。並且，由於外界環境的不斷變化，飯店要生存和發展，就必須不斷地保持與外界的溝通，以適應這種變化、掌握商機、避免失敗。

第二節　團隊溝通的對象——處理好飯店內部的關係

引言

◎ 可以嗎？

一個老人和他唯一的兒子生活在一起，父子倆相依為命。

突然有一天，有一個人找到老人，對他說：「尊敬的老人家，我想把你的兒子帶到城裡去工作，可以嗎？」

老人氣憤地回道：「不行！絕對不行！你滾出去吧！」

這個人又說：「如果我在城裡幫你的兒子找個對象，可以嗎？」

老人搖搖頭回道：「不行！你走吧！」

這個人又說：「如果我幫你兒子找的對象，也就是你未來的兒媳婦，她是洛克菲勒的女兒呢？」

這時，老人心動了。

然後，這個人找到了美國首富石油大王洛克菲勒，對他說：「尊敬的洛克菲勒先生，我想幫你的女兒找個對象，可以嗎？」

洛克菲勒回道：「快滾出去吧！」

這個人又說：「如果我幫你女兒找的對象，也就是你未來的女婿，他是世界銀行的副總裁，可以嗎？」

洛克菲勒同意了。

接著，這個人找到了世界銀行總裁，對他說：「尊敬的總裁先生，你應該馬上任命一個副總裁。」

總裁先生回道：「不可能！這裡已有這麼多副總裁，我為什麼還要再任命一個副總裁呢？而且必須馬上？」

這個人又說：「如果你任命的這個副總裁是洛克菲勒的女婿，可以嗎？」

總裁先生當然同意了。

雖然這個故事不盡真實，但它在一定程度上體現了溝通的力量。透過這個故事我們認識到：只有找對了溝通的對象，找到能作出決定的人，才是實現有效溝通的最佳捷徑，才能夠取得溝通的成功，否則再多的努力也是白搭。

☆　良好溝通的第一步就是要選擇正確的溝通對象。如果選擇的溝通對象不適當，或者溝通的管道不合適，就會為其他人的工作帶來許多的麻煩。所以，在這一點上，團隊的領導者應該謹慎處理，要克服選擇溝通對象中容易存在的隨意性，最重要的是杜絕在背後說長道短、議論他人。

飯店作為一個群體，其溝通對象只有兩種：一是內部溝通對象；二是外部溝通對象。外部溝通主要是與客人的溝通，我們將在第三節作全面的展開和論述。在本節裡，我們重點介紹飯店的內部溝通，即向上溝通（與上級）、平行溝通（與同級）、向下溝通（與下級）。

案例3-1

◎　根據公司調職令，A代替B擔任某飯店的部門總監。在交接時，前任總監特地對飯店管理層中的兩位部門經理C和D的情況做了詳細介紹。他說C經理個性強、不好合作，凡事都要聽他的，有時總監決定的事，如果他不同意，總監的決策就很有可能得不到有效的實施；D經理工作認真、態度好，但缺乏主見，什麼事情都要請示上級，而且對上級安排的工作又很難去督導落實。前任總監B的介紹在A的心理上造成了很大的陰影。

A正式接任工作，在與這兩位部門經理C和D的接觸中，發現確實如B所說，並且這兩位部門經理的合作性不是很好，工作又很難協調。

問題：A總監應該怎麼做，才能既提高這兩位部門經理的積極性，又能實現有效的領導，保證組織整體目標的實現？部門經理C和D又應該怎麼做，才能處理好與A總監及兩個部門之間的合作關係？

飯店作為一個大的團隊，要保證自上而下協調一致，真正體現出是作為整體的一個團隊，就必須正確處理好與上級、同級及下級之間的合作關係，以確保飯店管理目標的實現。

一、向上溝通

下屬與上級的溝通，只有當地點正確、時機準確、主題選擇合理時，溝通才會取得成效；否則，就只是浪費時間和精力的無效溝通。下級與上級的溝通，具體表現為：服從、盡職、尊重、支持、彙報、排除問題、不居功、參謀等。

（一）服從

服從就是要求下屬在具體工作的過程中，即使自己的意見與上級不一致，也應該充分尊重上級的意見，而不要有任何牴觸、對抗的情緒。原則上，下屬要無條件、嚴格執行上級的命令。當然，如果上級的指令確實存在不合理或不可行之處，可以在事後與上級進一步的溝通，說明自己的想法。

（二）盡職

下屬對待上級要絕對盡職盡責，做好自己的份內工作。上級與下屬之間不是對立的，只是分工不同，就如同在同一艘輪船上，船長和船員的分工不同，但是兩者的前進方向是一致的，無論誰掌舵、誰揚帆，最終還是駛向同一個目的地。

（三）尊重

下屬要尊重自己的上級，正是因為他是你的上級，是你的主管，是帶領與指導你完成工作、實現目標的人，因此，不要與上級爭論，更不能與上級頂撞。只有充分尊重上級，才能主動並樂意執行上級的各項指示。

（四）支持

支持就是當上級的命令出現部分疏漏或失誤時，作為下屬應該在維護上級威信的基礎上，在執行上級命令的過程中積極、主動地透過各種管道扭轉局面，使事態向好的方面發展，這也充分體現了下屬的執行能力。要堅決抵制教條主義，

不搞本位主義，更不能有幸災樂禍的想法。

（五）彙報

作為下屬要主動向上級彙報工作情況，以及自己的觀點和意見，以保證上級的各項指示都能夠按時、準確地完成；另一方面，下級向上級彙報工作時，彙報的內容要保證客觀準確、簡明扼要，可針對目標和計劃擬定要點式的彙報提綱，從上級的角度來考慮問題，以達到有效溝通的目的。

（六）排除問題

有些下屬喜歡一遇到問題就跑去問上級：「主管，我該怎麼辦？」「主管，接下來我該怎麼做？」「主管，您看這該怎麼辦？」「主管，……」如果不管大事、小事，凡事都要主管親自去查核、分析；去決策、解決的話，那麼，作為下屬，你還能做什麼呢？所以，在遇到問題的時候，下屬要先儘可能地自己去想辦法解決問題，對於實在處理不了的問題，再向上級請示、徵求意見，要能夠主動地為上級排除問題。

（七）不居功

下屬要學會不居功。凡是總結性、歸納性、決定性、定調的話，一般要留給上級去說。要甘於將自己的功勞掩蓋在上級的光環和集體的榮譽之下，避開「功高震主」之嫌，保持謙遜的姿態和寬闊的胸懷。

（八）參謀

作為下屬，不僅要嚴格執行上級的命令，還要能充當上級的參謀，為上級制定策略，提供參考性的訊息和意見。

1.多出選擇題，不出問答題

下屬在處理問題或是在徵求上級意見時，要儘可能地為上級提供可供選擇的建議，而不只是出問答題；不是一有問題就問上級該怎麼辦，自己卻沒有一點主意、束手無策。同時，下屬對於時間的安排要儘量地具體、合理，要給上級留有足夠的思考時間，不要把迫在眉睫的問題拋給上級去解決。

案例3-2

某飯店市場部經理在制定全年度工作計劃時，要以市場發展的情勢和市場調查為依據，對飯店整個年度的經營計劃有一個整體部署，提出各種具有創意性、適合市場需求的營銷策略。他在制訂計劃時，不應愁眉苦臉地拿著工作計劃表去問上級今年要推出哪些活動，如何推出這些活動等，而是應該提前3、4個月，主動向上級請示：飯店可否在7、8月份推出「清涼夏日冷飲節」活動？該項活動的主要消費族群是考試剛結束的學生，活動的具體內容、實施方案和實施細則，已經初步擬定完畢，請上級審視、定奪。

2.多出多選題，少出單選題

一位優秀的下屬要想當好上級的參謀，不僅要能夠不折不扣地執行上級的命令，更重要的是，遇到某一問題時能夠為上級提供多種可供選擇的解決方案，而不是只有唯一一個正確答案的單選項；另外，還要對每一個答案的優劣進行對比，並對可能出現的後果作出分析，絕不能給上級設下陷阱。

案例3-3

市場部經理應向上級彙報實施「清涼夏日冷飲節」活動的多種選擇方案。例如，

方案一，飯店購買器皿，自己製作冷飲。

方案二，飯店聯絡當地生產商，購買生產商生產的冷飲。

方案三，飯店以代銷的形式，聯絡外地價格適合的冷飲生產商。

同時，還要將各種方案的利弊作明確分析，供上級參考，而不要只提供一種方案就等上級拍板定案。如果上級認為以上方案均不可行，則說明自己處理事情的方向可能有問題，這時候要主動請教上級的建議。

（九）監督

下屬還要敢於主動監督上級。這裡所說的「監督」，不是指下屬要像私家偵探那樣監視上級的一切動向，而是要監督上級制定的各項決策，對上級作出的正確決策要不折不扣地執行，而對有偏差的決策要能夠及時發現。因為，主管也不是萬能的，在工作中也會出現不足或失誤。作為下屬，如果你能夠及時地發現，並在適當的場合以委婉的方式向上級提出，那麼，上級將會感激你的提醒、認可你的能力，你們之間的關係也會得到進一步的鞏固。

‖ 二、水平溝通

飯店是由各部門組合而成的整體，各部門之間應互諒、謙讓。對於比自己資歷深的同事，你可以尊稱他為「前輩」，這樣你才會贏得對方的尊重。在平時的工作中，應先為對方提供協助，再要求對方配合。有些時候，在尋求合作與配合時，因為牽涉到不同的部門，而且級別平等，所以合作起來要考慮雙方的利弊，要注意力求實現「雙贏」的合作成果。

（一）放低身段說話

◎ 崇水

中國道家的哲學崇水。崇水，就是推崇「貴柔、無為、不爭、處下、守雌」的原則。水是依靠其柔性隨形而變，卻又無處不能滲透的。這是領導者的藝術，也是處理人際關係的藝術。

與人相處要能借鑑道家崇水的哲學，做事要像「火」一樣熾熱猛烈，待人要像「水」一樣柔軟透明。古話說：「以四海為量者不在於一滴一毫，以天下為己任者不在於一分一寸。」當與同儕之間出現矛盾、需要溝通時，彼此要能夠保持謙遜的姿態，放低身段說話，退一步海闊天空。

（二）內方外圓

◎ 枷鎖與銅幣——外方內圓與外圓內方

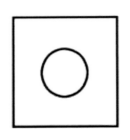
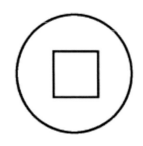

方，是指原則和規則，橫平豎直、有棱有角，不可隨意改變。

圓，是指圓通和靈活，處理各類事情的時候，特別是與他人有不同意見時，要懂得靈活圓通。

中國人很崇拜圓通，但圓通並不等於圓滑，圓滑和圓通完全是兩個境界。圓通，是守原則而講技巧的，透過靈活運用各種方式方法，來潤滑工作中的人際關係，不把局面弄僵。圓滑，則是喪失原則，玩弄權術來欺騙他人，保護自己、推卸責任。

在飯店的人際交往中，彼此之間要能夠掌握內方外圓的處事技巧，要既不失原則，又能夠靈活處理各種紛繁複雜的人際關係。處事內方外圓（銅幣）的人，既講究處事原則，又不失變通，自然能夠靈活應變。而做事太拘泥於原則、缺少處事技巧，也就是外方內圓（枷鎖）的人，則難以與他人融洽相處。

（三）合作共贏

飯店管理工作中，飯店經理人與同事合作要講求合作共贏，做到雙贏不敗。與人相處，發生矛盾是難免的，但重要的是，要能夠以平和的心態，在力求雙方利益兼顧的基礎上求得最佳的解決方案，能夠站在對方的角度考慮，也為對方著想，達到合作雙贏的目的。

三、向下溝通

身為上級要能允許下屬犯錯，並給予下屬不斷嘗試的機會。在與下屬溝通時，上級首先要了解具體的情況，這樣才能更好地查清楚問題。在下屬的工作中，上級要提供必要的方法指導和支持，然後還要緊盯過程，防止執行走樣。

（一）授權

飯店管理現場性、及時性較強，經常會有不可預料的突發事件發生。作為上級，在實際的管理過程中要能夠充分並適當授權，使下屬可以靈活處理各種突發性事件。

（二）信任

俗話說：「疑人不用，用人不疑。」作為一名團隊領導者要信任自己的下屬，這也是下屬能夠有效展開各項工作的基本保障。

（三）支持

飯店團隊的領導者要擔當「教練員」的角色，能夠充分理解和支持下屬的工作，並在下屬需要的時候給予其必要的指導和協助。

（四）談心

飯店的團隊領導者在與下屬的溝通中，應該放下領導者的架子，以一種平和的、大家都能接受的方式去與下屬談心，了解下屬真實的想法。同時，對於溝通中存在的障礙，領導者要能夠充分發揚民主精神，積極引導下屬去反思、聆聽下屬的意見，以增強下屬的參與感。

（五）監督

對下屬的工作要及時監督，對其工作中出現失誤和偏差的地方，要能夠及時發現並予以糾正，以確實提高下屬的執行力。

（六）感謝

當下屬工作表現出色時，要在第一時間給與其認可和表揚；當下屬工作遇到困難時，要能夠及時地鼓勵並幫助其克服困難。上級要能夠將獲得的成果歸功於與下屬共同的努力，能感謝下屬的領導者更容易贏得下屬的擁戴。

第三節　團隊溝通的對象——處理好與客人的關係

引言

◎　來買東西的人在支持我；誇獎我的人在取悅我；投訴我的人在教導我，他們教會我如何取悅別人以便未來有更多的人光顧；心裡不快而又不投訴的人在傷害我，他們連讓我糾正錯誤、改進服務的機會都不給我。

——零售業先驅馬歇爾・菲爾德（Marshall Field）

☆　隨著飯店資源結構的改變，與客人關係的資源已經成為現代飯店資源管理的重要組成部分。飯店要突破客人滿意度和忠誠的瓶頸，就必須加強與客人的溝通，重視和研究對客人關係資源的開發和管理，以便能夠及時、準確地掌握客人訊息、了解客人需求，掌握市場發展動態，並抓住時機開發出適合市場需求的新產品，推動飯店的經營與發展。

飯店與外部的溝通，主要是指與相關職能部門和廣大客人的溝通。飯店要加強與政府和相關職能部門的溝通和交流，並得到他們的支持和幫助，確保能夠及時了解及掌握政府推出的最新的相關法律法規和行業政策，這有助於飯店的長遠發展。而與客人的溝通，則是飯店對外交流的主要內容。

‖ 一、正確認識客人

飯店要建立並保持與客人的良好關係，就要對客人有較全面、正確的認識，並掌握客人的心理狀況和與客人溝通的技巧。

（一）正確認識客人

1.客人是有弱點的「人」

客人是飯店的「客人」，員工要將客人當作「人」來尊重，滿足其作為「人」的各種合理的需求，為其提供滿意、舒心的服務。當然，客人也是有各種人性弱點的，不可能是完人。員工要始終奉行「客人總是對的」的精神，即使是對客人的「不對之處」，也要能夠多加寬容和諒解。

2.客人是服務的對象

在飯店的客人與員工的交往中，雙方扮演著不同的「社會角色」：員工是「服務的提供者」，而客人則是員工「服務的對象」，飯店員工不能把客人變成其他對象。例如，員工在任何時候、任何場合，都不能對客人評頭論足、指指點點，把客人當成評頭論足的對象；在對客人服務的過程中，如果出現意見分歧，員工切不可與客人比高低、爭輸贏，把客人當作比高低、爭輸贏的對象。因為飯店客源的複雜性，在客人群中「什麼樣的人都有」，員工要憑藉靈活的服務引導客人，而不是把客人當作「教訓」或「要改造」的對象。另外，當客人有不滿時，員工不要只想著為自己或飯店辯解，和客人「說理」，把客人當作說理的對象，而應該立即向客人致歉，並儘快幫助客人解決問題。

（二）了解客人對飯店產品的需求

現代人普遍感覺自己生活在一個充滿競爭的、殘酷的、冷漠的時代，每個人都只不過是一個隨時可能被替換的、小小的工具而已。在這樣的一種環境下，人們在無形之中平添了一些「緊張」的情緒，心裡積聚起來的壓抑，會迫使其渴望尋找到一個能夠使自己獲得發洩和解脫的空間。

客人在飯店消費期間，不管其是否意識到，他們都必然存在著某種「求補償」和「求解脫」的心理。「求補償」就是客人在「日常生活之外的生活」中，求得他們在日常生活中無法得到的滿足；「求解脫」就是客人要從日常生活中，因為諸多壓力而飽受精神之苦的緊張狀態中解脫出來。

要使客人獲得「補償」與「解脫」，飯店員工不僅要為客人提供各種便捷的服務，幫助他們解決種種實際問題，而且還要注意服務方式的正確性，做到熱情、周到、禮貌、謙恭，使客人體會到一種從未有過的輕鬆、愉快、親切和自豪感。

（三）掌握與客人溝通的技巧

1.要關注客人心理

飯店要為客人提供「雙重服務」，即「功能服務」和「心理服務」。功能服務，就是指滿足客人實際的物質需要；心理服務，除了要滿足客人的物質需要以

外，還要能使客人獲得一種愉快的「經歷」。也就是說，飯店要能夠讓服務的過程充滿人情味，使客人得到心理上的滿足。

2.要善解人意

要給客人以親切感，必須「善解人意」。要能夠透過察言觀色，正確判斷客人的處境和心情，並據此作出適當的語言和行為反應。

3.要謙恭殷勤

「彬彬有禮」只能防止和避免客人的「不滿意」，飯店只有做到「謙恭」和「殷勤」，才能使客人感受到愉快和美好。而要做到「謙恭」、「殷勤」，則不僅意味著員工不能去和客人「比高低、爭輸贏」，同時還要求員工要有意識地配合客人的表演。飯店其實就是一座「舞台」，飯店員工應該自覺地讓客人「唱主角」，而自己「唱配角」，充分滿足客人求尊重、求表現的心理。

4.要真誠地讚揚

對客人說一些稱讚的話只要花幾分鐘，但這些話卻能拉近與客人的關係。因為人人都喜歡聽到別人真誠的讚美，飯店員工要養成讚美他人的習慣。客人在飯店有什麼願意表現出來的長處，就要幫他表現出來；反之，如果客人有什麼不願意讓別人知道的短處，則要幫他遮蓋或隱藏起來。

5.要多用「請」和「謝謝」

飯店要建立與客人的密切關係，「請」和「謝謝」是非常重要的詞語，員工要多多運用。同時，員工在與客人溝通過程中也要講究語言的藝術，特別是掌握說「不」的藝術。要儘可能用「肯定」的語氣表達「否定」的意思。

6.要否定「自己」

在與客人的溝通中如果出現障礙，要善於先否定自己的不足，強調都是我的錯，找出自身的原因，不要否定客人。例如，客人無意踩到了服務人員的腳，卻未注意。此時飯店服務人員應禮貌地提醒道：「對不起！先生，是我不小心，我的腳墊上了您的腳。可不可以讓我把它拿開？」

‖ 二、客人投訴的處理

　　飯店工作的目標是使每一位客人滿意，但事實上，無論是多麼豪華、多麼高級的飯店，無論飯店經理人在服務品質方面下了多大的工夫，總會有某些客人在某個時間，對某件事、物或人表示不滿。因此，投訴是不可避免的。飯店員工在處理客人投訴時，既不能損害飯店的利益，又要讓客人滿意。正確接待和處理客人投訴，對於提高飯店服務品質和管理、贏得客人回住率具有重要意義。

　　（一）投訴的類型

　　1.有關硬體設施、設備的投訴

　　此類投訴主要指，由於飯店的設施、設備不能正常運行，甚至損壞，而給客人帶來不便甚至傷害，引起客人的投訴。例如，飯店空調、音響系統失靈；照明、供水不正常；電梯的電腦控制失效、家具及地毯破損等。

　　處理這類投訴，員工應設身處地為客人著想，及時與工程部、安全部取得聯絡，實地查看，並視具體情況採取積極有效的措施。同時，還應在問題解決後再次打電話聯絡客人，確保其投訴真正得到完善的處理。

　　2.有關飯店軟體的投訴

　　此類投訴是指，在服務態度、服務效率、服務時間等方面，達不到飯店的標準或客人的要求，以及因飯店管理不善造成的客人投訴。

　　（1）關於飯店服務的投訴

　　因為飯店服務效率低、出現差錯，造成客人陷入困境而引起不滿。例如，辦理入住登記手續時間太長；轉接電話太慢；叫醒服務不準時或讓客人不愉快；排錯客房；郵件、留言未能及時傳遞；客帳累計出錯；行李無人搬運；上菜速度太慢等。

　　處理此類投訴，首先應向客人道歉，並儘快採取措施進行補償性服務。事後，要分析導致客人投訴的原因，並針對服務過程中的薄弱環節強化員工的專業知識和操作技能、技巧的培訓，儘量減少這類投訴發生。

（2）關於服務態度的投訴

因飯店服務人員對客人服務過程中態度冷淡、語言粗魯、行為散漫，或是過分的熱情、不負責任的答覆等引起客人投訴。為減少此類投訴，常用的有效方法是，加強員工在對客人關係以及心理素質方面的培訓，提高員工的服務意識和職業道德水平。

（3）關於飯店管理的投訴

飯店因管理不善導致客人在飯店內受到騷擾、隱私受到侵犯、財物破損或丟失等，引起客人投訴。處理此類投訴，應首先向客人表示歉意，並在第一時間內儘可能地為客人挽回損失，以求得客人諒解。事後，虛心徵求客人的意見，總結經驗、吸取教訓，修正飯店管理中存在的漏洞，以避免日後再發生此類情況。

3.客人對飯店的相關政策規定不了解而引起的投訴

許多時候，因為訊息傳遞的不及時或者是訊息在傳遞過程中失真，導致客人了解訊息滯後或者掌握訊息有偏差，使客人的利益受到影響，造成客人對飯店的投訴。例如，某飯店推出的房價為消費滿800元，可獲贈本飯店商場消費券80元；滿1600元，可獲贈消費券160元，依此類推。此項政策的消費金額是指，客人在飯店一次性消費的金額，而客人卻常常誤以為是累計消費，導致雙方產生矛盾。在這種情況下，飯店要對客人做好解釋工作，並熱情地幫助客人解決問題，並根據情況為客人提供其他的優惠項目。

4.有關異常事件的投訴

此類投訴主要包括惡劣的天氣，無法購買到機票、車票；飛機延遲起飛等，引起客人不滿。這類問題，飯店難以控制，但客人卻希望飯店能夠幫助其解決。對於此類投訴，員工應在力所能及的範圍內想辦法幫忙客人解決。若確實無力辦到，應儘早向客人解釋，以得到客人的諒解。

（二）對客人投訴的認識

1.有利於飯店發現服務與管理中存在的不足

　　飯店在服務或管理中存在問題是不可避免的，但飯店的經理人沒有直接面對客人，有些問題自己也不一定能及時發現。而客人來飯店消費，期望得到物超所值的服務，對於存在的問題會比較敏感。此外，儘管飯店經理人要求員工做到「經理在不在現場都一樣」，可是，許多員工並沒有真正做到這一點。而客人對於這一點感觸是最深的，也最容易發現飯店存在的隱性問題。飯店要透過客人的投訴來不斷發現問題、解決問題，進而彌補不足、改善服務品質、提高管理水平，以便能夠留住這些客人。

　　2.有利於飯店鞏固客人關係，創造忠誠客人

　　留住客人不容易，但效益巨大。研究表明：使一位客人滿意，可招攬8位客人上門；但若因為產品品質不好，惹惱了一位客人，則會導致25位客人從此不再登門。客人有投訴，說明客人不滿意，飯店就應該把它當成是一種機遇和挑戰，這才是積極有益的態度，它也為飯店提供了強化對客人關係的機遇。了解到客人的「不滿意」之後，也就找到了改進的機會，使飯店有機會將「不滿意」的客人，在其離開飯店之前轉變為「滿意」的客人，消除客人對飯店的不良印象，減少負面影響。

　　3.有利於飯店培養員工服務意識，提高服務品質

　　投訴的客人往往是飯店最寶貴的客人，因為他們願意幫助飯店指出飯店存在的問題和需要改進的地方，使飯店知道自己還需要在哪些方面進一步的提高和改進服務的品質、強化員工的服務意識。而不投訴的客人未必就是對飯店的產品感到「滿意」，他們只是不說罷了，或者只是說「沒有不滿意」。事實上，提出這種說法也就意味著客人對於飯店的產品或服務已經感到「不滿意」了，但是又不願意指出來，飯店也就發現不了存在的問題、得不到有效的改進，而這些客人很有可能就成為飯店永遠失去的客人。

　　（三）投訴處理的原則

　　受理及處理客人投訴，應持重視的態度，並將其看作是改進飯店對客人服務的契機。處理客人投訴，應遵循以下原則：

1.真誠幫助客人

應設法理解客人投訴時的心情，同情其所面臨的窘境，並給予應有的幫助。接待好客人，首先應表明自己的身份，讓客人產生一種信賴感，相信受理的接待人員能真誠地幫助他解決問題，而不是在推諉。

2.不與客人爭辯

有時前來投訴的客人情緒比較激動，態度不恭、舉止無禮、言語粗魯，但無論如何，我們接待人員都應該冷靜、耐心，應從客人的角度考慮，換位思考，絕對不可與客人爭辯。即使是面對不合理的投訴，服務人員也應做到有禮、有理、有節。既要尊重客人，又要作出恰如其分的處理，以達到雙贏的目的。

3.維護飯店利益

處理投訴的前提條件是不損害飯店的利益，尤其是對於一些複雜的投訴，切忌在真相不明之前急於表態。解決問題的最佳方法是查清事實，透過相關管道了解事情的來龍去脈，然後再向客人誠懇地道歉並給予適當的處理，但處理的最終結果應是在飯店利益最大化的基礎上使客人滿意。

（四）處理客人投訴的程序和方法

接待投訴客人是一種挑戰。要使接待工作變得輕鬆，同時又使客人滿意，就必須正確掌握處理客人投訴的程序、方法和藝術。

1.做好接待客人投訴的準備

為了能夠及時、準確、輕鬆地處理好客人投訴，飯店必須充分做好投訴前的心理準備。

（1）不管客人對錯，盡最大努力讓客人滿意

一般來說，客人來投訴，說明飯店的服務和管理存在了問題，而且，不到一定程度是不願來投訴的。因此，飯店要設身處地為客人著想，換位思考，急客人之所急，把正確留給客人，以減少客人與飯店的對抗情緒。因此，處理客人投訴問題的關鍵，不在於客人是對還是錯，關鍵在於解決現有問題的態度。

（2）掌握投訴客人的心態

客人投訴時一般具有求發洩、求尊重、求補償等三種心態。求發洩，指客人在飯店消費時遇到讓他氣憤的事，怨氣積胸，不吐不快，於是前來投訴；求尊重，指飯店出現了軟體服務或者是硬體品質等方面的問題，導致客人投訴，目的是為了挽回面子、求得尊重；求補償，指有些客人無論飯店有無過錯或者問題是大是小，都可能前來投訴，其真正的目的在於尋求補償。無論是哪種心理狀態，接待人員在受理客人投訴時，都要保持心平氣和，以靜制動，不要與客人爭辯，甚至爭吵。

2.設法使客人消氣

飯店人員接待客人投訴時，要保持冷靜、理智、不要衝動，要設法平息客人的怒火，穩定其情緒。例如，可以請客人到較為安靜的場所坐下，為其奉上一杯茶水，緩和一下客人的情緒和緊張的氛圍，再與其作進一步的溝通。要避免在公共場合或者是人多的地方處理客人投訴。

3.認真傾聽客人投訴，並做好記錄

對客人的投訴要認真聽取，切忌隨意打斷。事實上，聆聽客人的意見會有助於收集儘可能多的訊息。此外，還要注意做好記錄，包括客人投訴的內容、客人的姓名、房號、投訴時間、事由經過等，以示對客人投訴的重視，同時記錄也是飯店處理客人投訴的原始依據。

4.設身處地感受客人的痛苦

聽完客人的投訴後，要對客人的遭遇表示同情、理解和道歉。這樣一來，會使客人感覺受到尊重，覺得自己來投訴並非無理取鬧；同時也會使客人感到你是幫助他解決問題，而不是站在他的對立面與他說話，從而可以減少對抗情緒。

5.盡一切努力解決問題

客人投訴的目的是為了解決問題，因此，對於客人的投訴應立即著手處理。在處理客人投訴時應提供多種方案讓客人選擇，以示對客人的尊重。必要時，要請示上級親自出面解決，切不可在客人面前推卸責任。

6.對投訴處理結果予以關注

接待投訴客人的人，並不一定是實際解決問題的人，因此，投訴接待者必須對投訴的處理過程進行追蹤，以確保客人的投訴得到最終解決。如果不是自己親自處理的，就不要想當然地認為客人的問題已經得到解決。所以，應該認真核實處理結果。

7.與客人再次溝通，確認客人對處理結果是否滿意

有時候，客人所反映的問題雖然解決了，但並沒有解決好；或是這個問題解決了，卻又引發了另一個問題。例如，客人投訴空調失靈，結果工程部把空調修好了，卻又把客房給弄髒了。因此，接待人員必須再次與客人溝通，追蹤查核問題是否得到解決，詢問客人對投訴的處理結果是否滿意，要使客人感到飯店對其投訴非常重視，從而讓客人對飯店留下良好的印象。

8.做得更好一些：提供「象徵性」的額外補償

對於客人的投訴，飯店不能只是做到「解決了」就可以了。「解決了」只是做到讓「客人沒有不滿意」，飯店要做得更好一些，要提供延伸服務，給客人意外的驚喜，將飯店「特別的愛」獻給特別的客人。例如，飯店可以在處理完客人的投訴，解決好問題之後，為客人的房間贈送一些諸如鮮花、水果等額外的禮品，作為讓客人造成不方便的一種「象徵性」的補償，使客人能夠不計前嫌，進而滿意飯店的服務。

案例3-4

某飯店接待了一對已經預訂過客房的新婚夫婦，預訂確認書上註明了房號、保留期限、預付訂金，但櫃台卻告知他們，該房，即1208房現已出租。為此客人大為惱火，要求飯店給予解釋。

大廳王副理接到投訴後立即著手調查。原來，兩天前一位商務常客入住飯店也指定要1208房，預計停留兩天。因為他每次來都住該房，所以，接待人員滿

足了他的要求。可是，今天早晨，那位商務客人打電話到櫃台，說要延期再住一天。接待人員已經告訴該客人此房間已被預訂，但是客人好說歹說，接待人員終於作出讓步，而現在該客人外出，不在飯店。

　　在得知事情的原委之後，飯店該如何安排這對夫婦呢？王副理沉思片刻後想到了解決問題的方法。她立刻通知服務人員重新布置一間喜氣洋洋的新婚房，並擺放了紅玫瑰、巧克力，還特別在房門上黏上大紅紙，註明房號「1208B」。無疑的，這些舉措給客人帶來了意外的驚喜和滿足。

　　在處理這起客人投訴中，飯店大廳王副理以靈活、變通的方式，兼顧了飯店、預訂客人、原住房商務客人三方的利益。首先，過失在飯店。因為飯店不能滿足客人的預訂要求，就應該給予客人一定的補償。其次，飯店既然已經答應讓原住商務客人繼續住1208房一天，就不能要求他換房，以免破壞了與已是常客的商務客人的良好關係。第三，最好的措施是讓新婚夫婦接受新房，那麼，怎樣才能讓客人接受新房呢？關鍵是要給客人一份意外的驚喜。所以，飯店大廳王副理找到了解決問題的關鍵，透過巧妙布置新房1208B，充分滿足了客人求尊重、求補償的心理，贏得了客人的讚賞，同時，也提高了飯店客房的利用率，增加了營業收入，實現了多方「共贏」。

　　（五）投訴的統計分析

　　飯店針對客人的投訴處理完以後，還應對該投訴的產生及其處理過程進行反思，分析該投訴產生的偶然性與必然性，同時應採取相應的措施及制定相應的制度，以防此類投訴再次發生；另外，對這次投訴的處理是否得當，或是否有其他更好的處理方法，飯店也應進行定期分析、研究，尋找最易導致客人投訴的服務環節及其原因，積極改正，並歸納總結，作為員工培訓的必備內容。同時，也應主動徵求客人的意見，以減少投訴的發生，維護飯店聲譽。飯店常使用的方法是設計「徵求客人意見表」（見表3-1）。飯店應該感謝填寫意見表的客人，這對改善客人和飯店間的關係，以及提高意見表的填寫率是頗有益處的。（見表3-2）。

表3-1 客人意見表

綜合評價
GENERAL

您對我們飯店的整體評價如何?

How do you rate the overall quality of our hotel?

_____

_____

讓您印象最深的員工/經歷/其他建議

Please recommend an employee for exceptional service or other suggestions or comments.

_____

_____

房間預訂
ROOM RESERVATIONS

★ 您入住我們飯店的原因?

What influenced you to stay at our hotel ?

介　紹 □	經　驗 □	聲　譽 □	會　議□
Recommendation	Previous Experience	General Reputation	Conference
旅行社 □	廣　告 □	飯店銷售經理□	其　他 □
Travel Agent	Advertisement	Hotel Sales Manager	Others

續表

★ 您通過何種管道預訂客房?

How was your reservation made?

直接預訂 □	旅行社□	公司代訂 □	網路 □	團體預訂 □	飯店銷售部 □
This Hotel Directly	A Travel Agent	Your Office	Internet	Group Reservation	Sale Office

★ 您來訪的原因?

Purpose of visit?

商務 □	度假 □	經過 □
Business	Holiday	Transit

★ 您會將本飯店推薦給您的朋友嗎?

Will you commend our hotel to your friends?

非常願意推薦 □	可能推薦 □	不會堆薦 □
Yes	Possible	No

到達飯店

ARRIVAL

	超出期望 DELIGHTED	達到期望 SATISFIED	未達期望 DISAPPOINTED
★熱忱歡迎 Welcome	□	□	□
★行李服務 Luggage service	□	□	□
★入住登記 Reception	□	□	□
效　率 Efficiency	□	□	□
態　度 Friendliness of staff	□	□	□
★安全服務 Security service	□	□	□

禮賓服務

CONCIERGE

★服務品質 Gold key service	□	□	□

續表

效 率 Efficiency	☐	☐	☐
態度 Friendliness of staff	☐	☐	☐

客房服務
GUEST ROOM

★第一印象 First impression	☐	☐	☐
★客房設施設備 Equipment	☐	☐	☐
★客房維護保養 Maintenance	☐	☐	☐
★洗衣服務 Laundry	☐	☐	☐
洗衣品質 Quality	☐	☐	☐
洗衣效率 Efficiency	☐	☐	☐
★迷你吧 Mini Bar	☐	☐	☐
★客房服務員 Room attendant	☐	☐	☐
★客房衛生 Room cleanliness	☐	☐	☐
★送餐服務 Room service	☐	☐	☐

商務中心
BUSSINESS CENTER

★設施設備 Facilities properly supplied	☐	☐	☐
★維護保養 Maintenance of Equipment	☐	☐	☐
★員工技能 Staff knowledge and skill	☐	☐	☐
★服務態度 Efficient and friendly service	☐	☐	☐

續表

電話服務
TELEPHONE SERVICE

★電話禮儀
Etiquette
☐ ☐ ☐

★效 率
Efficiency
☐ ☐ ☐

★留言服務
Message handing
☐ ☐ ☐

餐廳及酒吧
RESTAURANTS AND LOUNGES

★整體評價
Overall food and beverage quality
☐ ☐ ☐

早餐
Breakfast
☐ ☐ ☐

午餐
Lunch
☐ ☐ ☐

晚餐
Dinner
☐ ☐ ☐

★包廂
Reserved Box
☐ ☐ ☐

食物品質
Quality of service
☐ ☐ ☐

服務效率
Efficiency of service
☐ ☐ ☐

服務態度
Friendliness of staff
☐ ☐ ☐

會議中心
CONFERENCE CENTER

★布置
Furnishings
☐ ☐ ☐

★設備
Facility
☐ ☐ ☐

★服務
Service
☐ ☐ ☐

續表

娛樂項目

ENTERTAINMENT

★美容美髮
Beauty Salon
☐ ☐ ☐

★醫務室
Medical Room
☐ ☐ ☐

★健身房
Gymnasium Room
☐ ☐ ☐

★棋牌室
Majiong Room
☐ ☐ ☐

★桌球室
Billiard Room
☐ ☐ ☐

公共區域

OTISTICAL STAGE

★設備保養
Maintenance of Equipment
☐ ☐ ☐

★地面保養
Appearance of ground
☐ ☐ ☐

★清潔衛生
Cleanliness
☐ ☐ ☐

我們感謝您真誠的建議，期待您下一次的光臨!

Thank you for your comments．We appreciate you taking the time to complete this questionnaire and we look forward to welcoming you to be back!

姓名(Name) _____ 房號(Room NO.) _____

日期(Arrival date)(入住) _____ 離店 (Departure date) _____

地址(Addr) _____

單位名稱(Company) _____

電話(Tel) _____ 信箱（E－mail）_____

個人喜好(Individual preferences) _____

填好後請將表格留在房間內或交給櫃台，我們將即時將您的意見轉達給總經理。

Completed questionnaires could be left in your guestroom or with the front desk．It will then be forwarded to the General Manager.

表3-2 感謝信

Dear Guest

　　Welcome to our hotel！We hope you can give us some suggestions and hope you pleased with our facilities and services．During your staying，we are so pleased to serve you anytime．We would be grated if you would be so kind as to spend a few minutes in completing the Questionnaire，so that you could help us to further up-grade the standards of our hotel service and facilities．

　　Please leave the Questionnaire to the cashier or anyone at the front desk，you also can put it into the OPINION BOX．

　　Thank you for your choosing our hotel，and we hope your staying with us has been pleasant．

　　We look forward to welcoming you to be back！

The General Manager

尊敬的來賓：

　　歡迎您光臨本飯店並希望您對本飯店的設備和服務提出寶貴意見。在您停留期間，我們樂意隨時為您服務。為使我們不斷提高和改進服務設施，請您在百忙中抽空填寫《賓客意見表》。我們對此將非常感激。

　　請您將這份《賓客意見表》交給前台服務生，或投入賓客意見箱。謹對您的光顧再次表示感謝。祝您住宿愉快並期待您再次光臨！

總經理：

三、建立客史檔案

　　飯店實行的是人對人的服務。我們面對的客人千差萬別，不同的客人有著不同的特點、不同的喜好、不同的心理、不同的需求。只有在充分了解客人的基礎上，圍繞客人個性化的需求，提供個性化、有針對性的服務，讓他們獲得滿足感和榮耀感，留下深刻的印象，才能進一步贏得他們的忠誠。

（一）客史檔案的內容

　　建立「客史檔案」是飯店以客人需求為導向，為客人提供個性化服務的重要途徑。同時，還有助於飯店加強與客人的聯絡，促進市場開拓、制定營銷策略。透過建立客史檔案，使飯店能夠準確掌握「誰是我們的客人」、「我們的客人有什麼樣的需求」、「如何才能滿足客人需求」等問題，進而幫助飯店提高經營決策的科學性。飯店完整的客史檔案通常包括以下幾方面：

1.基本資料

　　基本資料，包括客人的姓名、性別、年齡、出生日期、婚姻狀況，以及通訊地址、電話號碼、公司名稱、職務等。收集這些資料有助於飯店了解目標市場的基本情況，了解「誰是我們的客人」，同時，也便於飯店加強與客人的聯絡，促進與客人之間的資訊交流（見表3-3）。

表3-3 客史檔案表

姓名 Name		性別 Sex		國籍 Nationality	
出生日期 Birthday		出生地點 Birthplace		身分證號 ID Card No.	
職業 Occupation				職務 Duty	
工作單位 Company					
單位地址 Organization Address				電話 Telephone No.	
家庭地址 Home Address				電話 Telephone No.	
其他聯繫方式 Other Contact				個人信用卡號 Credit Card No.	
最近一次住宿房號 (消費包廂號) Room No.（Box No.）				VIP卡號 VIP Card No.	
最近一次住宿日期 (消費日期) The Last Day				總入住(消費) 次數 Number of Times	
房租(消費額) Room Rate				消費累計 Aggregate Amount	
習俗、愛好特殊要求 Custom，Hobby， Special Request					
備註 Note					

2.預訂資訊

　　預訂，包括餐飲預訂、客房預訂、宴會預訂、群體預訂等。這些預訂資訊，包括客人的訂房方式、介紹人；訂房的季節、月份和日期，以及訂房的類型等。掌握這些資訊有助於飯店選擇適當的銷售管道，做好促銷工作。以宴會預訂為例。宴會客史檔案記載客人舉行宴會、酒會、招待會的群體或個人的姓名；負責宴會安排者的姓名、地址及電話號碼；每次宴會的詳細情況都應記錄在案（包括宴會日期、類別、出席人數、收費標準、宴會地點、宴會需要的額外服務，以及

宴會後出席者的評估等）。

3.消費資訊

包括報價類別、客人租用的房間；支付的房價、餐費，以及在商品、娛樂等其他項目上的消費；客人的信用、刷卡帳號；喜歡何種類型的房間和飯店的設施等。從消費資訊中，可以了解客人的消費水平、支付能力，以及消費傾向、信用情況等。

4.文化習俗、愛好資訊

這是客史檔案中最重要的內容，包括客人旅行的目的、愛好、生活習慣，宗教信仰和文化民俗禁忌，住在飯店期間要求的額外服務等。掌握這些資訊，有助於飯店為客人提供客製化服務。

5.回饋資訊

回饋資訊，包括客人住在飯店期間的意見、建議；表揚和讚譽、投訴及處理結果等內容。獲取積極有效的回饋資訊的最好方法，就是創造讓客人可以痛快地投訴或提出意見的氛圍。例如，飯店推出收集客人資訊的新方案，鼓勵一線員工收集客人意見向上級回饋，同時，飯店也給提供寶貴意見的客人發放紀念品。

（二）建立客史檔案

客史檔案的建立對飯店的經營管理有很大的幫助，應該引起飯店經理的高度重視和大力支持，將其納入飯店相關部門和人員的工作職責中，使之經常化、制度化、規範化，並要求各相關部門及時進行更新與維護。

客史檔案的有關資料，主要來自於客人的「餐務委託預訂單」、「大廳副理拜訪記錄」、「訂房單」、「住宿登記表」、「結帳單」、「投訴及處理結果記錄」、「客人意見書」、「銷售經理拜訪記錄」，及其他平時觀察和一線員工收集的有關資料。由此可見，客人檔案的建立，不僅靠一線部門員工的努力，而且有賴於飯店其他相關部門以及接待人員的大力支持和密切配合。但隨著科技的進步，許多飯店都使用電腦建立和管理客史檔案，也極大地提高了客史檔案的使用率。

第四節　溝通的管道

引言

◎　有三個人搭乘一艘小船渡江。船行至江心，忽然天氣變壞，暴風雨即將來臨。小船在江中搖擺不定，被湧動著的波浪推動著、不停旋轉著，眼看就要被江水吞噬。在這危急關頭，船東利用多年的水上經驗指揮船上的人。他果斷地命令一位年輕的小夥子騎在船中的橫木上，保持船的平衡；又讓另外兩個人不停搖櫓。為了保住船，必須把船上多餘的東西丟掉。於是，船東把那年輕小夥子的兩袋蕃薯扔進江中；接著，又把搖櫓的兩個人的兩箱布匹扔進江中，只留下自己的一個大箱子。搖櫓的兩個人見狀，很生氣，就趁船東不注意時，合力將大木箱扔進江中。可是，這之後，這艘小船就像樹葉一樣飄了起來，一下子失去控制，撞到了石頭上，所有人都被捲入激流中。

☆　其實，這個大木箱中裝的是船東用來穩固船、防止船被打翻的沙石。結果，原本可以順利脫險的機會，就這樣被葬送了。試想一下，如果船東事先告訴船上的人箱子裡裝的是穩固船用的沙石，就不會導致這種悲慘的後果。所以說，從某種意義上來說，團隊就如同涉江的船，而領導者和成員就如同船東和搖櫓的人，遇到危機時，及時溝通可以幫助團隊順利渡過艱險；而溝通不當，則會導致整個團隊船翻人亡。只有選擇合理的溝通管道，溝通才能夠持續進行。

‖ 一、建立暢通的溝通管道

（一）溝通方式

在飯店中，常見的溝通方式有以下兩種：

1.一對一溝通

一對一的溝通，是指由產生矛盾的雙方直接進行溝通。這種溝通的方式比較直接，訊息傳遞迅速、準確，便於產生矛盾的雙方了解對方的真實想法，有助於雙方換位思考。

2.會議溝通

會議溝通,是指在一個組織內部進行的、多方參與的溝通。這種溝通的方式大多是以商討、分析的形式展開,能夠多方面地收集資訊,因為針對性不強,可避免矛盾激化。

(二)疏通溝通管道

作為團隊的領導者,若要使團隊上下左右、裡外前後的溝通暢通無阻,要能做好以下工作。

1.為有效溝通建立「平台」

良好的團隊文化和團隊精神是保證溝通有效、順暢的「平台」。順暢的溝通能夠促進團隊文化建立,而優秀的團隊文化又有助於成員間順暢的溝通。

2.尋找合適的溝通「載體」

要保證溝通有效、順暢,除了要建立「平台」之外,適合的「載體」也是必不可少的。例如,肢體語言交流、便條紙交流、電話交流⋯⋯。此外,電子商務的發展也為日常的溝通帶來了便利。例如,飯店辦公自動化OA系統、飯店BQQ網上交流系統、手機簡訊群發送等。同時,不定期地召開圓桌會議、全體員工會議、優秀員工座談會等,也是常用的溝通方式。傳統的與現代的交流方式共存,而這些溝通方式都只是為了達到一個目的——保證溝通的順暢。

有效的溝通是促進團隊和諧的潤滑劑。成功的團隊領導者,善於運用各種溝通方式加強與成員之間的溝通,並表現出溝通的誠意,不會損傷成員的積極性。開放、真誠、坦率,是飯店經理人處理人際關係的重要品格,是促進溝通管道順暢的有效保證。

二、溝通中容易出現的錯位

導致溝通不順暢或者是無效溝通的一個主要原因,就是溝通中出現錯位現象,包括溝通管道的錯位和溝通對象的錯位。

（一）溝通管道錯位

1.應該一對一進行溝通的卻選擇了會議溝通

團隊管理中，領導者要避免「殺一儆百」的錯誤溝通方式，如果將本該選擇一對一溝通的卻選擇在會議上討論，結果將會適得其反。

案例3-5

飯店銷售部與人力資源部之間就人員招聘的問題產生了矛盾。銷售部認為，人力資源部辦事不力、工作不負責任，沒有依據飯店的需要引進適合的銷售經理；而人力資源部則認為，銷售部對於銷售經理的要求太高，面試的方法不恰當。結果，在部門會議上雙方各執一詞、爭執不休，既沒有解決問題，也浪費了與會人員的時間，耽誤了會議的其他議程。

2.應該會議溝通的卻選擇了一對一溝通

對一些普遍存在的問題和需要共同商討確定的問題，卻選擇了一對一的溝通方式，結果，既浪費了時間、精力，又不能收到良好的溝通效果。

案例3-6

某飯店近期有一個重要的大型團隊需要接待，飯店經理人本來應該集合各部門負責人召開專門的工作會議，商討並部署相關的接待工作和各項具體的接待事宜，下達工作備忘錄，要求各部門落實。但是，飯店高層領導者卻認為，沒有必要召集全體部門經理開會商議此事，只與相關部門經理單獨進行了溝通和安排。結果，在實際的接待過程中，出現了諸如客房分配不清楚、用餐安排不明確、會議部署不到位、設施設備的配備和供給不周全、結帳不快捷等諸多問題，使整個接待耗時費力，工作效率很低，也沒達到預期的效果。

（二）溝通對象錯位

1.應該與上級溝通的，卻與同級或下屬溝通

當事人對上級的決策、指令產生疑問或有異議時，應主動和上級交流，避免造成「在背後說某某主管的壞話」之嫌。

案例3-7

飯店近日召開專題會議，對飯店人員的工作及編制進行重新審查。總體原則是科學用人、精簡高效、確保一線、壓縮二線，並要求各部門從一些新進員工中裁減一些缺少經驗、技能差的員工。會後，人力資源部的王經理覺得很生氣，就在私底下向餐飲部的張經理抱怨道：「真是搞不懂飯店到底是怎麼想的？把人面試進來之後，又這樣大量地裁人，這叫我怎麼跟新員工交代？」結果，在人員裁減過程中，員工不理解，人力資源部又未能做好對員工的解釋工作，造成許多員工不滿，投訴到總經理處。總經理認為，是人力資源部辦事不力，使矛盾進一步被激化。

2.應該和同級溝通，卻與上級或下屬溝通

在合作的過程中，當和同事或合作者的意見產生分歧時，應及時地與當事人溝通、協調，避免在上級面前「打小報告」，或是經過下屬的傳話，使彼此矛盾激化。

案例3-8

飯店銷售部與客人洽談業務，客人要求飯店安排車輛前往機場提取一批貨物，費用由客人支付。於是，銷售部李經理通知財務部，請其安排採購部員工前往機場提取客人的貨物。但飯店採購部卻遲遲未能取到貨物，導致客人投訴。為此，李經理向飯店總經理彙報財務部經理辦事不力，而財務部則說，銷售部李經理缺少工作責任感，通知他們去提貨的時間和地點和實際有出入。

3.應該與下屬溝通的，卻與上級或其他人員溝通

在執行任務的時候，如果對下屬的表現或能力有意見時，身為下屬的直屬主管應主動與下屬溝通，而不要在其他人面前評估或批評下屬，使其產生心理壓力。

案例3-9

餐飲部的張經理發現，最近部門的翁姓領班工作不積極主動，責任感也不強，而且常常請假，於是心裡有些不滿。他在和另一位下屬閒聊時，就隨口抱怨道：「不知道小翁最近怎麼回事，工作一點都不負責任，老是請假。」很快的，這句話就傳到了翁姓領班的耳朵裡，其他的同事甚至連同一班的組員都知道了，弄得小翁在大家面前非常尷尬，他的工作甚至難以展開。

‖ 三、選擇溝通管道的要領

（一）個性問題，一對一溝通

在團隊中，針對個別成員之間存在的一些個別性的問題，溝通者適合採取一對一的溝通方式，即選擇當事人和直接的上、下級作為溝通對象的原則來處理問題。此種類型的溝通方式，具有快速、準確、易回饋等特點，同時，也可以避免訊息在傳遞過程中可能會出現的訊息失真、不全面等問題，從而確保了訊息的真實性和有效性，較容易被溝通雙方所接受，使溝通達到順暢、有效的目的。

（二）共性問題會議溝通

在團隊溝通的過程中，對於一些普遍存在的具有共性的問題，溝通者適合採取會議溝通的方式來解決。這種溝通方式的優點是涉及的面比較廣，容易引起大多數成員的廣泛重視，具有普遍性。不足之處是針對性不是很強，對於存在的問題，不能有效的落實到個人。作為團隊的領導者，在舉行會議作溝通時要注意就事論事，避免就事論人，不要針對某個具體的人。

第五節　溝通的方法

引言

◎　　孔雀看到大家都愛聽黃鸝唱歌，而嘲笑自己的歌聲，難過地向上帝哭訴。

上帝對牠說：「你雖然沒有黃鸝唱歌動聽、婉轉，但是你有翡翠一般灼灼生輝的羽毛，你有華麗的尾翼，而這些是其他鳥所沒有的。」

孔雀仍然不滿：「可是我唱歌不行啊！像我這樣唱歌，和啞巴有什麼區別呢？」

上帝回答：「命運公正地給每個人同等的東西：黃鸝擁有清脆的歌喉；老鷹擁有力量；喜鵲能夠傳遞佳音；而你擁有無上的美麗。」

在得到了上帝的答覆之後，孔雀明白了，快樂地展開自己的尾翼。

☆　在上面的這則寓言故事中，上帝打開了孔雀的心結，使牠認識到自己的美麗，孔雀這才開心起來。溝通創造和諧，溝通贏得人心。它能凝聚出一股士氣和鬥志，這種士氣和鬥志，就是支撐團隊的中堅力量和中流砥柱。從表面上看，溝通是一件很簡單的事情，每個人每天都在做，就像呼吸一樣自然。但事實上，有效的溝通是一項非常困難和複雜的行為，許多人忽視了它的複雜性，也不願承認自己缺乏這方面的重要能力。在團隊裡，領導者要了解成員心中真正的想法，就必須選擇適合的溝通方式，這樣才能夠打開彼此心鎖，實現有效的溝通。

一、選擇適當的方法

常用的溝通方法有正式溝通和非正式溝通、單向溝通和雙向溝通、書面溝通和口頭溝通、語言溝通和肢體溝通等。

（一）正式溝通和非正式溝通

1.正式溝通

正式溝通，是指透過團隊正式的組織系統管道進行訊息傳遞和交流的方式。它的優點是溝通效果好，有較強的約束力；缺點是訊息傳遞速度慢。

2.非正式溝通

非正式溝通，是指在團隊非正式組織系統或個人管道之外進行的訊息傳遞和交流。這種溝通方式的優點是溝通方便、交流速度快、效率高，能夠滿足成員的需要，而且能提供一些正式溝通中難以獲得的訊息；缺點是訊息在傳遞過程中容易失真。

（二）單向溝通和雙向溝通

1.單向溝通

單向溝通，是指發送者和接受者之間訊息的單向傳遞，即一方只發送訊息，另一方只接受訊息的溝通方式。這種方式的溝通訊息傳遞速度快，但準確性較差，有時還會使接受者產生牴觸的心理。

2.雙向溝通

雙向溝通，是指發送者和接受者之間訊息的不斷交換，且發送者是以協商和討論的形式與接受者進行交流，訊息發出以後還需及時聽取回饋意見，進行反覆商討，直到雙方達成共識為止。其優點是溝通訊息準確性較高，接受者有回饋意見的機會，具有平等性和參與性。見表3-4。

表3-4 單向和雙向溝通的比較

因　　素	結　　果
時間	雙向溝通比單向溝通需要更多的時間
訊息和理解的準確程度	在雙向溝通中，接收者理解訊息的準確程度大大提高
接收者和發送者的可信程度	在雙向溝通中，接收者和發送者都比較相信自己對訊息的理解
滿意	接收者更願意選擇雙向溝通，發送者更願意選擇單向溝通

資料來源：周三多等編著，《管理學——原理與方法》，復旦大學出版社，1999年6月第三版，有改動。

（三）書面溝通和口頭溝通

1.書面溝通

書面溝通較口頭溝通正式、訊息傳遞準確性高，易儲存、不易失真。常見於公開、正式的場合。

2.口頭溝通

口頭溝通較書面溝頭隨性、訊息傳遞速度快，但易失真，不易儲存，不便於檢查。常見於私下、非正式的場合。

（四）語言溝通和肢體溝通

語言溝通和肢體溝通通常結合運用。在語言溝通的過程中，適時配以適當的表情和動作，會使溝通取得更好的效果。

‖ 二、學會與人相處

◎ 回聲的啟示

有一個男孩，他對著大山喊：「喂！喂！」於是，大山也發出：「喂！喂！」的回聲。男孩又喊：「你是誰？」回聲答道：「你是誰？」男孩很氣憤道：「你是蠢材！」從山那邊立刻又傳來「蠢材」的回答聲。男孩又尖聲大罵，當然大山也毫不客氣地回敬了他。男孩把這件事告訴了媽媽，媽媽對他說：「孩子，那其實都是你的不對呀！如果你和和氣氣地對它說話，它也會和和氣氣地對你說話。」

其實，世界上有許多事情都是這個道理：你如何對待別人，別人也會如何對待你。人與人之間的交流與溝通應該是坦誠的，有效的溝通需要我們用自己的心靈去接納另一顆心靈，用自己充滿真誠的瞳孔去迎接另一雙瞳孔。

（一）溝通，透過別人看自己

在我們生活的環境裡，追求的是團隊精神，無論做什麼事，僅僅依靠個人的力量是很難獲得成功的。但凡成功者，都善於借助他人的力量去完成自己的目標。

那麼，別人會不會幫助你獲得成功呢？首先要問問自己是如何與他人溝通的。這就像是看鏡子中的自己，你會發現，你皺眉時，對面那個你也在蹙眉；當你憤怒地大喊大叫時，鏡子中一定也是一個凶神惡煞的「怪物」回應著你；當你愁眉苦臉、唉聲嘆氣的時候，鏡子裡必定是苛刻的目光注視著你。如果你的生活沒有燦爛的陽光、沒有微笑的問候，千萬不要去責怪別人，一定先要從自己身上找到主要的原因。

（二）溝通，學會微笑和讚美

孟子說，「愛人者，人恆愛之；敬人者，人恆敬之。」。

對他人應保持微笑，用讚美的眼光去發現對方身上閃光的地方。因為人的天性總是嚮往著被讚美，事實上，每個人都有值得被稱讚的地方。所以，我們要做的就是要適時地、毫無保留地表達出我們內心的讚美。

讚美、微笑、發自內心的關切……。我們既是付出者，也是受益者，為別人帶去美好的同時也是為自己創造著奇蹟。微笑具有打動人心的力量，它是世界上最通用、最易懂的語言。那些受你讚美的人，也會在你的身上發現他們曾經忽視的優點。

（三）溝通，需要尊重和愛戴他人

愛戴與欽慕，是一個人透過他的言辭、聲調、手勢和表情，在日常行為中流露出來的。當你用心去尊重員工的時候，員工就會像牛馬一樣辛勤工作。

案例3-10

◎ 讓飯店充滿愛

飯店餐飲部員工小朱是個很討客人和飯店主管、同事喜歡的女孩子，平日裡愛說愛笑，活潑開朗，工作很認真也很能吃苦。可是，最近一段時間，小朱上班卻經常遲到，工作時也總是心神不寧的，而且也沒有以前那麼熱心、負責了，總

是迫不及待地等著下班，甚至有幾次出現早退的現象。餐飲部王經理發現了這個問題之後，就在私底下找到小朱了解情況，得知小朱是和母親兩人在這個城市裡打工，現在母親突然重病在床，因此，小朱的心情很焦慮。王經理安慰了小朱後，就立刻集合餐飲部所有管理人員召開了緊急會議，討論之後，決定幫助小朱將其母親送到本市最好的醫院接受治療，並安排值班人員每日輪流照顧。管理人員帶頭號召餐飲部全體員工為小朱的母親募款，幫助小朱籌集治療費用。當小朱手捧著「愛心箱」時，感激之情已溢於言表。她哽咽地說：「謝謝各位主管、各位同事，我一定會好好工作、努力工作！」

要想贏得他人的尊重，首先自己要尊重他人。善良的心是快樂之泉，使周圍的每個人都綻放笑顏，心胸寬廣的人會將他的快樂傳遞給周圍的每一個人。

第四章　團隊衝突與溝通障礙

導讀

　　自古以來，就流傳著這樣一個寓言故事：一個和尚挑水吃，兩個和尚抬水吃，三個和尚沒水吃。說的就是一個團隊中，儘管人多了，但是因為缺乏合作精神，反而做得不如人少時好。眾所周知，團隊就是一個共同體，該共同體能夠集中每個個體的知識、智慧和技能優勢，促進個體之間的高度互補與工作協調，解決問題、實現共同目標。但是，正因為團隊是一個組合體，因而，團隊在實際運作和溝通的過程中，就會存在各式各樣的衝突和障礙，如果處理不當，這些衝突和障礙將嚴重阻礙團隊的有效管理和高效率的運行。

第一節　團隊衝突與衝突管理

引言

◎ 在飯店的部門經理例行會議上，時常會聽到這樣的對話：

客房部經理：「這個廁所馬桶漏水問題是我們工作沒做好。其實我們早就發現了，而且多次聯絡工程部維修，但維修的不徹底。」

工程部一聽，立刻將球踢回去就說：「我們也盡力去修理了，但缺少所需的零件無法更換。」

財務部（負責飯店物品採購）說：「是廠商的原因才會缺零件。」或者說：「我們之前請款的費用還沒下來，所以廠商不發貨。」

接著，一場部門經理的爭論就此拉開序幕。

☆　從上面的這個案例中，我們可以發現，飯店中存在著許多矛盾和衝突。

133

究其原因是：當問題涉及到部門的利益時，各部門之間就相互推卸責任、互踢「皮球」、不配合，結果導致部門之間的矛盾加劇、衝突爆發、工作無法展開。

在一個團隊中，團隊成員之間不可避免地存在許多衝突。在傳統的思維中，衝突似乎就是和無理取鬧、暴力破壞等有關。人們認為，團隊合作就是要保證內部和諧，而任何衝突都會有害於團隊工作，因此，有些團隊領導者也往往對衝突諱莫如深，採用各種手段來迴避和掩蓋。然而，優秀的團隊中的衝突未必就比一個惡劣的團隊少，只是其中更多的是良性衝突。如果能把團隊內的良性衝突維持在一定水平，不僅不會破壞成員間的關係，還會促進彼此的溝通，從而提高決策品質，產生更多的創新方案，最終提高團隊績效。

‖ 一、什麼是團隊衝突

蒙牛集團董事長牛根生認為，「98%的衝突是由於誤會而產生。」有誤會的事，是人往往在不了解、無理智、無耐心、缺少思考，未能多體諒對方、反省自己，感情極為衝動的情況之下發生的。誤會他人者，會一直認為是對方有錯，因此，會使彼此間的誤會越來越深，最終弄到不可收拾的地步。所以，在衝突發生之前，在對別人有所決定與判斷之前，要仔細想想這是否是一個「誤會」。

（一）衝突的內涵

團隊衝突是由於團隊成員在交往中因為目標、目的、價值觀的不同，產生意見與分歧，同時，又把對方看成是阻礙自己實現目標的障礙，導致彼此間關係出現緊張的局面。

衝突可以看作是兩種目標的互不相容或互相排斥，既包括人們內心的爭鬥動機，也指外在的實際爭鬥。一個再完美的團隊，因為其內部部門、組織和人員構成較為複雜，同時又相互關聯、相互依賴，因而其團隊成員之間發生衝突在所難免。

當衝突發生時，人們的情緒往往會變得異常激動，還沒來得及理清事情的來龍去脈，就已經在互相指責了。結果，使成員在以後的一段時間裡不能充分發揮

自己的積極性。衝突如果解決得好，將有助於工作朝有利的方向發展；如果解決不好，則會阻礙甚至破壞工作的展開。因此，如何看待衝突並有效地解決衝突，就成為所有領導者必須面對的問題。

（二）衝突的必然性

作為團隊的領導者必須接受這樣一個事實：任何時候、任何情況下，把兩個或兩個以上的人安排在一起時都會產生潛在的衝突。

例如，團隊因為圓滿完成某項任務而獲得一筆獎金，這時團隊成員對於如何使用獎金就會發生一些爭議。有人主張，發放獎金用以犒勞全體成員；也有的人主張，留下獎金用於團隊的繼續發展和提升，這就出現了爭議。對於一位餐飲經理來說，他可能希望儲備許多的產品，以保證客人需要時能以最快的速度滿足客人的需要；但對於財務經理來說，他則要求限制庫存，儘可能地壓縮成本。其實，這兩個人的想法都是好的，沒有一定的誰對誰錯，但是當他們都堅持自己的觀點時，衝突就不可避免要發生。

（三）如何看待衝突

人們對於團隊中存在衝突的看法，主要有三種觀點：

1.傳統的觀點

傳統的觀點認為：團隊中存在著衝突是一種不好的現象，是消極的因素。有衝突則表明團隊內部的功能有失調的現象，導致衝突的原因可能是溝通不順暢、缺乏信任，作為團隊的領導者應該儘量避免衝突發生。

2.人際關係的觀點

人際關係的觀點認為，對於所有的組織和團隊而言，衝突是與生俱來、無法避免的。人際關係學派建議，面對衝突時應該保持一種包容、接納的態度，把衝突控制在合理的程度，因為衝突是不可能被徹底消除的。

3.相互作用的觀點

相互作用的觀點認為，和平安寧的組織或團隊容易安於現狀，對發展、變革

和創新比較遲鈍，甚至有排斥的心理，不利於團隊的進步。所以，持這種觀點的人，鼓勵團隊要維持有限度的衝突，在總體目標框架內允許存在有分歧的觀點，鼓勵大家暢所欲言、各抒己見，善於批評和自我批評，使團隊能夠保持一種比較旺盛的生命力，不斷進取，以提高團隊的整體活力。

‖ 二、有哪些團隊衝突

案例4-1

◎ 兩位主管怎麼了？

晚上有個大型的婚宴，負責此婚宴接待的姜主管找到餐飲部王經理，希望王經理安排一下，借調服務人員幫忙。王經理告訴姜主管，可直接與負責會議接待的張主管協調，請張主管調派幾名服務人員協助。但是，姜主管無論如何都不肯直接與張主管協商。究其原因，原來是三天前，飯店新招進來一位服務人員，因為當時會議很急需要人員支援，張主管就通知原本負責面試的人將該員工安排作為會議接待，但是，因為中途面試人員臨時更換，這位服務人員被姜主管調去支援。後來，因為兩位主管溝通時用語不當，說話語氣很衝，並且時機不對，使得這樣的一件小事，發展為兩位主管間的矛盾與衝突，不僅影響到兩人的工作情緒，也對員工產生了負面影響；更重要的是，影響了部門間的團隊合作。

事實上，不僅是在飯店，其他任何一個組織，都會存在形形色色的衝突。良性的衝突對於一個優秀的團隊而言是必要的。一個失敗的團隊的特點之一，就是團隊的每個成員缺乏主見，一味跟著領導者走。因此，飯店經理人是飯店團隊的領導者，要在必要的時候製造一些健康的衝突，以永保團隊的活力。

（一）常見的兩種性質的衝突

有時候，團隊成員之間存在的衝突是圍繞著怎樣把工作做好而產生的，這種衝突是積極的，是一種正常的現象，屬於建設性衝突。但如果因為工作中的衝突

導致雙方爭得面紅耳赤、僵持不下，就會影響到雙方的人際關係。這時候，工作衝突就會演變成為人際關係的衝突，就會給工作帶來一些消極、負面的影響，這種衝突是破壞性衝突。

1.建設性衝突

一般情況下，建設性衝突往往會激發團隊成員的積極性、主動性和創造性，提高成員的責任感。建設性衝突的結果會給團隊帶來活力，形成和諧共贏的局面。其主要的特點有：

（1）矛盾的雙方對實現目標具有積極的心態

矛盾的雙方對於存在的衝突保持一種樂觀的心態，共同尋求解決問題、實現目標的途徑和方法，並最終能夠達到權利的平衡，促使雙方的聯合。

（2）矛盾的雙方自願主動了解對方的觀點和意見

建設性的衝突反映出矛盾的雙方願意相互溝通、相互交流，希望了解對方的情感與觀點，能夠換位思考，替對方著想，有助於增強團隊內部的合作性和凝聚力。

（3）矛盾的雙方願意圍繞存在的問題展開討論

衝突的暴露，恰好提供了一個機會，使矛盾的雙方能夠以這種方式發洩心中的不滿，避免因為壓抑著怒氣反而可能會造成極端的反應。同時，也反映出了團隊存在著不完善的地方，從而有助於團隊的進一步改進和發展。

2.破壞性衝突

破壞性衝突會導致在團隊中形成以自我為中心和個人主義的膨脹，造成人、財、物的浪費，使精力受損、工作受阻。作為團隊的領導者，必須設法消除這種破壞性的衝突。破壞性衝突的特點有：

（1）矛盾的雙方只關注自己的觀點

有衝突說明意見有分歧。當雙方產生矛盾時，人們潛意識裡會首先維護自己的意見，但是如果矛盾的雙方都只關注自己的觀點，過分強調個人利益的話，容

易使衝突進一步惡化。

（2）矛盾的雙方均排斥對方的意見

如果存在矛盾的雙方對待別人的意見從心裡上是排斥的話，容易使雙方產生緊張與敵意的心理，從而降低對問題的關心程度，不利於解決問題、化解衝突。

（3）矛盾的雙方對問題的爭論使矛盾激化

在團隊中，如果發生衝突的雙方對存在的問題無休止地爭論，不僅會造成團隊人力、物力、財力的分散，降低團隊凝聚力，嚴重時還會使矛盾激化，影響到整個團隊的壽命。

（二）團隊衝突的類型

1.目標衝突——不一致的方向

團隊成員是因為共同的目標才走到一起的，但也不排斥成員的個人目標，在兩者關係的處理上必須認真對待。特別是當兩者產生衝突時，必須以服從團隊目標為原則。同時，團隊成員與成員之間、成員與團隊之間、團隊與團隊之間，也會因立場不同而產生衝突。

2.認知衝突——不一致的想法

認知衝突，是指每個人都有著自己的人生觀、世界觀，對事務的看法有著自己的觀點和見解，因此，在具體分析問題時，總是以個人思維方式占主導因素，必然會導致團隊成員之間產生衝突。

3.情感衝突——不一致的感情

情感衝突，是指團隊成員之間存在著性格、愛好、情緒等方面的差異，導致其在表達觀點的方式上或是處理問題的方式上存在差異，由此產生矛盾、發生衝突。

4.程序衝突——不一致的過程

程序衝突，是指團隊成員之間或者是群體與團隊之間，對解決某一問題的具體過程存在不同的看法和建議，造成在處理問題的過程中發生衝突。

‖ 三、團隊衝突的管理模式

（一）人際的兩種行為方式

1.合作性行為

合作性行為，是指雙方中的某一方力圖滿足對方意願的一種行為方式，同時，越是努力地滿足對方的意願和要求，雙方具有的合作性就越強。飯店的計劃、經營和管理的活動，基本上都需要不同的部門來通力合作才能圓滿完成，獲得良好的業績。因此，團隊的合作性行為，對於一個正在發展中的團隊來說是非常重要的。一個優秀的團隊領導者，同樣要在管理工作中積極體現團隊的合作精神。

（1）每個人天生就有與人合作的傾向

合作的心理是人與生俱來的天性，每個人天生就有與人合作的傾向。

（2）從人的角度和觀點去看問題

人是有情感、有互助心的。當自己陷入困境或面對某項任務勢單力薄時，往往會希望透過借助他人的力量幫助自己達到目的。當別人發出求助的訊號或是請求他人協助時，人們往往也會伸出援助之手。

（3）根據他人的反應來調整自己

聰明的人善於透過別人反觀自身，當看到他人因為孤立於群體之外而導致失敗，或是因為憑藉外界的力量獲得成功，他就會聯想到自己，會站在他人的角度考慮調整自己的決策和行為。

案例4-2

◎　銷售部在今天上午臨時接下了第二天就要召開的一個重要會議，需要公共關係部製作一個會議背景噴繪，而恰巧此時用來製作噴繪的背景布沒有了，財務部採購組的員工為了不耽誤公共關係部的工作，中午就派人去將材料買來。而

公共關係部的員工在工程部的配合下，一個下午就將背景噴繪製作完成並安裝完畢，滿足了會議客人的需求。

2.原則性行為

原則性行為，就是指堅持自己的行為和觀點，即使是與他人、某種現象，甚至是事實相牴觸時，也沒有商量及變更的餘地。

（1）我絕不會去找別人，而是等著別人來找我

過分強調原則性的人，在處理問題的主動性上存在很大的欠缺，即使是在執行計劃、解決問題的過程中，明明知道別人需要自己的協助，也不會主動地提供援助，而是等待他人來「求」自己。

（2）我永遠是對的，別人是錯的，一旦發生什麼事就怪別人

遇到分歧、出現矛盾、發生衝突時，做事過於強調原則性的人，第一反應就是想方設法為自己辯解，力圖證明自己是正確的，而別人都是錯誤的。

（3）不管什麼情況下，不管對方怎麼樣，我絕對不會改變自己的觀點

天塌了不會是我頂著，不管你怎麼樣，不管環境怎麼變化，反正我是堅持按原則辦事的人，其他的一切與我無關。這是處理問題強調原則性的人的思維模式。這種人的行為模式是以不變應萬變，無論團隊需要怎樣的變化以適應環境，自己的觀點決不會改變。

案例4-3

◎　臨近春節，飯店的業務較多，餐飲部人員開始急迫缺人。餐飲部經理找到人力資源經理，要求在兩天的時間內招到8名女服務人員。人力資源部經理表示，現在春節將至，人員招聘比較困難，要在兩天的時間裡招到8名女服務人員更是不可能的事。餐飲部經理聽到之後，大發雷霆，拍著桌子叫道：「人力資源就是做這個的，人都招不到還做什麼經理？」

（二）團隊衝突的管理模式

有些衝突是健康有益的，可以推動團隊高效率的溝通。團隊領導者在工作中如何處理團隊衝突就體現了他的領導能力。根據原則性與合作性的強弱，團隊衝突的管理模式有以下幾種（如圖4-1所示）。

1.競爭型

競爭型管理模式，指的是以犧牲別人的利益為代價，換取自己的利益。由於團隊衝突的雙方都原則性較強，造成雙方都站在各自的立場上互不相讓——「要麼你們對了，要麼我們錯了」，一定要分出一個勝負、是非、曲直來。通常情況下，採取競爭型管理模式的人都是以權力為中心，為了達到自己的目的儘可能地動用一切權力，包括職權、說服力、威脅、利誘等，實際上是雙方都堅持自己的觀點，誰也不想放棄。

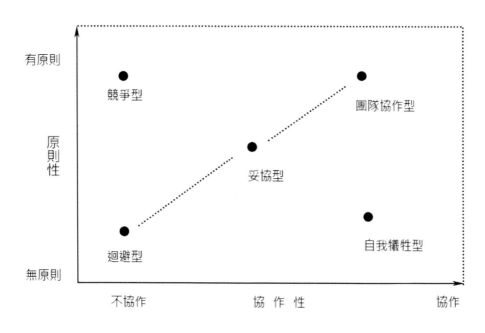

圖4-1 衝突管理的模式

（1）競爭型管理模式的特點

競爭型管理模式是一種對抗性和挑釁性的行為，是為了獲取勝利不惜付出任

何代價的行為。

（2）競爭型管理模式的缺點

競爭型管理模式，不能探究到造成衝突的根本原因，因而不能讓對方心服口服。也就是說，所有的事情都是強迫對方去做，而不是透過有理、有力的論據來說服對方接受自己的觀點。例如，在是非難辨的情況下，試圖向別人證明自己的觀點是正確的，而別人的是錯誤的；當出現問題時，又試圖讓別人來承擔全部的責任。

（3）競爭型管理模式適用的條件

①　當快速決策非常重要的事情，或遇到了緊急情況，必須採取這種管理方式。例如，客人投訴，這時圍繞著怎樣處理客人的投訴可能有幾種不同的意見，作為領導者就必須當機立斷、採取行動，並採取競爭型管理模式。

②　執行重要但是不受歡迎的行動計劃時。例如，縮減預算、設立規矩。儘管這樣做對於團隊的發展是有好處的，但是並非能受到廣大成員的歡迎。此時，領導者就必須採取競爭型管理模式。

③　對團隊來說是重要的，而且一定是正確的事情。例如，團隊進行一次大膽的改革和創新，可能會讓資深的成員心裡覺得不滿意，但是為了團隊的長遠發展，領導者必須採取競爭型管理模式。

2.迴避型

迴避型管理模式，是指當一個人意識到衝突的存在，但是希望透過逃避或抑制自己的想法而採取的既不合作，也不維護自身利益，一躲了之的辦法。矛盾的雙方既不採取合作性行為，也不採取競爭性的行為。「你不找我，我不找你」，雙方都儘可能地迴避這件事。迴避也是日常工作中最常用的一種解決衝突的方法，但採用迴避的方式，會有更多的時間被耽誤，更多的問題被積壓，更多的矛盾被激發，並不能從根本上解決問題。

（1）迴避型管理模式的特點

迴避型管理模式是既不合作，也不講求原則的行為方式。當發生衝突時，對自己、對別人都沒有什麼要求。

（2）迴避型管理模式的缺點

採取迴避型的方式處理衝突，雖然可以暫時維持雙方利益的平衡，但是並不能最終解決問題，根除衝突的隱患。

（3）迴避型管理模式適用的條件

① 當矛盾雙方之間發生了意見分歧之時。

② 當自己的利益無法得到滿足之時。

③ 當試圖解決分歧的努力可能會破壞雙方的關係，甚至導致問題往更嚴重的方向發展之時。

④ 當解決衝突造成的損失可能大於解決問題所帶來的利益之時。

⑤ 當衝突已經發生，希望別人能夠冷靜下來時，適合採取暫時迴避的策略，使矛盾的雙方能夠有足夠的時間來獲取更多的訊息，考慮產生問題的根源，從而能夠有的放矢、更有效地解決問題。

3.自我犧牲型

自我犧牲型，是指矛盾的一方為了撫慰另一方，維持相互友好的關係；一方願意自我犧牲，把對方的利益放在自己的利益之上，遷就別人，遵從他人觀點。在日常的工作中，經常會因故遇到一些不能及時解決的問題，但是作為飯店的經理人，不能因為所遇到的可能不是最重要的問題就不斷地遷就對方。雖然遷就可以暫時化解一些問題，但同時會有更多的問題被積壓下來。所以，一而再、再而三地遷就，會導致再次發生更惡性的衝突。

（1）自我犧牲型管理模式的特點

過分寬容別人的缺點，為了尋求合作，不惜犧牲個人的利益和目標。

（2）自我犧牲型管理模式的缺點

自我犧牲型管理模式，雖然會受到別人的歡迎，但有時候在重要的問題上過分犧牲自我、遷就別人，可能會被對方視為軟弱、缺少主見。例如，儘管自己不同意，但還是默許或原諒對方的違規行為，並允許他繼續這樣做。又例如，人力資源部經理提出飯店各部門要精簡人員，餐飲部經理雖然知道本部門因為經營淡、旺季的差異，人員編制不宜有較大的變動，但是因為其他部門的經理都表示同意，自己也只能遵從其他人的意見，表示支持。

（3）自我犧牲型管理模式的適用條件

①　當事情對於其中一方來說非常重要，或是其中一方認為不值得冒險破壞雙方的關係，避免造成不和諧。

②　雙方為了在以後的合作中能夠建立信用基礎。例如，今天在某些小事上你遷就他，有了信用基礎，將來大家都好辦事。

③　競爭有時會帶來破壞性的結果。當競爭難以取得成效時，只會損害將要達成的目標，這時候，矛盾雙方就要有一方作出讓步，以避免矛盾激化。

④　當團隊遇到困難的時候，和諧比分裂更有利於維持團隊的安定、團結。在這種環境下，團隊成員之間特別需要和諧的氣氛，需要大家儘可能多一些的寬容和遷就。

4.妥協型

妥協型管理模式，是指矛盾的雙方都願意主動放棄一些東西，並且共同分享利益，目的是在於得到一個雙方都可以接受的方案。妥協的方式並沒有明顯的誰輸誰贏。例如，餐飲部提出要請人力資源部在兩天之內招聘8名服務人員的需求，而人力資源部表示確實有困難，提出先招聘4名服務人員，餐飲部默許表示同意。當衝突雙方都有部分合作，但又都堅持原則性時，這種情形下，如果雙方都能夠「你讓三分，我讓三分」，都讓出一部分利益需求，反倒能保持雙方其餘的利益。

（1）妥協型管理模式的特點

妥協型管理模式，是維持中等程度的合作性和原則性的一種處理衝突的管理

模式，雙方都以實現自己最基本的需求為目標。

（2）妥協型管理模式的缺點

妥協型管理模式，是團隊領導者在工作中常用的處理衝突的方式。雖然透過妥協可以降低成本，達成一種新的規則，但是，也不排除有時候會出現這樣的情況：別人會和你討價還價，並再次向你提出更高的要求，強迫你多讓他一點，最後達到他的目的。

（3）妥協型管理模式適用的條件

①　退一步海闊天空。世界上沒有什麼事可以十全十美，既然客觀上難以盡善盡美，有矛盾的雙方不妨各退一步求其次。

②　當矛盾的雙方勢均力敵，目標的重要性處於中等程度的時候，對複雜的問題就要尋找一個暫時性的解決方法。

③　當面臨時間的壓力時，雙方沒有更多的時間去合作，在這種情況下，適合採取妥協型管理模式來處理矛盾。

5.團隊合作型

團隊合作型管理模式，是指產生衝突的雙方中的一方，主動跟對方一起尋求解決問題的辦法，是一種互惠互利、尋求雙贏的解決問題的方式。雙方都敞開心扉、坦誠各自觀點，而不是我遷就你、你遷就我。衝突雙方要尋求高度的合作，並堅持高度的原則性。也就是說，衝突雙方既要考慮和維護自己的利益，又要充分考慮和維護對方的利益，並最終達成共識。

團隊合作是一種理想的解決衝突的方法。就是雙方彼此尊重對方意願，同時不放棄自己的利益，最後可以達到雙贏的結果，形成皆大歡喜的局面。但這不容易達到。

（1）團隊合作型管理模式的特點

矛盾雙方的需要都是合理或重要的，任何一方要放棄都是不可能，也是不應該的。高度尊重對方、彼此相互支持，雙方願意透過合作來解決所面臨的問題。

（2）團隊合作型管理模式的缺點

一般情況下，合作型管理模式比較受大眾的歡迎，是一種能夠適應多種環境的「你好，我好，大家都好，皆大歡喜」的共贏策略，但也有不可避免的缺點。例如，尋求合作的過程是一個漫長的談判，並最終達成共同協議的過程。這個過程經歷的時間可能會很長。

（3）團隊合作型管理模式適用的條件

①　當矛盾的雙方能夠公開坦誠地討論問題，並能夠找出互惠互利的解決方案，而不需要任何人作出讓步的時候。

②　當雙方的利益都很重要，而且不能夠折衷解決的時候；當解決問題的目標是為了學習、測試、假想、了解他人觀點的時候。

③　當需要從不同角度來考慮問題，決策中又必須融入他人的觀點的時候等。在諸如此類情況下時，團隊成員就適合採用合作型管理模式來處理衝突。

最有效的衝突管理模式，就是強調高度穩定的競爭型和團隊合作型模式。妥協型模式，並非是有效解決衝突的方法，因為雙方的需求都沒有得到滿足；團隊合作型模式，能夠產生有創意的解決方案，使雙方都滿意；自我犧牲型模式，能夠解決衝突，但會給作出讓步的一方帶來壓力，他們必須遷就對方的需要。成功的衝突管理應該是雙方都承認並能夠接受分歧，共同努力、相互諒解，力求有創意、互利的解決方案。

第二節　團隊衝突的處理

引言

◎　一大早，剛來到辦公室，椅子都還沒坐熱，就有兩位員工因為人員調動的事爭執不休，氣呼呼地來向你告狀。

作為團隊的領導者，在這個時候就不得不處理擺在面前必須解決的問題：怎樣處理好兩位員工之間的衝突？解決員工之間的衝突，可能比解決任何難題都需

要更多的技巧和藝術。怎樣才能妥善地化干戈為玉帛，使矛盾在未激化之前消除呢？

如果是因為團隊裡新舊員工之間心存芥蒂，影響了和氣：新員工大多自以為是，為人處事鋒芒畢露，而老員工又因為經驗豐富，容易倚老賣老，對新員工不屑一顧。那麼，作為領導者要解決這一問題，就先要了解問題的癥結所在。不妨為新舊員工創造互相交流相處的機會，促進雙方了解、拉近彼此距離，並在雙方面前指出對方彼此的優點，對雙方均表示認可。

如果是矛盾的雙方各自表明自己有理，仍爭執不下、爭論不休。那麼，作為領導者應設法先將兩人分開，避免爭吵，防止事態趨於惡化，且勿妄加評論和批評。解決此類矛盾的重點在於將矛盾淡化，對於兩人的陳述要做到心裡有數，不要公開指出誰是誰非，以免進一步影響兩人的感情。

☆　協調好團隊成員之間的關係並非一件簡單的事情，只有以大局為重，以團隊的整體利益為重，使員工各司其職、各盡其責、精誠團結，才可以稱得上是一位合格的領導者。

首先，作為團隊的領導者必須認識到：所有的衝突都不會自行消失，如果置之不理，這些衝突可能會逐漸升級。作為團隊的領導者，有責任和義務恢復團隊和諧的氛圍，解決員工之間的衝突。

其次，團隊領導者要妥善處理好員工之間的矛盾，必須講究策略。處理得當，那麼矛盾的雙方會握手言和；如果處理不當，那麼現存的矛盾將會逐漸「白熱化」，然後矛盾升級，甚至可能會導致團隊的分裂。

┃ 一、如何化解團隊衝突

一個團隊中，領導者與被領導者，要求與被要求，使得領導者與下屬之間成為一對矛盾體，衝突也就不可避免要存在。最激烈的衝突也是有其存在的好處的，但是前提要巧妙地處理好它。作為團隊的領導者，要化解團隊裡的各種衝突，避免破壞團隊和諧的氛圍。

（一）解決衝突要及時

衝突如果不能及時並有建設性地加以解決，等到問題被激化，勢必會影響整個團隊的合作性和工作效率，嚴重時，甚至會毀掉整個團隊。尤其是當成員各持己見、爭執不下時，往往會使小的分歧逐漸演變成難以控制的混亂。

（二）消除與員工之間的衝突

引發領導者與員工之間的矛盾衝突的原因是多方面的，有領導者自身的因素；有領導者思維方式和工作方法的因素；有因為訊息交換、協調、溝通的不及時；有在利益問題上處理的不公正所導致⋯⋯。由於種種原因，團隊之中，領導者與下屬之間存在異議和分歧是正常的，甚至是不可避免的。矛盾並不可怕，問題是要怎樣妥善處理好這些矛盾與衝突。

衝突的解決，根除員工心中的不滿，有助於建立雙方的和諧與信任。團隊的領導者必須重視團隊裡的衝突，樹立正確的觀念與態度，學習解決衝突的知識與技巧，妥善地避免和消除衝突。

（三）幫有衝突的員工降降火

當團隊內部、員工之間出現衝突時，不僅會使當事人感到過分的緊張，同時，還會使整個團隊的氛圍陷入緊張的情緒之中，影響了正常的團隊活動和秩序。遇到這種情況時，作為團隊的領導者首先自己要保持鎮靜，不要因此火冒三丈、大發雷霆，這樣無異於火上澆油，倒不如先給矛盾的雙方澆澆水，讓他們發熱的腦袋降降溫。如此一來，既避免了許多不必要的麻煩，同時，也會收到許多意想不到的效果。例如，市場賣的「出氣包」的玩具，就是為情緒激動的人發洩心中怒火而設計的。對於團隊內部的各種矛盾，作為團隊的領導者要本著「化干戈為玉帛」的理念，理順員工之間的關係，遵循一般人的心理想法，對員工進行心理調適，讓員工實行自我教育、自己解決矛盾，維護企業內部融洽的氛圍，以和平解決衝突。

（四）讓員工發洩心中的不滿

松下幸之助先生有句口頭禪：「讓員工把不滿發洩出來。」

員工的不滿是引發員工與領導者衝突的導火線。作為團隊領導者不能讓員工心中不滿的情緒越積越多，發現員工有不滿的情緒，領導者要及時了解情況、及時解決問題，否則員工就會像充了氣的氣球，隨著不滿情緒的膨脹，到了一定程度之後，必定會爆炸。所以，團隊的領導者要多聽員工的意見、關心員工的反應，不能粗暴地打發員工的投訴，不可以讓員工累積心中的不滿。

讓員工把心中積壓的不滿一股腦兒的發洩出來，既可以緩解員工的壓力，從而使員工心情舒暢、工作幹勁倍增。同時，也使管理的工作多了一些快樂，少了一些煩惱；多了坦誠的溝通，少了虛偽的隔閡；多了真誠的理解，少了冷漠的對抗……。為團隊營造出和諧的人際環境，提高了員工的工作熱情和工作效率。

（五）將團隊的衝突公開化

有衝突，說明作為團隊的領導者要對員工的狀況保持高度敏感，在衝突或潛在衝突惡化前就有所察覺。如果員工將不滿、怨氣、焦慮、牢騷都埋在心底，掩飾起來，問題就得不到有效的解決。當員工對領導者、對團隊產生了消極的看法，就很難再建立起一個開放、信任、和諧的工作環境。所以，團隊的領導者應該儘量將衝突公開化：

1.蒐集員工的意見

要想了解員工是否有問題，最簡單也是最直接的方法就是蒐集員工的意見，並讓員工知道他們可以暢所欲言，不必擔心會因此受到懲罰。

2.善於察言觀色

領導者要能夠透過細心觀察員工的表情和肢體語言，發現他們是否存在消極的情緒。如果已經察覺到員工有不滿的情緒時，就要及時地作出反應，讓他們知道你已經感覺到他們的不滿了。

3.非正式調查

有的員工即使心裡有不滿，也不願或者是不敢說出來。遇到這種情況，作為團隊的領導者不妨進行一些非正式的調查，透過各種管道了解員工心裡的想法。對調查出的問題，可以召開專門的會議商討、解決。

將衝突公開化之後，可以將小問題在發展成為大問題之前得到解決，避免使矛盾激化、問題惡化。

二、團隊衝突的處理技巧

◎ 誰的孩子

有一位縣令遇到一件奇怪的案子：兩位婦女在爭奪一個孩子。她們兩個人都說孩子是自己的，而且各有各的理由，爭執不下。她們兩個人來到縣令大人面前，請其斷案。縣令聽了她們各自的陳述之後，說：「既然你們都說這個孩子是自己的，而且各有各的理由。那好吧！本縣令對此案作出以下判決——用刀將這個孩子劈成兩半，你們一人一半好了，這樣很公平。」聽到這個判決後，其中一位婦人立刻聲淚俱下地說：「不要這樣！縣令大人，我寧願放棄這個孩子。」縣令由此斷定，選擇放棄的這位婦人是孩子真正的母親。

有的時候在原則性問題、大是大非面前就不能用折衷的方案，而要採取一種競爭型的策略，找出誰對誰錯。在團隊中，無論是在領導者和下屬之間，還是在員工之間，一旦出現了衝突，矛盾的雙方都要在第一時間努力解決問題。而根據情況選擇處理投訴的適當方案，會取得事半功倍的效果。根據衝突管理的五種模式，處理團隊衝突可採取以下五種策略。

（一）競爭型策略

當矛盾的雙方持敵對的態度時，往往容易使情緒失控，而問題的真相就會被情緒所掩蓋，難以得到有效的解決。當雙方中有一方感受到威脅時，警惕性和自我保護的意識等情緒會在瞬間高漲起來，爭吵可能一觸即發。在這種情況下，解決衝突的辦法就是採取競爭型策略，即以其中一方的利益為主，而矛盾處理的結果是一勝一敗。

（二）迴避型策略

當發生衝突的雙方因為個人的關係、矛盾的性質、客觀的因素等原因，或者是為了避免使矛盾激化、引起不必要的麻煩時，雙方對矛盾問題採取淡化或捨棄

的處理方法，迴避衝突，以維護雙方的和諧。

（三）自我犧牲型策略

當產生矛盾的雙方不能為實現各自的目標達成一致協議時，這就要求雙方中有一方能夠高度合作，只考慮對方的要求和利益，忽略甚至犧牲自己的利益；而雙方中的另一方則是高度原則性的、不合作的，只考慮自己的利益，忽視對方的要求和利益。

（四）妥協型策略

當產生矛盾的一方或雙方不願意解決衝突時，常常會訴諸於此種策略。採取妥協的態度來解決衝突，並非是最佳的方案。因為矛盾的雙方迫於某種壓力選擇妥協，但是衝突並沒有得到根本的解決，而是被雙方隱藏起來。一旦矛盾被激化，就會爆發出來，演變成敵對性的衝突。

（五）團隊合作型策略

採取團隊合作型策略解決衝突，是比較理想的選擇，而競爭型和妥協型策略，都不能使矛盾得到徹底的解決，同樣的問題、同樣的矛盾還會再次出現。採用團隊合作型策略，矛盾的雙方開誠布公地表明各自的立場，然後通力合作、探討並交流意見，使問題能夠得到有效而又根本性的解決。

三、團隊衝突的處理程序

◎ 刺蝟理論

在冷風瑟瑟的冬日裡，有兩隻睏倦的刺蝟想要相擁取暖、休息。但無奈的是，雙方的身上都有刺，刺的雙方無論怎麼調整睡姿也睡得不安穩。於是，牠們就保持一定的距離。但又冷得受不了時又湊在一起。

這個故事讓我們想到，在一個團隊中，因為成員自身的個性差異，無疑會有許多的摩擦和衝突，但又會因為共同的目標走到一起。這時，飯店經理人該如何處理好團隊中存在的各種衝突呢？

（一）認識衝突

認識衝突是團隊領導者解決衝突的第一步。作為飯店團隊的領導者，飯店經理人要經常主動與成員溝通，認識衝突發生的根源，從而真正知道我們的成員希望獲得哪些方面的幫助，並以適當的方式讓他們親自參與解決衝突的具體工作中。

（二）擬定方案

當衝突出現時，飯店經理人要主動引導團隊成員闡明自己的觀點和意見，陳述各自的立場，避免相互推諉，相互指責。同時，作為團隊的領導者，飯店經理人還要鼓勵成員積極提出自己的不同見解，針對各種問題提出各自的參考方案，但不要急於作出評判。

（三）分析方案

對於已經擬定好的解決方案，飯店經理人要和團隊成員一起探討、分析問題，找出矛盾的根源，然後從尋求雙方的共同利益點出發，逐一排除不合理的方案，不斷縮小可供選擇的範圍，直到找出雙方都滿意的解決方案。

（四）團隊成員的執行

在選定好解決問題的方案之後，接下來，飯店經理人就要讓團隊成員執行了。飯店經理人需要考慮的具體事項有：何時實施、何人負責、達到何種規模、期望達到何種成效、執行雙方的具體職責是什麼等。

（五）有效評估

解決問題的方案不是擬定好，安排幾個人去做就可以了，飯店經理人還必須時刻關注方案的實施過程，要求團隊成員及時回饋方案的實施成效。在方案實施的過程中，要鼓勵員工要敢於面對新的困難，解決新的突發問題，尋找新的對策。

飯店經理人要有寬廣的胸懷、求同存異，要虛心聽取各種不同意見和建議，處變而不驚。以寬容對待狹隘，以禮貌對待無理，才能夠團結具有不同性格、不

同愛好、不同優缺點的人。在處理團隊衝突時，能夠正確認識導致團隊衝突的原因，與團隊成員進行溝通、協調、研究解決衝突的方法。同時，還應規劃一些培訓課程，以提高團隊成員管理和解決問題的能力，避免同一種衝突再次發生。

第三節　為何溝而不通

引言

◎有一個秀才上街去買柴。他對賣柴的人說：「荷薪者過來！」賣柴的人聽不懂「荷薪者」（擔柴的人）三個字，但是聽得懂「過來」兩個字，於是，他把柴擔到秀才面前。秀才問他：「其價如何？」賣柴的人聽不太懂這句話，但是聽得懂「價」這個字，於是就告訴秀才價錢。秀才接著說：「外實而內虛，煙多而焰少，請損之。」（你的木材外表是乾的，裡頭卻是濕的，燃燒起來，會濃煙多而火焰小。請減些價錢吧！）賣柴的人因為聽不懂秀才的話，於是擔著柴就離開了。

☆　正是因為聽不懂秀才的話，雙方沒有做好有效的溝通，才導致秀才與賣柴的人失去了一次交易的機會。在飯店管理實踐中，飯店經理平時最好用簡單的、易懂的語言來傳達訊息，而且對於說話的對象、時機要有所掌握，要知道，有時過分的修飾反而達不到目的。在團隊中，矛盾和衝突產生的一個主要原因就是因為溝而不通，一系列問題存在的根源也在於溝通不良。

在實際工作中，由於受多方面因素的影響，訊息往往會被丟失或曲解，以致不能被有效的傳遞，從而造成溝通無效。人們內心的溝通障礙有許多種：有的是嚴重的等級觀念；有的是怕惹人非議；有的是自卑心理在作祟；有的是性格孤僻，排斥與他人的溝通。幾乎任何一個人的心理都有或多或少的溝通障礙，差別在於：有的人能克服這些障礙，消除種種不利因素；有的人故意誇大自身的溝通障礙，最終導致自己與他人溝通的失敗。在飯店的團隊溝通中，造成溝通障礙的因素分為組織溝通因素和人際溝通因素障礙等兩種。

‖ 一、組織溝通因素中的障礙

（一）職位的差距

訊息傳遞者在組織中的地位、訊息傳遞鏈、群體規模等結構因素，都影響了有效的溝通。許多研究結果表明：地位的高低對溝通的方向和頻率有很大的影響。如果地位懸殊越大，訊息從地位高的人流向地位低的人，其傳遞的階層越多，它到達接收者的時間也就越長，訊息失真率則越高，越不利於溝通。只有當溝通雙方的身份、地位平等時，溝通的障礙才最小，雙方的心態都會很自然。然而，許多飯店經理人在溝通的過程中，往往因為級別的不同使溝通受阻。

（二）組織結構龐大，鏈節過長

合理的組織結構有利於訊息溝通，但是，如果組織結構過於龐大，中間階層過多、等級鏈過長，那麼，訊息從最高決策層傳遞到下屬時，不僅容易造成訊息的失真，而且還會浪費大量的時間，影響訊息傳遞的效率和及時性。

據統計，如果一則訊息在訊息發送者那裡的正確性是100%，到了訊息的接收者可能只剩下20%的正確性。這是因為，訊息在傳遞時，各級主管部門都會花時間對自己接收到的訊息進行鑑別，一層層的過濾，然後再將可能出現斷章取義的訊息上報。此外，在鑑別的過程中，還摻雜了大量的主觀因素。尤其是當發送的訊息涉及到傳遞者本身時，往往會由於心理方面的原因，造成訊息失真。

所以，如果組織結構過於臃腫，設置的又不盡合理，各部門之間權責不清、分工不明，出現多頭領導，或者因人設事、人浮於事，就會讓溝通的雙方造成一定的心理壓力，影響溝通的有效性。

二、人際溝通因素中的障礙

人際溝通概念比團隊溝通更為廣泛。人際溝通既發生在團隊內部，也發生在團隊外部。與上級、同事、下屬、客人、供應商等的溝通，都是人際溝通。

（一）環節多

作為飯店經理人，每天都要作出許多決策，並且要將決策傳達給執行層。中間溝通管道的順暢與否，在很大程度上影響了決策的最後執行效果。

案例4-4

◎ 畫廊關門了？

某傳媒大亨，一天早晨去公司的路上發現，自己經常光顧的畫廊沒有像往常一樣正常營業，於是心裡就在猜想：這家畫廊怎麼了？為什麼突然不營業了呢？大亨到了辦公室以後，就要總編輯派人去調查一下，這家畫廊的關門是不是與當時的經濟不景氣有關。

總編輯接到大亨的指示後，立即告訴副總編輯：老闆認為，畫廊關門可能是由於經濟不景氣導致的，馬上對此進行報導。最後這指示又從下標編輯那裡傳到擔任報導任務的記者，記者領會到的意思已變成：經濟不景氣導致城市藝術產業瀕臨危機，其具體的表現就是從畫廊停業開始。

到了中午12點，國家藝術學院副院長，已經開始準備口授一篇關於藝術產業瀕臨危機的文章。此時，畫廊的老闆還沒發現：自己正在享受的兩週休假，已經造成了怎樣的一種社會事件。

正是因為在溝通的過程中，環節過多，嚴重影響了訊息傳遞的及時性和準確性，造成了團隊領導者作出的決策在執行過程中屢屢受阻。

（二）自以為是

人們往往受主觀因素的影響，總是習慣於堅持自己的想法。會把以往的經驗、個人的想法和感覺，介入到人際溝通中，因而會在某些議題上固執己見。對於已經作出的決定，則往往覺得不需要或不希望融入新的資料，對別人的意見聽不進去，或是根本不願意接受別人的觀點。這種自以為是的想法也是造成溝通障礙的因素。

（三）有偏見

在溝通中，如果雙方有一方對另一方存在偏見，或者相互之間存有成見，並且將這種偏見帶進溝通中時，就會使雙方誰也不服誰，誰都不會贊同對方的觀

點，即使對方的觀點是正確的，自己也不會認同，這就會使溝通的有效性和真實性受到嚴重的影響。

（四）不善於傾聽

溝通的一個重要環節就是「傾聽」。溝通是雙方的事情，當一方在表達時，另一方必須專注傾聽才能達到溝通的效果。而人一般總習慣於表達自己的觀點，很少會用心聆聽別人的意見，有時候甚至只聽到一半，就迫不及待地發表自己的觀點。這樣一來，會誤解他人的意思，給溝通造成障礙。

（五）缺乏回饋

溝通的參與者必須及時回饋訊息，才能使對方了解你是否正確理解了他的意思。回饋包括以下一些訊息：你是否在聽對方說話；你是否了解對方在說什麼；你是否準確理解對方想要表達的意思。如果沒有回饋，對方會認為你已經明白了他想要表達的意思，而你也以為你所理解的就是他所想表達的意思，結果造成了雙方的誤解。

（六）缺乏信任

相互不信任也是溝通的障礙。有效的訊息溝通要以相互信任為前提，這樣一來，才能使向上反映的情況得到重視，向下傳達的決策迅速實施。團隊的領導者在進行訊息溝通時，應該不帶成見的聽取意見，鼓勵下級充分闡明自己的見解，這樣才能做到想法和感情上的真正溝通；才能接收到全面可靠的情報；才能作出明智的判斷與決策。

（七）干擾過多

溝通受到干擾突然中斷，是最常見的一種障礙，而且這種情況，在溝通過程中可能會多次發生。例如，閱讀資料時，有同事走進來和你說話；與人會談時，電話鈴響了，不管你接不接電話，會談都已經因此而中斷；開會正在發言時，有人舉起手發問，讓與會者（接收者）造成干擾；會談中，突然傳來其他的聲音等，這些干擾都會影響有效溝通。

溝通是雙向的，不必要的誤會都可以在溝通中消除。作為團隊的領導者，千

萬不可忽視溝通的雙向性，要有寬闊的胸襟，能夠包容並原諒下屬的過失，與下屬主動溝通；而作為下屬，遇到問題時也要積極主動地與領導者溝通，説出自己的想法。在團隊中，只有領導者與下屬之間坦誠相待、敞開心扉、密切合作、真誠溝通，整個團隊的氛圍才會和諧，運行才會正常有序。而有效的溝通，不僅有助於團隊精神的建立、提高成員士氣、營造良好的人際關係和工作氛圍，同時，也是促進團隊合作的基本要素；是降低團隊內耗，提高團隊整體效能的重要保障。

第五章 團隊溝通的藝術

導讀

「傾聽」在溝通行為中占有較大的比例，有效的溝通必須注意傾聽的技巧，排除各種溝通的障礙。「回饋」是溝通中一個重要的環節，包括給予回饋和接受回饋兩方面。只有同時注意這兩方面的技巧，才能保證回饋訊息的完整和明確。開會是飯店有效溝通的常用方法之一，在飯店管理實踐中，有30%～50%的時間是在開會。所以，掌握開會技巧是飯店溝通的有力保障。

第一節 傾聽的技巧

引言

◎ 兩只耳朵一張嘴

曾經有個小國的使者來到中國，進貢了三個一模一樣用黃金打造的金人，皇帝高興極了。可是這小國的使者還出了一道題目問皇帝：「這三個金人哪一個最有價值？」皇帝想了許多辦法，請來珠寶匠檢查，稱重量、看做工，都是一模一樣的。

怎麼辦呢？中國是泱泱大國，不會連這點小事都不懂吧？最後，有一位退位的大臣說他有辦法。於是，皇帝將小國的使者請到大殿，那位大臣胸有成竹地拿著三根稻草，分別插入三個金人的耳朵裡。結果第一個金人的稻草從另一邊耳朵出來了；第二個金人的稻草從嘴巴裡直接掉出來；而第三個金人的稻草進去後則掉進了肚子，什麼聲響都沒有。大臣說：「第三個金人最有價值。」使者默默無語，答案正確。

☆　老天給我們兩只耳朵一個嘴巴，本來就是讓我們多聽少説的。最有價值的不一定是最能説話的人，保持低調，才是成熟的最基本素質。善於傾聽是飯店成員最基本的溝通技能，也是能溝通成功的起點，卻也是溝通技巧中最容易被忽視的部分。一次成功的溝通，最常用的兩項能力是洗耳恭聽和能説善道。成功的溝通，不僅側重於如何表達自己的意見和觀點，更在於如何領會別人的意思。作為飯店團隊的領導者，更要善於傾聽。

‖ 一、傾聽是成功交流的基石

（一）傾聽的重要性

◎　知名政治家邱吉爾的金玉良言是：站起來發言需要勇氣，而坐下來傾聽更需要勇氣。

傾聽是團隊最基本的溝通技能，是有效溝通的前提條件，在溝通過程中占有重要的地位。傾聽是一門藝術。需要溝通的雙方花費在傾聽上的時間，要遠遠超出其他的溝通行為。

（二）主動傾聽

1.獲取訊息

傾聽能幫助你了解和掌握更多的訊息。在與對方交流的過程中，如果你不時地點頭或微笑，表示你非常注意對方的説話內容，那麼他也會因此受到鼓舞而更加充分、更加完整地表達他的想法，從而使你更全面、更準確、更真實地獲取訊息。

2.發現問題

與下級、同級，或上級和客戶進行交流，透過傾聽對方的説話能使你了解對方的性格、愛好、工作經驗以及工作態度等，有利於傾聽者掌握對方的個性，以便在以後的工作中能夠有針對性地與其進行接觸。

3.建立信任

人們往往喜歡善於傾聽者甚於善於說話者，但事實上，又都常常喜歡發表自己的觀點和意見。如果你願意給他人表達的機會，讓他們盡情地說出自己想說的話，他們會認為你值得信賴。而有的人不注意傾聽別人的說話，總是四處環顧、心不在焉，或是急欲表達自己的見解，這樣的人是不可能給他人留下良好印象的，也是不受人歡迎的。

4.防止主觀誤差

我們平時對別人的看法往往是來自於自己的主觀判斷，透過某一件事情、某一句話，就輕率地作出結論。實際上，這帶有明顯的主觀性，容易犯了「一葉障目」的錯誤。注意傾聽他人的說話，可以使我們獲得更加豐富的訊息，使判斷更加準確。

‖ 二、為什麼聽不進去

（一）觀點不同

觀點不同是影響傾聽的第一個障礙。如果雙方觀點差異較大，不僅一方難以採納另一方的觀點，甚至可能會產生牴觸的情緒，進而產生不正確的假設。在這種排斥異議的情況下，人們很難靜下心來認真傾聽。

（二）有偏見

偏見是傾聽的重要障礙。如果你對別人產生了某種不好的看法，那麼，他和你說話時，你也不可能仔細傾聽。如果你和別人之間產生了隔閡或由於某種原因產生了誤會，這時無論他作出怎樣的解釋，你都會認為那只是藉口，甚至還會認為，他所做的一切都是衝著你來的，這樣一來，你就根本聽不進去別人說的話。

（三）喜歡插話

發言在交流中被視為主動的行為，可以幫助你樹立強而有力的形象，而傾聽則是被動的。在這種慣性思維方式下，人們容易在對方還未表述完時就已經不耐煩了，就會迫不及待地打斷他的話轉而發表自己的意見。這樣一來，傾聽者就很難真正領會對方想要表達的意思。

（四）時間安排不合理

時間安排不合理是影響團隊成員傾聽的又一個主要障礙。若時間安排得過短，對方也不可能在短時間內把事情說清楚，只能簡單陳述，如此一來，要讓傾聽者在短時間內作出回應就容易產生失誤；再者，傾聽者若在工作的過程中傾聽，就不可能集中精力去理解對方所要表達的內容。例如，下屬臨時有重要的事情向你彙報，而你正忙著其他緊急的事務，於是只有草草地聽完對方的敘述後，未經慎重考慮就作出決定。

（五）其他環境因素

通常飯店經理人都是不斷巡視在飯店的各個區域，執行現場管理。例如，客服部經理要在大廳區域巡視；客房部經理要在客房的各個樓層巡視；餐飲部經理要在餐飲區域巡視；工程部經理要在飯店的各區域檢查。透過飯店中層領導者的現場巡視管理，一方面使飯店的上級、同事、下屬都可以隨時隨地找到他；另一方面，也能夠及時發現並處理一些突發性事件。在巡視過程中會受到環境因素的影響和干擾，在傾聽時就容易分心，很難認真傾聽下屬與你的談話。

‖ 三、學會傾聽

（一）專心致志

專心致志地傾聽，可以把隨意、膚淺的談話引向深入和豐富。一個人不善於傾聽就無法與人有效溝通。如果我們真正關心他人，積極地而不是被動地聽他說話，我們是會對他產生影響的；同樣的，別人認真地聽我們說話，也會對我們產生影響。因此，我們必須抑制自己想說話的慾望，成為一個專注的傾聽者，真正專心致志地聽取別人所說的內容。

（二）轉換角度

溝通者只有適當地選擇站在對方的角度考慮問題，才可以更準確地理解並掌握對方的真實想法。

（三）積極回應

如果你在傾聽的過程中，沒有聽清楚，或是不太理解，或是想得到更多的訊息；想澄清一些問題，想要對方複述，或者認為說話者應該換一種表述方式你才可以理解，就應該及時告訴對方。若你已經領會了對方的意圖，希望他能繼續闡述他的想法，就應該選擇在適當的時機以適當的方式回應對方，讓對方知道。積極的傾聽，一個重要的標誌就是對談話者說過的話作出反應或不時做一下總結。這樣一來，一方面可以使對方知道你不僅在聽，而且很感興趣，正在努力聽懂他的意思；另一方面，也有助於提高你傾聽後的效果。

在傾聽過程中，回應對方的談話主要有三種表現形式：冷漠、同情、關切。

案例5-1

某飯店餐飲部一名員工的母親得了重病，需要立刻接受治療。餐飲部經理在工作之餘找到銷售部經理商談此事，希望能夠得到銷售部經理的協助。銷售部經理在傾聽餐飲部經理的陳述時，可能會作出的反應有以下三種：

冷漠——這是你們部門的事，跟我一點關係也沒有。

同情——哎呀！是這樣嗎？那真是太可憐了。

關切——真是可憐。那我能為你們做些什麼嗎？我們飯店有一位常客，就是我們市裡最好的一家醫院的院長。要不然，我們和他聯絡一下，看他能否給予一些幫助。你看這樣可以嗎？

積極地回應應該採取「同情」和「關切」兩種表達形式。

（四）準確理解

正確理解對方想要表達的意思是傾聽的主要目的，同時也是使溝通能夠順利進行下去的前提條件。在傾聽的過程中，若要準確地掌握訊息，需要注意以下幾點：

1.訊息要聽完整

傾聽者要聽清楚訊息的全部內容，不要只聽到一半就心不在焉，更不要在還沒聽完就匆匆忙忙下結論。

2.抓住關鍵點

傾聽時要注意整理出訊息中的一些關鍵點和細節問題，並時時加以回顧。

3.掌握「潛台詞」

作為聆聽者，不僅要聽清楚陳述者說話的內容，還要能夠邊聽邊思考和領悟；注意陳述者的說話內容中是否隱含一些「潛台詞」。例如，反語或其他的含義在裡面。

4.聽出對方的情感色彩

在傾聽的過程中，要注意聽取陳述者說話的內容，說話時的語調語音，注意語速的變化，從而掌握對方的情感色彩，並完整地領會其說話內容的真正含義。

5.克服習慣性思維

人們常常習慣性地用潛在的假設對聽到的話進行評估。而作為傾聽者，要取得突破性的溝通效果，就必須要打破這些習慣性思維的束縛。

（五）先聽後說

他人因聽信道聽途說之詞，或者毫無根據的訊息，而對你產生誤解。在這種情況下，也要等對方表達完後再去澄清事實，消除他的誤會。

1.不要急於解釋

有些事情，傾聽時不要急著解釋，否則越急於解釋就越說不清楚，反而容易給人造成「越描越黑」的印象。

2.反省自身不足

聽完對方的陳述後，針對存在的問題進行反省，找出自身的不足，不要過多強調客觀原因。

（六）排除消極情緒

在陳述者準備說話之前，自己儘量不要因為主觀原因提前對所要談論的事情下定論，否則就不可能設身處地的從對方的角度去考慮問題、分析問題，容易導致結論與事實不符，甚至會出現嚴重偏差的結果。

1.先入為主

對所要交談的事情的事實原委，不作詳細地分析，就已經草率地作出決定，自然無法專心傾聽對方的談話。例如，這件事情根本就行不通，這個人還是不放棄，三番兩次地找他人理論，試圖說服他人接受，而不去傾聽對方為什麼不同意的理由。

2.個人好惡

個人的好惡不同，蘿蔔青菜各有所愛。因為對一些事情在心裡存有牴觸情緒，所以在談話中就存在偏見，根本聽不進去對方的說話內容。

3.對個人有偏見

因為傾聽者對說話者本身存有偏見和看法，導致對其陳述的內容不感興趣，從心裡上來說就是根本不願意傾聽。

4.利益衝突

有時候，因為說話者所陳述的問題，涉及甚至威脅到傾聽者的利益的時候，也會造成傾聽者不注意或者迴避談話的內容。例如，這件事情應該是由飯店會議討論決定的，現在你來詢問我意見，我就沒有必要下結論了。如此一來，陳述者會認為，這件事情做對了，我得不到表揚；若做錯了還要受到批評。

（七）注意傾聽的姿態

傾聽不僅要用耳朵，還要用眼睛、用頭腦、用嘴巴。要邊看、邊聽、邊想、邊回饋，要將自己的整個身心投入到傾聽的過程中去，才能及時、準確地掌握每一個訊息。

1.目光交流是關鍵

眼睛是心靈的窗口，在溝通的過程中，適當的目光交流是對對方的一種尊

重。作為傾聽者，在傾聽對方的說話時，要注意用適當的目光注視陳述者，讓他們知道，你對他的陳述很感興趣，而且你正在很認真地傾聽他的說話，並且會繼續認真傾聽下去。例如，櫃台員工在接待飯店忙季為客人辦理入住登記手續時，要注意做到「接一顧二看三」。即接待第一位客人時，要兼顧第二位客人的需求，同時還要與第三位客人進行適當的目光交流，避免冷落了其他的客人。

2.保持輕鬆的姿態

傾聽者在聆聽對方說話時要保持一種輕鬆的姿態，使溝通的雙方能夠在一種比較輕鬆的氛圍下進行交流。不要緊皺眉頭、雙手抱臂，表現出一種很嚴肅的表情；或是不時地跺腳、看時間，顯得很不耐煩的樣子，使說話者在無形之中感到拘謹和緊張，這會影響溝通的效果。

3.肢體語言的運用

在溝通中，語言的交流是很重要的，但是，臉部表情、手勢等非言語的肢體語言，更能真實反映傾聽者的心理活動。一個淡淡的微笑、不經意間緊鎖的雙眉，可能就表露出你對說話者的贊同或不滿。所以，在傾聽對方的說話時，一定要注意運用自己的臉部表情和肢體語言，鼓勵對方表達出他真實的想法。

第二節　回饋的技巧

引言

◎　主持人問一位小朋友：「你長大後想要當什麼？」小朋友天真地回答：「我要當飛機駕駛員！」主持人接著問：「如果有一天，當你的飛機飛到太平洋上空時，所有的引擎都熄火了，你該怎麼辦？」小朋友想了想說：「我會先告訴坐在飛機上的人綁好安全帶，然後我掛上我的降落傘跳出去。」現場的觀眾都笑得東倒西歪。主持人繼續注視這個孩子，想看看他是不是一個自作聰明的小傢伙。沒想到，這時，孩子的眼淚奪眶而出，這才使主持人發現這個孩子的悲憫之情遠非筆墨所能形容。於是主持人問他：「為什麼要這麼做？」小朋友的答案透露出一個孩子最真摯的想法：「我要去拿燃料，我還要回來。」

☆　作為領導者，不要在下屬還沒有說完話時就提前作出你的判斷。你真的聽懂了對方的話嗎？你是不是習慣用自己的權威打斷下屬的說話？在下屬還沒來得及說完自己要陳述的事情前，就按照我們的經驗妄加評論和指揮，一方面容易作出片面的決策；另一方面，使下屬感到不受到尊重。時間久了，下屬就沒有興趣再向上級回饋真實的訊息。

回饋是溝通中的一帖「特效藥」，會對溝通雙方的人際關係產生巨大的影響。適當的回饋可以刺激對方自省，及時進行調整；而不適當的回饋，則可能會導致溝通雙方形成對立的局面。訊息回饋系統一旦被切斷，領導者就成了「孤家寡人」，在決策上就成了「睜眼瞎子」。因此，領導者必須與下屬保持暢通的回饋系統，以便及時糾正管理中的錯誤，制定更加確實可行的方案和制度，使管理行之有效。

‖ 一、什麼是回饋

（一）回饋是溝通過程的一部分

回饋是溝通過程中的一個關鍵環節，不少人在溝通過程中不注意、不重視，甚至忽略了回饋，結果導致溝通效果大打折扣。所謂回饋，就是在溝通的過程中，訊息接收者對訊息發送者的訊息內容作出回應的行為。

不少人在溝通中都以為對方聽懂了自己的意思，可是在實際操作過程中卻與自己原來的意思大相逕庭。其實，在雙方溝通時，對不太明確或沒有聽清楚的問題進行重複確認，問題就解決了。一個完整的溝通過程，既包括訊息發送者的表達和訊息接收者的傾聽，也包括訊息接收者就其所接收的訊息內容對訊息發送者的回饋，如圖5-1所示。

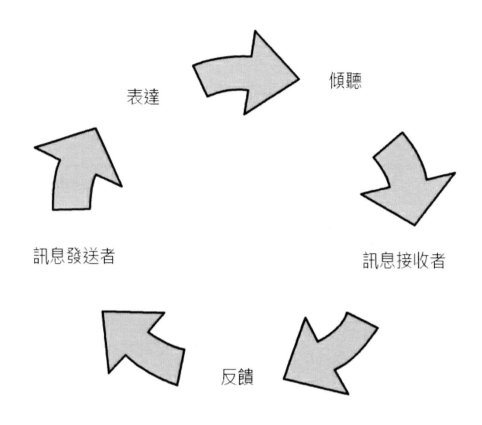

圖5-1 訊息回饋示意圖

（二）回饋要及時

在團隊的溝通與合作中，成員之間能夠及時地給出回饋意見是非常重要的。上級幫下屬安排工作，下屬要將工作完成的情況向上級回饋；下屬向上級申請准許的公文的請示，上級要向下屬回饋；客人向飯店提出有關飯店管理或服務上的問題，飯店要向客人回饋等，這些回饋都必須及時、準確，否則，訊息鏈一旦中斷，各種負面影響就會接踵而來，不利於飯店的團隊建立。因此，飯店有必要建立及時回饋制度，以提高團隊的工作品質和工作效率，進而提升整個團隊的執行力。

案例5-2

◎ 飯店的會議服務回饋制度

飯店為進一步提高對客人服務的效率、提升會議客人的滿意度，特別建立了快速反應的會議服務機制，制定了會議接待的2小時服務回饋制度如下：

1.飯店所有員工在飯店的所有場所，例如，飯店的會議室、餐廳、大廳、商務中心、商場、客房樓層及部分康樂區域等，如果遇到客人提出相應的服務需求，均需接受，不得拒絕或推諉。

2.如果客人所提出的要求屬於該員工負責部門的工作範圍，並且是該員工有能力在第一時間予以解決的，則必須立即給予滿足。若是該員工無力解決，應在第一時間彙報原部門會議經理予以落實。

3.如果客人所提出的需求需要跨部門解決，該員工應在第一時間內幫助客人聯絡相關部門的會議經理，並且必須保證讓客人與被聯絡人直接接洽。

4.相關部門的會議經理必須進一步確認客人的需求，並及時給予滿足。

5.如果客人所提出的需求需要透過多個部門共同解決，該員工要在第一時間聯絡該會議的會議金鑰匙。

6.會議金鑰匙需進一步確認客人的需求，並在第一時間予以滿足。

7.如無特殊原因，會議金鑰匙在接待會議初期，需安排會務組人員與對口相關部門或其授權人直接接洽。

8.各部門的會議經理都應得到該部門經理的充分授權，可以在該部門經理職權範圍內，先執行工作後彙報或審核。

9.全體員工都要有「服務到我為止」的理念，在任何時候、任何情況下，以「先滿足客人需求」為第一宗旨。

10.如果在執行的過程中，涉及到單據或資金流轉，包括常規的收費和非常

規的收費等問題，應按照飯店的有關財務制度執行，同時各類單據的開具必須在上班時間2小時內完成。

11.以上對於客人的需求，如無法在第一時間內予以滿足，當事人（最後一位與客人接洽的飯店員工或管理人員）需及時向客人回饋所需等候的時間，但不得超過2小時。

（三）缺少回饋的後果

缺少回饋是溝通中經常會遇到的問題。許多人往往誤認為溝通就是一方說另一方聽，而忽視溝通中必要的回饋環節。缺少回饋將直接導致兩方面的後果：一方面，是訊息發送者（表達者）不了解訊息接收者（傾聽者）是否準確地接收到訊息；另一方面，是訊息接收者無法澄清訊息的內容，並確認所接收到的訊息是否就是訊息發送者想要表達的真正含義。

▌二、給予回饋的技巧

許多時候，團隊領導者發現下屬在工作中或多或少總存在著一些問題，這是難免的。如何把這些問題以適當的方式回饋給下屬，並使他們樂意接受，這對領導者來說是需要掌握回饋技巧的。積極的回饋都比較容易接受，消極的回饋則比較容易引起下屬反彈。

（一）換位思考

回饋要站在對方的立場和角度上，適時地作出準確的、有針對性的回應。

案例5-3

◎飯店規定，新進員工要經過培訓期、試用合格以後方可轉正，時間為6個月。部門在員工的培訓期和試用期內，應向人力資源部詳細回饋該員工的表現，以及部門的意見。如果僅僅回饋兩者中的一點，就不能使人力資源部全面了解該員工，那麼，對於員工的考核就不能做到公平、公正，這種回饋就沒有針對人力

資源部考核員工的實際需求，就是失敗的、無效的回饋。

（二）具體、力求準確

傳達回饋時出現問題往往是因為回饋意見過於模糊，與其說你的工作需要改進，不如明確地指出你哪些地方做得不好。訊息接收者向訊息發送者回饋的訊息必須具體、力求準確，使對方能夠直接知道你是否已經準確掌握了訊息的內容，避免模棱兩可。

案例5-4

◎　飯店總經理要求飯店各部門負責人對飯店高層安排的各項工作，必須按時、按質、按量、不折不扣地完成，並將完成情況以電話、電腦檔案或書面等形式及時回饋。各部門的負責人也要求下屬對安排的各項工作的完成情況進行回饋。例如，銷售部李經理安排銷售部司機將一位重要客戶連夜送往目的地，司機在完成工作後，要及時向李經理彙報：「我已經將客人送至目的地，現在正在返回的路上。」

（三）正面、具有建設性

積極的回饋總是易於接受，因為，讚揚和認可更能提高對方的積極性。如果回饋是全盤否定的批評，那麼這不僅是向對方潑冷水，而且下屬也很可能對這種批評的意見不屑一顧；相反的，如果先讚揚下屬工作中積極的一面，再對其中需要改進的地方提出建設性的意見，這就比較容易使下屬心悅誠服地接受。

（四）對事不對人

回饋是就事實的本身提出意見，不能針對個人，更不能涉及人格。回饋要對對方所做的具體的事、所說的具體的話進行回饋，就工作的本身向下屬回饋，使他了解你的看法，再共同探討解決的方案和補救的措施，從而更加有效地促進雙方的溝通。

（五）將問題集中在對方能夠改進的方面

回饋者要把回饋的訊息內容集中在對方可以改進的地方，這樣一來，可以減輕給對方造成的壓力，使他可以在自己的能力範圍之內，接受你的批評和建議，以改進工作。

（六）掌握回饋的時機

作為飯店經理人，發現問題要及時向相關的部門負責人進行回饋，如果等問題進一步擴大了、嚴重了，或者是已經形成一段時間並造成不良影響，這時候再來回饋就顯得為時過晚。

（七）八小時覆命制

首先，上級向下屬指派工作要提出限時要求，對於無法限時的工作應按八小時覆命執行。其次，員工接受領導者口頭或書面指派的非限時工作任務，必須於接受任務時起，八小時彙報工作結果或承辦情況。再次，部門之間非限時的合作事宜，應在八小時內互相通報工作進展情況。最後，員工向上級反映問題、提建議時，部門經理或主管必須在八小時內通告工作結果或承辦情況。

‖ 三、接受回饋的技巧

（一）認真傾聽

作為傾聽者，必須培養良好的傾聽習慣，使回饋者能夠儘可能全面地表達他的觀點，以便於你能掌握更多的訊息。如果你打斷對方，可能就會打斷對方的想法。而且，由於你的說法，會使對方認為他的某些話可能冒犯到你或觸及到你的利益，也許就會把原本想說的話隱藏起來。這樣一來，對方就不會坦誠的、開放的與你進行交流，你也就無法知道對方的真正意圖。

案例5-5

◎ 餐飲部張領班向其主管反映這幾天餐飲部員工的工作紀律有所鬆懈，客人因為服務品質差、服務效率低等問題投訴較多。但是在和主管報告的過程中，

張領班發現，主管一會兒在接聽自己的電話；一會兒又詢問她這兩天餐飲的十二點客人消費情況；一會兒又說前段時間是婚宴活動，業務較多、員工有些疲憊。張領班想，是不是因為這段時間飯店正在對主管級管理人員進行績效評估，自己反映的問題太多了？於是，還沒說完的話就吞回肚子裡去了。

（二）保持積極的心態

傾聽者在傾聽對方的回饋意見時，一定要保持一種積極的心態，避免情緒激動，否則會因憤怒而產生衝突。人在憤怒的狀態下容易失去理智，不能冷靜處事，也就無法有效地解決問題。如果保持積極的心態，認為對方所回饋的訊息是對自己善意的幫助，這樣一來，心態就會放平和了，那麼自己也就能正確地接受回饋的訊息。

（三）放下防衛心

溝通不是打仗，但人們往往總是錯誤地認為溝通就是對我的攻擊，所以我必須自衛、打斷對方的話，並將話題轉移到我的立場上。事實上，在溝通的過程中，我們應有意識地虛心接受一些有建設性的意見和善意的批評。

案例5-6

◎　飯店計劃推出中秋月餅饋贈活動。在店務會議上，各部門一致通過了市場部策劃活動的具體實施方案，並要求採購部負責與月餅供應商聯絡，確定月餅的種類和價格。可是，兩個星期過去了，市場部還沒接到採購部的任何回饋意見。於是，市場部經理找到採購部經理商討此事。剛一提及此事，採購部經理就解釋說：「現在飯店會議、婚宴的工作這麼多，一大堆要購買的東西，採購人員又那麼少，根本就忙不過來。飯店應該考慮幫我們再招兩位採購人員。」

（四）提出問題

傾聽不是被動的，而是要辨明對方評論的問題，沿承對方的想法，傳遞禮貌和讚賞的訊號。在傾聽的過程中也可主動地提問，提問也是為了獲得某種訊息，

把陳述的人的想法引入自己所需要的訊息範圍之內。

案例5-7

◎　飯店餐飲部經理在與人力資源部經理，就目前所招聘的員工的素質問題討論時說道：「有些員工的學歷不高，素質也比較低，客人在問一些問題的時候，這些員工常常是一問三不知，不知道靈活應變、委婉地回覆客人。而且，在為客人服務時，有些員工的態度也不是很好，經常出現因為員工的服務品質問題而導致客人投訴……」聽了餐飲部經理的這些話之後，人力資源部經理問道：「那今後我們在招聘餐飲部服務人員的時候，對於求職者的學歷和個性，是不是也應該有一個參考的標準呢？」

（五）確認回饋訊息

當對方結束回饋之後，你可以重複確認一下對方回饋意見中的主要內容和觀點，以確保你已經正確地理解了對方想要傳遞的訊息。

案例5-8

◎　某飯店餐飲部員工向總經理投訴，其部門主管在管理方面存在嚴重的不公平且對員工過於苛刻。例如，主管對和自己關係不錯的員工所犯的錯誤，往往是睜一隻眼閉一隻眼，而對於和自己關係不好或者是有隔閡的員工就特別苛刻，對他們犯的一點小錯誤也會給予嚴厲的批評或懲罰。總經理在接到員工的投訴之後，通知人力資源部負責調查此事，且人力資源部經理必須將調查的結果向總經理詳細彙報。之後，總經理要將人力資源部回饋的訊息與餐飲部進行確認。

（六）理解對方的目的

在傾聽上級或下屬的說話時，你要仔細分析其中是否隱含著其他用意。如果你不能把自己的觀點暫時放在一邊，不能把注意力集中到他們表達的觀點上，你

就不可能真正理解他們的意圖。

案例5-9

◎　某餐飲部老員工業務技能扎實純熟，經常得到上級的好評和讚賞。這段期間，因為有許多會議需飯店人員幫忙接待，同時，又新進了好幾位員工。結果，除了每日自己要正常上班外，還要負責對新員工進行業務技能的培訓，已經有很長一段時間沒有休息過了。這一天，在工作了一整天，送走最後一位客人之後，這位員工向領班問道：「領班，明天沒有大型接待了吧？」領班回答：「沒有，明天不會很忙。」而事實上，這名員工已經知道明天要接待的不多，她向領班詢問的真正目的是，希望領班在明天不忙的情況下，能夠讓她休息一天。

（七）表明自己的觀點

在和上級的溝通結束之後，你有必要及時地表明你的態度和下一步的行動計劃，進而徵求他的意見。而和下屬的溝通，你不一定要立即提出你的行動方案，但是一定要及時表明你的態度，讓下屬了解你的真實想法，使他對你產生信任感，以便往後再出現問題時，他們能夠及時地向你回饋，並與你進行坦誠的交流。

第三節　開會的技巧

引言

◎ 飯店部門會議發言

各位管理人員，大家好：

我們今天召開的這個會議，主要是討論三個問題：第一個是關於……的問題；第二個是關於……的問題；第三個是關於……的問題。召開本次會議是為了……，請大家圍繞本次會議的主題，談談你們的看法。

這是一位飯店經理人在主持本部門會議上的發言。從會議的開場白中反映出這位經理人主持會議簡單明瞭的想法。

飯店的經理人在召開各類飯店經營管理分析會議時，要掌握開會技巧，開場白要簡潔、清楚、開門見山。同時，要簡單說明召開這次會議的原委和重要性，引導大家圍繞會議的主題展開討論，各抒己見。

☆作為飯店這樣一個團隊，其各級的管理者差不多有30%～50%的時間是在開會，對於怎樣開會，並不是所有的管理者都很清楚，常常是會而不議、議而不決、決而不行、行而未果。其實開會也有技巧，飯店經理人要懂得會前怎麼準備、會中怎麼執行、會後怎麼追蹤，這是一項技術性很強的工作。飯店經理人在工作中要說到做到，做到要檢查到，檢查到要修改到，修改到要覆核到。總之，對安排的各項工作要詳細落實、提升執行力。

‖ 一、制定會議規範

為了及時解決飯店各部門存在的各種問題，保證飯店會議的召開高效、有序，飯店應結合自身的實際情況，制定規範的飯店例會制度。

案例5-10

◎ 飯店部門早會制度

1.飯店部門早會於每週一至週六9：30am召開，會議時間為30分鐘左右。

2.參加人員為飯店部門管理人員。

3.與會人員不得無故缺席，如有特殊原因不能參加者，必須事先報部門總監（經理）批准，事後必須到部門文員處了解會議內容。對於當班的管理人員，在當班後必須了解前期部門會議內容。

4.參加早會者，必須按飯店規定，穿著統一服裝，不得使用各種通訊工具，手機應調到震動。

5.各部門必須確定每天早會彙報順序，會議彙報按照順序發言，語言要規範，特別是在彙報完畢後，應有類似於「彙報完畢」等結束語。

6.部門基層管理人員彙報的內容為：部門班組（分部）運作（經營）情況、員工工作紀律、產生的問題、有利於飯店部門運作（經營）的各項建議、需其他班組（分部）協調或部門解決的問題等。

7.發言人必須認真做好與會發言前的準備工作，做到語言簡練、突顯重點。例如，第一，關於……的問題；第二，關於……的問題；第三，關於……的問題等。會上不得隨意插話，如需補充彙報時應在早會後提出。

8.會議議程：

（1）部門班組（分部）彙報。

（2）部門助理發言。

（3）部門總監（經理）解決各部門提出的問題，解決或處理不了的就提交給飯店。

（4）部門總監（經理）傳達飯店早會內容，要求分清主次。

（5）部門總監（經理）安排或補充當天的工作內容，指導下屬當天工作。

9.各部門必須將當天早會內容整理成電腦檔案，以電腦檔案的形式回饋至飯店總經理。

10.飯店將不定期對各部門早會品質進行抽查。

‖ 二、按規範召開會議

（一）飯店常見的會議種類

1.飯店早會

飯店早會由飯店總經理主持，各部門經理參加，屬於飯店日常經營管理的會議之一。一般情況下，早會於週一至週六上午召開，根據各部門經理彙報的昨日

飯店的經營管理情況、管理存在的問題、部門間協調的問題及下一步各項工作建議等，總經理作出處理安排，並對接下來的工作進行安排。

案例5-11

◎ 某飯店客房部關於5月7日早會內容的回饋

5月7日，2929　房客人退房，櫃台7：41am將退房訊息報到房務中心，因為有2819房同時退房，員工在查完2819後再查2929。客房服務人員到房間後發現電腦線插頭均被客人拔下，於是在7：49am電話回饋至櫃台，並聯絡工程部（在部門對客人承諾的時間範圍之內），後因為工程部員工未及時到場，導致電腦無法檢查而使客人長時間等候，造成投訴。

根據飯店早會內容，部門所做的分析回饋如下：

一、客房部對同一服務人員同時檢查多間房的現象進行檢視

回饋：

1.日常工作中，出現兩個甚至多個房間同時退房的現象時有發生。樓層小管家在同時退兩間以上客房時，採取先退先查的原則，並積極尋求在場的其他同事協助，儘快完成查房工作（以限時服務為標準），當然，也需要櫃台服務人員協助向客人做好解釋工作。

2.附帶回饋：樓層小管家的編制22人，現在實有20人。關於部門的缺編問題，在最近的幾次店務會議上多次提起，但遲遲未解決。

3.針對2929客人投訴，部門在服務人員中進行作業指導：在同時退兩間以上客房時，掌握「先退先查」的原則，同時注意及時傳遞訊息，並儘可能減少查房所需要的時間；若超出部門對客人服務承諾的時間，則以「服務不及時，引起客人投訴」論處。

二、服務人員的查房業務是否熟悉

回饋：

1.樓層小管家的工作重點首先明確：主要工作是客房服務。若日常工作中發生簡單的設備問題，員工應在第一時間到客人房間協助解決，若無法解決，必須及時聯絡相關專業部門。客房部承認：部門的所有人員對電腦都不夠專業。（除了工程部以外，其他部門是否也存在類似電腦不專業問題。）

2.2929房間退房時，客人將電腦後面所有的連接線插頭全部拔下。考慮到電腦是貴重物品，且員工對此不是十分專業，加上以前其他飯店也曾發生過電腦內部配件被客人拆走的事情，所以服務人員及時聯絡電腦人員。

3.當然，為了更好地解決日常服務中的常見的電腦問題，部門已於事發次日再次安排對服務人員的電腦知識培訓，並在日常工作中抽查，要求服務人員除了掌握應知必會的內容以外，力求掌握更多的相關知識。

2.部門早會

部門早會是各部門內部召開，由部門經理主持，部門內所有管理人員都參加的會議，也屬於飯店日常的經營管理會議。主要內容是：部門經理向本部門所有管理人員傳達飯店早會的主要會議內容，聽取各基層管理人員的彙報，解決各班組存在的問題，並針對本部門情況對部門工作進行具體安排。

3.班組例會

班組例會屬於各部門基層管理人員的日常管理會議，由部門的主管或領班主持，當班員工參加。飯店的經營性部門一般每天至少召開一次班組會議，傳達上級的工作指示、解決班組的問題，對於解決不了的問題或者員工反映的訊息，班組的管理者要在會後及時向上級彙報，並對各員工當天的工作進行安排。

4.飯店店務會議

飯店管理離不開對數據的登錄、整理、彙編和分析，飯店店務分析研討會的功能就是透過對數據的分析和比較，肯定成績、分析不足，明確飯店下一期經營與管理的目標，以進一步提高飯店服務品質，實現效益的最大化。同時，飯店的一些重大的經營策略、重要制度的制定、重要工作的人事任免、每月飯店管理人

員的績效考核評估等問題，也需要店務會議討論後確定。飯店店務分析研討會一般為每月一次，時間可安排在每個月6日左右。這樣安排既符合分析的及時性要求，又能讓參與的管理者詳細回顧上個月的經營狀況、服務品質狀況、安全與節能狀況等。

5.飯店品質分析會議

飯店品質分析會議的主要內容，是研究並討論飯店在經營管理過程中，存在的或潛在的品質管理問題。分析目前飯店的服務品質，即服務水平、產品品質、環境品質、設施設備保養品質等。同時，在飯店總經理的主持下，各部門負責人針對如何進一步提高飯店品質問題進行研究探討。

6.飯店節能會議

飯店節能會議，一般由飯店工程部負責召開，其成員明確、固定。通常情況下，該會議是由各部門的節能小組成員（一般是由各部門基層管理人員擔任）參加。飯店節能會議由節能小組定期召開，對飯店各部門能源使用情況及節能情況進行分析，並將分析結果以書面形式上報飯店。對存在能源浪費或使用不合理的部門及個人，依據飯店制度給予適度的懲罰，同時，進一步完善飯店有關節能事項的各種相關規定。

7.飯店安全管理會議

飯店安全管理會議，一般由安全部負責召開，各部門配合參加。會議的主要內容是對飯店目前的安全管理現狀進行分析總結，並就如何進一步提高飯店的消防安全、治安安全、食品衛生安全，以及保障客人的人身、財產、心理安全等飯店各方面的安全管理工作，制定工作計劃，作出工作安排。

8.飯店新聞小組會議

飯店新聞小組會議，一般由飯店公共關係部召開，各部門的新聞小組成員（通常情況下由各部門文書人員擔任）參加，對飯店近期發生的重大及主要新聞事件進行彙總，並對飯店的宣傳資料，例如，飯店的報紙、期刊等明確設計要求，對飯店的一些重大事項和重要活動以及營銷活動等進行宣傳報導。

9.年度總結表彰及下一年度工作計劃會議

飯店年度總結表彰大會及下一年度飯店工作計劃會議，是飯店一年一次的大型表彰及發展戰略規劃的大會，一般由飯店高層管理者主持、全體員工參加的飯店重要大型會議。會議內容包括對一年以來在工作中表現突出，以及對飯店發展作出突出貢獻的部門或個人，給予獎勵和表彰，對飯店一年的經營發展狀況予以總結，對飯店下一年度的發展計劃和工作重點作出部署和安排。

10.人力資源規劃會議

飯店人力資源規劃會議，是針對飯店人力資源管理現狀及其存在的問題作自我的解剖和分析。會議全面介紹年度人力資源戰略規劃的具體方法、步驟；戰略規劃執行中所涉及到的部門及工作規劃；核心業務流程的優化、戰略性績效管理模式及戰略性薪水改革，並透過有效的規劃為精英人員的職業生涯發展，創建良好的升遷管道和成長空間。具體內容包括：

（1）飯店人力資源的現狀分析，制定飯店人力資源發展的戰略規劃。

（2）飯店人力資源戰略的執行與人力資源SWOT分析。

（3）人力資源工作的總體政策與總目標。

（4）基於內部人員調動和逐級晉升的人力資源需求預測與供給預測。

（5）制定人力資源業務規劃（包括招聘、晉升、培訓、解聘等計劃）。

（6）人力資源規劃的人員組織與科學的工作方式。

（7）人力資源規劃的詳細流程講解與成本預算。

11.半年度銷售工作總結及計劃會議

銷售工作總結及計劃會議，一般由主管飯店市場及客源開發的銷售部門負責召開，主要對前半年飯店銷售工作予以總結，並對後半年部門的工作重點和飯店市場銷售策略、市場開發方向作出計劃和安排。一般情況下，此會議每半年召開一次，由飯店總經理或分管副總、經理主持會議，會議的內容和討論的結果，要以書面形式上報飯店備案；會議討論制定的決策，也要以書面形式下達給各相關

部門。

此外，飯店還會召開一些專題研討會，就如何提高客房住宿率、如何提高客人的滿意度、如何科學性地降低飯店的能源消耗等，進行專題討論。

（二）按規範召開會議

各部門要根據飯店的規定召開各項專題會議，並確實貫徹各項會議的精神，嚴格執行各項會議所制定的政策。

（1）人力資源部要制定並下發《關於規範飯店相關會議規範的通知》，各部門要嚴格按照規範執行。

（2）每一位與會人員都必須嚴格遵守相關的各項會議制度，例如，準時參加、不得無故缺席、無特殊或緊急情況不得中途退場等相關規定。

‖ 三、提高會議效率

飯店的團隊領導者最經常做的一件事情就是開會，可是，據有關數據統計顯示：領導者開會的時間有一半是浪費的。那麼，高效率的會議到底該怎麼開？需要注意哪些問題呢？

（一）重視會議功能

會議是形成決策、傳遞訊息、加強溝通的重要手段。團隊領導者經常透過會議來制定計劃，透過會議來協調關係和分配工作，透過會議來監督和掌控工作進程。因此，重視會議功能是提高會議效率的前提。

1.訊息溝通

透過召開會議，可以傳達上級的旨意，使團隊成員掌握飯店的整體情況；透過會議，上級可以了解下屬的工作情況，掌握下屬的想法、動態，並就其他相關訊息與相關部門進行交流和溝通。

2.形成方案

召開會議的主要目的，是讓大家在會議中共同研究、共同探討，對存在的問

題提出解決方案，對下一步的工作計劃制定出實施行動的細則。

3.統一思維

透過召開會議，可以融合各種不同的見解，形成一致的思維，以指導團隊的各個部分，在核心思維指導下協調一致地行動，增強團隊的協調性。

4.調整情緒

有些會議並無太多的日常管理實質的內容，而是透過會議來調整與會人員的情緒和心態，以達到某種特定的管理需求。例如，飯店舉行的新春團拜會等。

5.產生權威

透過會議形成決議，常常比單純的行政命令更具權威性。因為，會議決議含有民主的成分、集體的智慧。

（二）做好與會前的充分準備

團隊的領導者要確保會議的有效性、提高召開會議的效率，必須做好開會前的準備工作。具體內容包括：

1.確定會議主題和召開會議的時間

飯店的團隊領導者要節省開會時間，第一件事就是要取消並非真正需要召開的會議，確定每一次的會議都是必要的，並且根據實際狀況來確定會議召開的具體時間，以便使與會對象會在會前充分準備。

2.確定與會人員

並非所有的人員都要參加所有的會議，根據會議的類型與內容確定相關的與會人員，有助於提高會議效率。

3.做好會議前的各項檢查工作

會議前，主持者要對會議的議程做合理的安排。會議的議題不宜安排過多，並將議題提前通知與會人員，使他們做好會前的充分準備。同時，所有與會人員必須遵守會議的重要原則，即只能議事，不能議人；只對事不對人。而且對於會

議中的各項表決,不要簡單地遵循少數服從多數的原則。

(三)掌握主持會議的技巧

主持會議的技巧,往往會關係到會議的成敗和效率。

1.開門見山

會議的開場白一定要開門見山,不能拖泥帶水。同時,要讓參加會議的人提前掌握會議的目的及重點,使其有準備,以便能更好地領會會議的精神。

2.自然的銜接

要使整個會議聯結成為一個有機的整體,會議的主持者需要有不錯的口才和機智的頭腦,在中間搭橋牽線,透過其所表現出來的組織能力和概括能力,使會議流程自然銜接。而自然的銜接,不外乎是承上啟下,肯定前面所討論的——畫龍點睛;順應後面即將討論的——渲染蓄勢。

3.靈活變通

在開場白中陳述會議的主題、意義、議程等是必不可少的,但是這不等於就要拘泥於形式。精彩的開場白往往可以激起與會者的亢奮,吸引其注意力。靈活的會議形式,能充分提升與會者的積極情緒,營造會議的氛圍。

4.掌握主題

主持會議的人要掌控好會議時間。為了確保在有限的時間裡取得滿意的效果,領導者要掌握會議的主題、控制會議的節奏和會議的議程,有張有弛,既使會議儘可能依照既定的議程進行,又要使與會者能夠充分交換意見。

5.積極引導

領導者召開會議的目的,不是要將自己的想法強加給與會者,而是要層層設問、積極引導,提升大家的積極性與參與性;啟發與會人員思考,抓住大家共同關心的問題,拋磚引玉、廣開思路,使大家從不同的角度探討和發現問題、提出問題、分析問題、解決問題。

6.善於總結

　　會議的過程就是一個化解分歧、統一觀念，並最終達成一致目標的過程。在會議臨近結束時，會議的主持者要善於用歸納總結的方式，把會議研究的主要結果概括出來，進一步深化會議的精神、重述會議主旨，加深與會者的印象。

　　（四）掌握發言的技巧

　　語言是與會人員之間溝通想法、交流情感、傳遞訊息、表達觀點的載體。發言者駕馭語言能力的強弱，直接關係到其發言的品質。同時，需輔之以適當的肢體動作，使發言者的演講主旨得到最為形象的展現。

　　◎　有一位牧師在非洲傳道。一天，他在為土著人宣講《聖經》時，讀到這樣一句話：「你們的罪惡雖然是深紅色，但是也可以變得像雪一樣白」，牧師心想：常年生活在熱帶的土著人，怎麼會知道雪是什麼顏色的呢？但是他們經常食用的椰子肉卻很白。於是，他就把這一句話改成了「你們的罪惡雖然是深紅色，但是也可以變得像椰子肉一樣白」。「雪白」很抽象，但「像椰子肉一樣的白」同樣很抽象。土著能夠理解「像椰子肉一樣的白」，卻對「雪白」毫無概念。聰明的牧師選擇了後者。

　　為了能讓與會者明白自己所說的話，發言者的措詞一定要非常的簡潔、清楚、明白，要讓別人一聽就知道是什麼意思。

　　1.語言要形象化

　　形象化的語言比較具有立體感，使傾聽的人有「聞其聲，如見其人、如臨其境」的感覺。

　　2.多用口語

　　用口語演講方便靈活、自然流暢、通俗易懂。因此，發言者說話時要多使用短語，儘量使用通俗的詞句，並善於用口語表達。

　　3.獨特的語言風格

　　發言者要說自己的話，用自己的語言來表達，要讓自己的語言具備鮮明的個性特徵和獨特的風格。例如，採用「要點式」的演講：第一點……第二點……第

三點……。讓傾聽的人覺得清楚、自然、實在，易於理解和接受。

4.適當的幽默

幽默感是飯店的團隊領導者所應具備的良好素質之一，能夠營造寬鬆和諧的氛圍、舒緩緊張的情緒、消除與會者的心理障礙、拉近與與會人員的距離。

四、對會議決策進行監督

飯店的團隊領導者要安排人員對與會者就各項會議的落實情況進行監督，以保證會議的各項決議能夠按時保質實施。

（一）會議記錄要上報

每次召開的會議，飯店要有專門的人員負責記錄會議紀要，並將全面、系統的會議紀要上報飯店。

（二）會議相關內容要及時傳遞

對會議中討論並確定的相關內容和決定，與會人員要及時傳達會議精神和會議主旨，使飯店員工能夠及時掌握飯店的各項活動方案和細則，了解飯店的各項決策、制度。

（三）建立會議決策檢查制度

只是召開會議，沒有檢查和回饋是不行的，否則，會議的決定是否實施、會議的精神是否傳達，這些問題就得不到保障。為此，飯店要建立會議決策檢查制度，並授權專門人員負責檢查會議之後各項事宜的落實情況。確保會而有議，會而有果。例如，在會後，了解飯店的清潔人員、採購人員、員工宿舍的管理員、廚房的加工人員、夜班當班人員、當天休息人員等基層人員，對會議訊息的掌握情況，如果他們也熟知會議精神，那麼，說明與會人員已經將會議內容傳達給每位員工，這次會議的召開就取得了成效。

案例5-12

◎ 某飯店在召開月度工作計劃會議上制定的2007年1月工作要點

工作主線：

經營上——圍繞傳統佳節做「年」文章。

管理上——圍繞「新年、新春、新想法、新計劃、新方法」進行展開。

一、飯店經營及銷售

1.積極利用春節拜年契機展開目標市場促銷活動。

2.繼續實施商務服務業務的調整和推廣。

3.精心舉辦暖春系列主題活動。例如，訂飯店年夜飯，送開心全家福；新春高級客房優惠活動；年貨超市的銷售等。

4.營造新春佳節氛圍，精心做好各項預訂活動，爭取效益最大化。

5.全面下達2007年飯店各項經營及工作指標。

6.做好經營備貨保障等工作。

二、飯店機制建立

1.新年新制度的啟動。

2.做好一整年內外的「五防工作」（即防火、防盜、防騙、防中毒、防意外事故等工作）。

3.做好外包場所的年度審計工作。

4.實施2007年各相關部門及經營區域經濟指標考核辦法。

三、飯店人力資源管理與開發

1.完善組織架構，增強管理合作。

2.召集和參加2006年度飯店總結表彰大會和集團公司總結表彰大會。

3.做好年終薪水調整、年終獎的評定、晉升及福利發放等工作。

4.提出2007年度各級管理人員培訓計劃。

5.完成2007年飯店部門績效考核方法修訂工作。

6.妥善處理飯店人力資源年終的工作安排，避免春節期間因員工的流失而影響服務品質。

四、飯店品牌建立

1.根據新春經營淡旺季，實施2007年度更新改造計劃。

2.確實做好春節期間社會公共關係的維護工作。

3.制定和展開2007年度第一季服務品質主題活動。

4.策劃飯店新春廣播團拜活動。

5.根據集團對飯店客人滿意度調查回饋結果做好整體改善工作。

五、飯店文化建立

1.改善員工春節期間的福利待遇，確實安排好員工工作之餘的生活，給員工以親人般的關懷。

2.召開新春座談會。

3.員工滿意度整體改善實施情況專項調查。

4.進一步加強企業文化建立工作

第四節　實施有效溝通

引言

◎　與人交往，最重要的是溝通。只有真正做到無障礙的溝通，你才能有效借助他人的支持與外來資源，最終達到你的目的。

　　有一位表演大師上場前，他的弟子告訴他鞋帶鬆了。大師點頭致謝，蹲下來仔細把鞋帶繫好。等到弟子轉過身去，大師又蹲下來將鞋帶調鬆。有個旁觀者看到了這一切，不解地問：「大師，您為什麼繫好了鞋帶又要把它調鬆呢？」大師回答：「因為我飾演的是一位勞累的旅者，長途跋涉讓他的鞋帶鬆開，可以透過這個細節表現出他的勞累憔悴。」「那你為什麼不直接告訴你的弟子呢？」「他能細心地發現我的鞋帶鬆了，並且熱心地提醒我，我一定要維持他這種熱情，及時地給他鼓勵。至於我為什麼要將鞋帶調鬆，是為了將來會有更多的機會教他表演，可以留到下一次再說啊！」

　　☆　對於一個團隊來說，溝通是一個永恆的主題。溝通，是人與人之間的思維和訊息的交換，是將訊息由一個人傳達給另一個人，到逐漸廣泛傳播的過程。飯店內部良好的溝通文化，可以使飯店所有員工真實地感受到溝通的快樂。有效的溝通能為飯店明確工作的方向、掌握內部成員的心理需要、提高管理效能。因此，有效溝通對於飯店的發展而言具有重要意義。韋恩・佩思曾經說過這樣一段話來強調溝通的重要性——溝通是人們和團隊得以生存的手段，當人類缺乏與生活抗爭的能力時，最大的根源往往在於他們經常缺乏適當的訊息，或者是他們只有不充分、未經有效系統化的訊息。良好的溝通，除了本身的努力之外，很大程度在於他們是否擁有必要的訊息和完成工作的技巧，而這些訊息和技能的獲得，又取決於在技能學習和訊息傳遞過程中溝通的品質。

　　飯店要想做到上通下達、高效運轉，最重要的是飯店團隊領導者與各部門員工之間相互有良好的溝通。只有實施有效的溝通、營造良好的溝通氛圍，才能使飯店內的訊息暢通地傳遞，促使領導者快速作出決策，使員工保持較高的工作效率。

‖ 一、溝通的原則

（一）維護自尊，加強自信

　　溝通要建立在維護溝通雙方人格與尊嚴的基礎上。在溝通中，雙方都要增強自信。溝通不是低聲下氣、委曲求全，甚至喪失尊嚴。雙方要互相信任和尊重，

要多從對方的角度去思考問題，以便達成共識。

（二）專心聆聽，了解對方

在溝通過程中，溝通的雙方要注意聆聽對方的說話，準確了解對方說話的內容，掌握他的意圖和他想要表達的觀點。

（三）尋求幫助，解決問題

溝通是為了達到「溝」而「通」的目的，是為了尋求對方的幫助，消除誤會、協調並解決問題。

二、有效溝通的技巧

在溝通的過程中，有效的溝通技巧不僅是指要善於傾聽、及時回饋、提高會議效率，同時還要能夠靈活地掌握語言的藝術，善於挖掘出對方在細微之處暗藏的訊息。

（一）掌握語言藝術

同樣一層意思，如果用不同的方式來表達往往會取得不一樣的效果。靈活地運用語言，不僅是一項技能，也是一門藝術。

1.輕鬆簡潔明確

團隊的領導者要能夠輕鬆地利用簡潔明確的，甚至是十分動聽的語言進行商討、動員、指揮、勸導同事或員工，使下屬能夠在感情上與你產生共鳴，進而服從你的指揮；相反的，如果飯店經理人說話枯燥乏味，只知單調地重複上級指示，再加上令人厭煩的口頭語，必會引起同事們的反感和員工的叛逆心理，甚至最後會把事情搞砸。

2.幽默風趣

團隊的領導者應該具有一定的幽默感，語言富有人情味，善於運用幽默來增進與員工的關係。幽默感是人際關係的潤滑劑。安東‧契訶夫說：「不懂得開玩笑的人是沒有希望的人，這樣的人即使額高七寸、聰明絕頂，也算不上真正有智

慧。」幽默會使員工更喜歡你、信任你。員工希望與幽默的人一起工作，樂於為這樣的人做事，因為與他們一起工作有一種如沐春風之感。

飯店的團隊領導者在與他人溝通的過程中、在堅持原則的前提下，要充分掌握並會靈活運用語言的技巧和藝術。

（二）善於觀察

許多的「言外之意」往往是透過對方的表情、神態、肢體動作等不經意地表露出來的。所以，善於觀察的人會從這些蛛絲馬跡中獲取有用的訊息，從而加深對對方所要表達的內容的理解和判斷。

作為飯店的團隊領導者，也應該善於透過察言觀色揣摩對方的心理，從細節中發現問題，在溝通中處於主導地位。

（三）注意環境與時機

與人溝通，要注意環境與場合，同時，還要能夠掌握溝通的時機。不同的場合、不同的時機，需要不同的交流方式。作為一名領導者，一方面要注意在合適的場合選擇合適的溝通方式。例如，在公共場合時，領導者要注意自己的身份、地位和形象，要和下屬保持適當的距離；在私底下時，與下屬或員工單獨相處，領導者要放下架子、平易近人，才能贏得下屬和員工的信任。但是，該嚴肅的時候就一定要嚴肅，否則的話，一個領導者整天嘻嘻哈哈地，就會使自己的威嚴盡失。另一方面，溝通還必須掌握恰當的場所與時機。例如，當你的上級正在氣頭上時，你可以選擇先接受他的意見，等他的心情比較愉快時，再以適合的方式與之溝通，否則，堅持己見，無異於火上澆油。

‖ 三、溝如何通

◎　　問題：客人有意考驗飯店餐飲服務人員——「請問，小姐，右手杯有嗎？」

解決方式：服務人員靈活應變，把杯子立即撤回，然後將杯柄朝右重新放置在客人面前，這就是客人所要的「右手杯」。

◎　問題：飯店員工遇到難纏的客人——今天真倒霉，怎麼會讓我遇到了呢？

解決方式：這麼難纏的客人讓我遇到了，就是給我機遇讓我鍛鍊，表現的機會終於到了。

◎　問題：這麼大的孩子，教他寫個「毛」字，他反而寫成了「手」字。真笨！

解決方式：這麼大的小孩，教他寫「毛」字，他連「手」字都會寫了。真聰明！

◎　問題：一位老太太有兩個兒子：大兒子賣斗笠，二兒子做染布。她晴天時，擔心大兒子沒生意；雨天時，擔心二兒子沒生意，所以天天不開心。

解決方式：老太太晴天時為二兒子的生意興旺而高興，雨天時為大兒子的生意興旺而高興，天天都開心兩個兒子有賺到錢。

換位思考、講究方法和藝術，就可將原本不「通」的環節疏通，達到「溝」然後「通」的目的。

（一）敞開心扉，坦誠溝通

比爾蓋茲認為，如果人與人之間沒有信任感，那麼，這個團隊將會無法運作。如果團隊缺少一種開誠布公、實話實說的氛圍，許多人就會將自己真實的想法掩蓋起來，以此避免產生衝突和矛盾，避免承擔責任，甚至粉飾太平，以維護個人或群體的利益。

溝通要敞開心扉、要坦誠相待，只有這樣，雙方才能分享彼此真實的想法，從而消除誤解、增進理解。沃爾瑪的每一位經理制服的鈕扣上都刻有「我們相信我們的員工」的字樣，也正是這些被稱為「合夥人」的員工，他們的創意、他們的靈感，就推動沃爾瑪從一家名不見經傳的小公司，發展成為全球最大的零售集團之一。

團隊的領導者要努力營造一種坦誠的氛圍，各成員之間以誠相待。訊息發送

者要心懷坦誠、言而有信，並透過自己的實際行動維護訊息使之有說服力；接收者要能誠懇地接受對方所回饋的訊息、認真聽取不同的意見，以增進溝通雙方的情感和信任。

（二）以理服人，以情動人

溝通是為了消除分歧、達成共識，不是將自己的觀點強加給別人。在溝通中要做到「以理服人，以情動人」這兩點，溝通的雙方才能夠心悅誠服地接受彼此的觀點。

以理服人，就是要在溝通的過程中尊重他人的意見，切勿輕率地否定對方的觀點。對對方的觀點有了一個深層的掌握之後，從他的角度去友善地指出對方的不足，並提出自己的看法和見解。以情動人，就是凡事以真誠的讚賞和感謝為前提，在溝通中不抱怨、不批評、不責備，找到溝通雙方都能接受的切入點之後，間接地指出他人的錯誤再提出自己的觀點。

1.克制自己的情緒

溝通的雙方在觀點和意見發生衝突時，雙方的情緒會在不知不覺中發生微妙的變化。作為一名團隊的領導者，要自始至終掌控好自己的情緒，避免感情用事，仔細斟酌溝通的內容和方式。

2.責人先責己

一位優秀的領導者，在責怪下屬之前會先問自己，問題因何產生？責任自己是不是也要承擔一份？只有責人先責己，批評才會客觀公正，當事人才敢於承擔責任，下屬才會心服口服。

3.要打氣不要打擊

有的人犯錯後仍強詞奪理、不肯認錯；有的人犯錯後反躬自省、承擔責任；有的人犯錯後誠惶誠恐、心神不定……。作為團隊的領導者，要正確對待下屬的錯誤和失敗，要打氣而不要打擊；要給予指導性的「批評」，對事不對人，不要一棍子把人打死。

（三）換位思考，將心比心

換位思考，是溝通的一種積極態度，展現的是對對方的理解和尊重，要求溝通的雙方能夠站在對方的角度考慮他人的利益關係。透過換位思考，既能修正自己的一些片面的不合理想法，又能夠因為考慮了對方的利益，而使對方容易接受你的建議。作為團隊的領導者，當你要勸說你的團隊成員做某事或放棄做某事時，是不是應該先思考一個問題——你該如何使他願意主動的配合？聰明的領導者懂得站在對方的立場上分析問題的利弊，設身處地為對方著想、了解對方的態度和觀點，要比一味地為自己的觀點和主張辯解要高明得多。

（四）有效溝通的要點

1.適時適地進行

在合適的時間、合適的地點、合適的時機，領導者都可以和下屬進行溝通，並非一定要在辦公室內進行。

2.要有充分的時間

當準備與對方進行溝通時，自己首先要能確定好有足夠的時間，保證溝通的過程不受其他事情干擾，以免使對方誤認為你沒有誠意。

3.做好溝通前的準備

溝通之前，要就溝通的事項和溝通的方式做好萬全的準備，以保證能夠順利達到預期的目的和收到實際效果。

4.減少溝通的環節

在溝通的過程中，儘量減少溝通的環節，確保訊息傳遞的真實性、及時性。

5.聆聽對方意見

有效溝通是雙向的，傾聽他人的觀點，相互之間交換意見，以確保訊息的暢通。

6.抓住主要訊息

溝通要有明確的內容，溝通的雙方要清楚主要的訊息重點，圍繞主題溝通，避免盲目性溝通。

7.建立會議制度

在飯店管理過程中，要建立諸如每日早會、每週例會等會議管理制度，使溝通制度化。

8.重要的事以書面形式表述

如果溝通的內容比較重要，則溝通的雙方要儘量以書面的形式表述，確保訊息的真實性、可靠性，不會失真。

9.建立平等的關係

溝通的出發點是溝通的雙方要建立相互平等的利益關係，從而保證溝通的持續、有效。

10.實現互惠共贏

溝通的最終目的是透過溝通解決問題，化解矛盾，消除誤會，在顧全雙方利益的基礎上，實現共贏。

第六章　高效利用時間

導讀

　　時間對於每個人來說都是最寶貴的，是最重要、最有限的資源，它的科學性分配與運用是打造成功飯店團隊的重要保障。時間管理運用得好，可以實現飯店的既定目標；相反的，運用得不好，一切目標都將成為泡影。要成功地管理好自己的時間，就必須對時間管理有一個清楚的認識，即處理事務要分清輕重緩急，並努力掌握自己的精力週期，培養快速、高效、有條不紊的工作作風，真正發揮時間的價值、做時間的主人，不要讓時間白白流失。

第一節　時間到哪裡去了

引言

◎ 時間是不能儲存，也無法轉讓的。

◎ 時間是租不到、買不到，也借不到的。

◎ 我們只有176個小時來完成每個月的目標；只有2112 個小時來完成每年的目標。只要時間一流逝，我們就一無所獲。

◎ 時間是最有價值的資源，同時，又是最難以有效利用、最經不起浪費的資源。

◎ 讓某個人損失了時間就等於是偷了他的金錢；你損失了你的時間，就等於是抵押了你的未來。

☆ 所有人都擁有相同的時間。時間稍縱即逝，失去的時間是永遠無法追回的。

║ 一、時間溜走了

大多數的飯店經理人都很忙碌，一個接一個的會議、電話鈴聲不斷，經常要加班，沒有週末、沒有休息，整天像只「陀螺」一樣，被一大堆似乎永遠也做不完的工作催著不停地轉。

案例6-1

◎ 時間到哪裡去了？

今天是星期一，雖然8：00am才上班，但飯店客服部的張經理已經早早來到飯店，開始今天的工作。以下是張經理這一天的工作清單：

7：45am～8：00am，對飯店前廳各區域的衛生狀況及客服部員工的服裝儀容進行檢查。

8：00am～8：30am，查看客服部經營分析報表、大廳副理日報表、值班經理日報表、飯店及部門品質檢查日報表、部門領班報表、安全部夜間值班表等飯店各類報表，對其中的問題進行摘錄、分析，準備飯店早會的彙報資料。

8：30am～9：00am ，參加飯店部門經理早會。其間，飯店總經理就近期飯店人員流動率較高的現象，要求各部門經理對該部門人員的流動情況作詳盡分析，並將分析報告以書面形式上交飯店。同時，就客服部門僅經常離開工作崗位的問題，要求客服部及時整體改善。

9：00am～9：30am，因為今天有一個小群體客人入住飯店，於是對現場接待進行了追蹤，並準備部門早會內容。

9：30am～10：00am ，傳達飯店早會相關內容，安排部門早會工作，對本週內計劃和重點工作做了初步安排。

10：00am～10：30am ，就今日重要工作與相關班組的領班、主管進行溝通，檢查安排下去的工作；就禮賓部工作紀律的問題做了專項檢查，要求禮賓部

重視工作紀律，並一定要加大落實的力度。

10：30am～11：30am，對部門各班組提交的相關單據進行審核簽字，並對部門早會中各班組提出的涉及部門之間合作的問題，與其他部門進行了溝通協調。此時，人力資源部發來通知，要求各部門上交下個月的培訓計劃表。

11：30am～14：00pm，飯店午餐及午休時間。因為是退房高峰期，受理了一批客人投訴。

14：00pm～15：00pm，查看當天重要客人的接待狀況，拜訪了飯店常常任住的客人，並對飯店各報表中提到的涉及到班組管理人員的重要問題，與其進行溝通，提出處理意見供其參考解決。

15：00pm～16：00pm，與客房部就近期客房住宿率較高，工作如何有效展開等問題，召開了部門協調會。但是因為兩部門之間，員工總是抱怨對方工作上的問題，導致會議延遲，也未收到預期效果。

16：00pm～17：00pm，處理辦公室各類文件報告，中間不斷有人來彙報工作或辦理新員工面試、老員工離職手續等。

17：00pm～18：00pm，處理一些未批閱的文件，解決辦公室一些瑣碎的事情。例如，與員工談話、與上級溝通等。

不知不覺，已經到了下班時間，總經理要求的人員流動分析報告還沒寫，下個月的培訓計劃還未擬定。忙碌的張經理嘆了一口氣，看來只有晚上加班寫了。

回顧並分析這一天，張經理也是忙忙碌碌地在工作，可是為什麼時間還是不夠用呢？時間到哪裡去了呢？時間不夠用的原因何在？這些問題都值得每一位飯店經理人深思。

（一）無計劃或計劃不周

計劃是時間管理的前提，沒有計劃，也就談不上有效的時間管理。但是，由於飯店經理人經常會遇到突發情況，所以，許多飯店經理人覺得，計劃對於他們來說沒有多大的作用，總認為計劃不如變化快，所以乾脆就不制定計劃。

（二）工作無主次

工作總有主要與次要的差別，作為飯店經理人，因為許多工作會影響到其他人，所以，自己必須分清楚哪些事情是必須立刻要做的，哪些事情可以緩一下慢慢處理，哪些事情不必親力親為。對於必須做的事情，不但要優先處理，而且還要規定一個具體的完成時限，否則，就可能因為你的事情沒有處理好，而影響到整個部門、團隊的工作。

許多人按照事情先後順序來安排工作，這種方法本身就不科學，弊端是在一些次要的工作上浪費了許多時間，因為總體的時間是有限的，所以，用來處理重要工作的時間就要相對減少。

（三）不對下屬授權

飯店經理人的主要角色是飯店的管理者，管理就是要對下屬進行有效授權，透過下屬去實現目標。不向下屬授權，許多工作都得由自己去完成，總認為這個工作下屬做不了、那個工作下屬也做不了，所有的工作都要由自己做，而下屬無事可做。這種情況，實際上是你在替下屬工作，而作為經理人需要做的許多工作反而沒有時間去處理，原因就在於把時間用錯了地方。結果不但自己忙得不可開交，上級和下屬也不覺得你做得好。上級認為你的工作效率低，下屬則認為你不認可他的工作能力。總之，不向下屬授權就會吃力不討好。

（四）溝通不力

一般來說，企業中70%的問題都是因為溝通障礙引起的。關於溝通障礙引起的時間浪費主要體現在兩方面：

1.時間用於處理溝通不力導致的惡果

例如，某員工對飯店有一些看法，這時正確的做法是他向上級或有關部門提出意見。但是，這位員工卻私下議論，或者將不滿透露給客人，結果一傳十、十傳百，員工個人的看法在眾多員工和客人中傳開，為企業形象造成了消極的影響。作為上級，必須花時間去處理由此帶來的負面效應。如果員工能夠與你進行及時、有效的溝通，就不需要再花費時間去處理因為私下議論帶來的負面影響

了。

2.無效溝通

花了許多時間，卻沒有達成有效的溝通，也就是説，用於溝通的時間沒有效率。許多飯店經理人也認為，已經花了大量的時間與下屬進行溝通，但是，溝通之後並沒有發生明顯的改變。事實上，問題不是有沒有溝通，而是溝通的效果如何。溝通只是第一步，溝通的目的是為了取得顯著的效果，使現狀有所改變。溝通如果沒有效果，我們就稱之為「溝而不通」。

（五）不良習慣

有些人把大量的時間浪費在不良的習慣上。例如，喜歡在電話裡聊天；在桌面上堆放一大堆的資料，需要的時候就匆忙地東翻西找；有些人屬於心血來潮型的，想到哪裡，做到哪裡，沒有具體的計劃和想法；有些人對辦公環境特別的敏感，必須要在一定的環境中才能靜下心工作……。對於這些不良習慣，自己可能沒有意識到，但是時間卻已在不知不覺中浪費了許多。

二、認識時間管理

時間不能儲存、不能留下來，贏得時間，就可以贏得一切。彼得‧杜拉克説過：「不會管理時間的人就不能管理一切。」時間管理的關鍵就是對事情的控制，所以能夠把事情控制得很好，就能夠贏得時間。時間就是生命，飯店經理人如果連生命都管理不好，那還能管理好什麼呢？

（一）樹立正確的時間觀念

1.認識時間的價值

◎ 孔子説：「逝者如斯，不舍晝夜。」

◎ 莎士比亞在詩中寫道：「時間的無聲腳步，是不會因為我們有許多的事情要處理而稍停片刻的。」

◎朱自清在其《匆匆》一文中如此感嘆時間流逝之快：「洗手的時候，日子

從水盆裡溜走;吃飯的時候,日子從飯碗裡溜走;默默時就從茫然的雙眼前溜走。我覺察它去的匆匆了,伸出手遮掩時,它又遮掩著從手邊溜走。天黑時,我躺在床上,它便伶伶俐俐地從我身上跨過,從我的腳邊飛過去了;等我睜開眼睛和太陽再見,這又算溜走了一日。我掩面嘆息,但是新來的日子便又開始在嘆息中溜走了……」

我們常說「時間就是金錢」,然而時間是無價的,是無法用金錢來衡量的。時間是最寶貴的資源,也是最難以有效利用、最經不起浪費的資源。時間是不會停止的,也不可能增減的;但時間又是公平的,每個人擁有的時間都是相同的。只是時間在每個人手裡的價值卻是不同的。

(1)無形價值

時間的無形價值是將時間投資於工作、睡眠、運動、社交等方面,以獲得充實的生活、健康的體魄、偉大的友誼、崇高的愛情……。你為此花掉了時間,但它帶給你的收穫可能是無法用金錢來衡量的,這就叫做「無形的價值」。

(2)有形價值

時間的有形價值,是指在辛勤的工作之後,你所獲得的有形的報酬。例如,你獲得的薪水、獎金和各種福利等。

2.認識時間的特點

(1)不可儲存性

時間最重要的一個特點是不可儲存性。昨天的時間不能留到今天用,今天的時間也不能存到明天再用。在這一刻,你沒有好好地掌握時間、浪費了,那麼這一刻就再也找不回來了。

(2)時間不會停止

時間在一分一秒地流逝,它不會因為你是在休息或是在忙著工作而停止流動;也不會因為你找不到某份文件或是工作太多完成不了,而停下來等你片刻。時間是最勤奮的,分分秒秒不停地向前跑,絲毫不會偷懶。

（3）時間不可能增加

時間是最公平的，每個人每天都只有24小時，1440分鐘，86400秒。哪怕你是富也罷，窮也罷；忙也好，閒也好，你都無法試圖使自己的時間增加或者減少一分一秒。

（4）時間無法轉讓

時間就是生命，不存在任何的借貸關係。你不能將自己的時間轉讓給他人使用，也不可能將壞消息的來臨延遲到你採取了防範措施之後。浪費的時間始終都是你自己的，而別人的時間你也無法占為己有。

（5）時間無法被交易

時間是不能被買賣的，在時間的眼裡，萬物皆是一樣的。時間買不到、租不到，也借不到。即使你是億萬富翁，你也不可能讓今天變成48小時。死亡來臨之時，任憑你貴為萬人之上，也是逃脫不掉的。

3.避免錯誤的時間觀

（1）時間無限論

時間無限論者認為，時間是取之不盡、用之不絕的可再生資源；時間是屬於自己的一項無盡的財產，不用花錢買、不必求人借。持有這種觀點的人，整天稀裡糊塗地過日子，任憑大把大把的時間白白流失，也從不心疼、毫不在意。這種人在工作中沒有急迫感和壓力感，做事情也沒有效率，不會有大的成績。

（2）及時享樂論

持有及時享樂觀念的人認為，時間是不可逆轉，無法被支配，也無力支配的。因此，這種人信奉「今朝有酒今朝醉，管他明日生與死」的及時享樂的生活觀，沉湎於享樂，只知道揮霍浪費、虛擲光陰。及時享樂的人，不但自己的發展受到影響和阻礙，同時，也會給飯店的發展帶來危害。

（3）時間死亡論

有些人認為，人生短暫，短短幾十年，猶如曇花一現。隨著時間的流逝，曾

經擁有的最終都會失去，死亡是唯一的結局。所以，面對時間的流逝，這些人感到束手無策，往往表現出悲觀、畏懼、恐慌的消極心態。

4.樹立爭分奪秒的時間觀

時間相對於整個世界發展來說是無極限的，但是對於個人來說卻是有限的。時間的有效利用是挖掘財富的法寶，凡是有理想、有抱負、有作為的人，都應該把時間看成是有限的物質財富，要充分利用有限的時間，科學性地管理好時間，儘可能在有限的時間裡創造出最多的財富，實現個人的人生價值，這才是真正科學的時間觀，是正確對待和使用時間所應該持有的態度。

（二）時間管理的重要性

◎ 只要跑得比你快

有兩個人結伴去旅遊，不幸在野外迷路了。正當他們在想該怎麼辦時，突然看到一隻猛虎朝著他們跑過來。其中一個人立刻從自己的旅行袋裡拿出運動鞋穿上。另外一人看到同伴在穿運動鞋時，搖搖頭說：「沒用啊！你再怎麼跑也跑不過老虎啊！」同伴說：「我當然知道跑不過老虎，但在這個時候，我只要跑得比你快就好。」這個故事告訴我們一個道理：當人們處在一個競爭激烈的環境下時，你必須參與一場人生的競賽，而這場競賽的對手可能是你的同事，也可能是你的競爭對手。但是，不管是怎樣的競爭，最讓人感到束手無策的一樣東西是「時間」。時間就好比故事裡的猛虎一樣，無論怎麼跑也不可能跑得比它快。當你試圖走在時間的前面時，無論你是披星戴月、廢寢忘食，還是忙到沒有家庭觀念、沒有休閒活動，甚至希望工作的時間可以再延長一點，一天能有48小時……，可是最後還是會有許多事情沒有做。回過頭來再看，你仍然感到很沮喪、無奈，甚至焦慮：為什麼時間總是不夠用？

由於飯店經理人的多元角色，使其在工作中表現出來的忙碌與普通的員工有很大的差異。但是，團隊的領導者能否確實、有效地提高時間的利用率，是其工作忙碌與否的一個重要原因。

飯店經理人既要有長遠的眼光思考飯店的宏觀調控，又要能聚精會神地盯著

飯店的營運瑣事。那麼，如何才能在兩者之間尋求到平衡點，有效地管理好自己的時間呢？這就要求飯店經理人能夠認真分析，並研究時間該用在什麼地方。

（三）樹立正確的時間管理思維

1.善於掌握時間

時間雖然不能被控制，但是可以被科學性地加以利用。在市場競爭中，機遇是不等人的，機不可失、失不再來。在競爭激烈的時代，誰能抓住機遇，誰就能領先一步。

2.精確計算時間

若要做到合理、有效地利用時間，首先必須要學會科學性的計算好時間、精確地安排好時間，再根據工作內容的多寡和工作量的大小合理地安排好時間，避免用「一會兒工夫」、「一個下午的時間」、「大概幾天」、「差不多半個月」等模糊的時間字眼。精確地計算時間就是要明確地規定，要在「20分鐘」、「1個小時」、「3天」完成某項工作。

3.減少時間成本

時間是有價值的，任何事情都是要以付出「時間」為成本代價的。如果忽略了時間的成本價值，無計劃、無系統、漫無目的地做事情，就只會造成巨大的資源浪費。所以，在做任何事情之前，自己要能夠先計算一下，在同樣的時間內，處理什麼樣的事情會創造出更多的效益；或者是同一件事情，選擇什麼樣的處理方式可以減少時間成本。

4.有效管理時間

經常有許多的飯店經理人，雖然工作不辭辛苦、早出晚歸，為了看似忙不完的事情耗盡精力，卻依舊是大事抓不了，小事抓不到，結果還是客人投訴不斷、員工爭吵不休、飯店衛生永遠是問題；飯店服務品質始終提升不了；工作紀律過於鬆懈；到了年終，經營業績平平、管理業績平平、績效評估平平、紅包也是平平的。怎樣才能避免這種慘狀？飯店經理人做事情先要有目標、有計劃，有些事情必須常常不能緊抓不放，有些事情要當機立斷，有些事情是慢工出細活，有些

事情是立竿要見影。只有根據事情的輕重緩急，合理地安排好時間，工作才能有效率、才會有成績。

5.展開管理研究

時間觀念已經成為現代飯店管理中的一項重要觀念，成為飯店培訓中的一門必修課。飯店經理人要注重對時間管理的研究，並對員工進行時間管理的培訓，使整個團隊形成合理安排時間、有效利用時間的良好風氣；凡事講究效率，爭做時間的主人。

第二節　時間運用原理

引言

◎ 裝不滿的罐子

在一次時間管理課堂上，教授拿出一個罐子，然後又拿出一些剛好可以從罐口放進罐子裡的「鵝卵石」。當教授把「鵝卵石」放完後問他的學生：「你們覺得這罐子有沒有裝滿呢？」

「裝滿了。」所有的學生異口同聲地回答。

教授又拿出一袋碎石子從罐口倒下去，搖一搖，再加一些。然後問學生：「你們覺得這罐子現在是不是滿的？」

班上有位學生小心翼翼地回答：「也許還沒滿。」

「很好！」教授說完又拿出一袋沙子，慢慢地倒進罐子裡。之後再問學生：「現在你們覺得這個罐子是不是滿的呢？」

「沒有滿！」同學們信心十足地回答。

「好極了！」教授又拿出一大瓶水，倒在看起來已經被鵝卵石、小碎石、沙子填滿的罐子裡。當這些事情都做完之後，教授問同學們：「我們從這件事中得到什麼啟發呢？」

一陣沉默之後，一位學生回答：「無論我們有多忙，時間安排的有多滿，如果再安排一下的話，還是可以再多做一些事的。」教授聽後點點頭，微笑道：「沒錯，但我想告訴大家的還有更重要的一點。如果你不先將大的『鵝卵石』放進罐子裡去，也許你以後就再沒有機會把它們放進去了。」

☆　對於工作中零零散散的事情，可以根據重要性和急迫性的不同組合確定處理的先後順序，做到鵝卵石、碎石子、沙子、水都能放到罐子裡去的地步。而對於人生旅途中出現的事情也應該如此處理。也就是平常所說的，處在哪一個年齡就要完成哪一個年齡應該完成的事，否則，時過境遷，到了下一個年齡階段時就很難再有機會補救了。飯店每天面臨許多大大小小的工作，對工作的重要程度和優先排列順序，將直接決定了工作業績的大小。同時，只有分清楚工作的輕重緩急，才能合理有序的安排工作。這也是時間管理的一項重要法則。

‖ 一、神奇的80／20法則

19世紀義大利經濟學家帕雷托研究發現，80%的財富掌握在20%的人手中。從此這種80／20法則在許多情況下得到廣泛應用。一般表述為：在一個特定的族群或群體內，其中一個較小的部分往往比相對較大的部分擁有更多的價值。

帕雷托原則的例證：

時間——80%的成果是由20%的工作創造出的。

閱讀——80%的精華來自於一本書20%的篇幅。

演講——80%的影響力是由20%的演講渲染的。

產品——80%的利潤是由20%的產品創造的。

工作——80%的滿意度是由20%的工作產生的。

飲食——80%的食物是被20%的人吃掉的。

領導——80%的決定是由20%的人做出來的。

老闆——80%的時間用於和20%的人溝通。

每位領導者需要在自己的監督和領導的領域了解並認識帕雷托原則。在管理工作中，也有一個帕雷托時間原則，即80／20法則。假定工作是以某種價值序列排定的，那麼80%的價值來自於20%的工作項目。例如，飯店內20%的人，要為飯店經營績效的80%負責。以下的幾種策略，可以幫助飯店經理人提高飯店的生產力：

（1）確定飯店中的哪些人是前20%的最富創造力的人。

（2）將你的80%的時間花費在前20%的人身上。

（3）將你的80%的人才培訓資金投資在前20%的人身上。

（4）決定是哪些20%的工作會產生80%的利潤回報，而將成效較少的80%的工作交由下屬去完成。

（5）讓前20%的人對後面的80%的人做在職培訓，並形成良性循環。

案例6-2

◎ 顧客與業績

有一位企業家，他在最初從事銷售工作時，業績並不是非常理想，雖然他很努力，但始終無法改善。一個月下來只賺了100美金。他有點灰心喪氣，甚至想打退堂鼓。但冷靜下來後分析，他發現，這些業績中有80%的收益來自於20%的顧客，可是他卻對所有的客戶花費同樣多的時間。於是，他馬上調整策略，在接下來的銷售中，把精力重點放在那20%的顧客上。果然，那20%的顧客給予了他更多的回報。沒多久，他一個月就賺到了1,000美金。在以後的工作生涯中，他始終堅持這個原則，並不懈地努力，最終他成為了這家公司的董事會主席。因為他掌握了80／20法則，明白了20%的顧客掌握著80%的業績。

時間管理的重要意義即在於，能以20%的付出取得80%的成效。因此，飯店經理人在日常的工作或生活中，應該把十分重要的工作先挑選出來，再專心致志地去完成。即把時間用在更有意義的事情上（如圖6-1）。

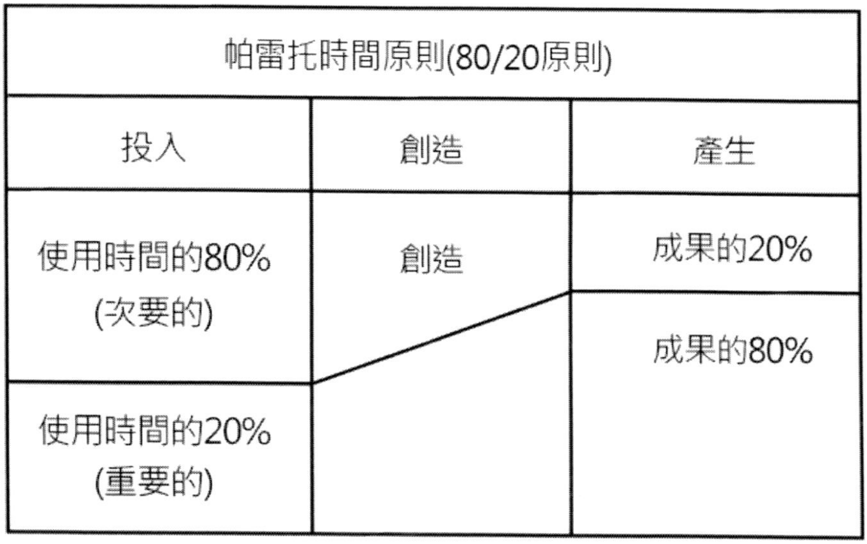

帕雷托時間原則(80/20原則)		
投入	創造	產生
使用時間的80% (次要的)	創造	成果的20%
		成果的80%
使用時間的20% (重要的)		

圖6-1 帕雷托時間原則（80／20原則）

作為飯店經理人，在處理自己的日常工作中，若想最大限度地利用時間贏得成績，就應該把精力用在最容易看見成效的地方。

二、ABC時間管理法

因為每天都要處理許多事務，當這些事情因為繁雜而條理不清時，飯店經理人的腦袋就陷入一片混亂之中，往往不知道該從哪裡下手、該如何處理。在這種情況下，建議飯店經理人要考慮使用ABC時間管理法來安排各項工作。

（一）什麼是ABC時間管理法

ABC時間管理法是帕雷托首創的，故又稱為「帕雷托分析法」。它是根據事務在技術或經濟方面的主要特徵，進行分類排列，分清重要性和一般性，從而有區別地確定管理方式的一種分析方法。由於它把分析的對象分成 A——必須做的事；B——應該做的事；C——可以做的事等三類，所以又稱為ABC分析法。ABC時間法大致可以分成五個步驟。

（1）收集數據

系統地收集自己在某一段時間內，所做的工作與所花費的時間等相關數據。

（2）統計彙總

對原始數據進行整理，並按要求進行計算，分析自己花在重要事務上的時間，和花在不重要事務上的時間的比例。例如，開會用了多少時間、批閱文件用了多少時間、接聽電話用了多少時間、傾聽下屬工作彙報用了多少時間等。

（3）編製 ABC分類表

編製　ABC分類表。在總數目不太多的情況下，可以用排隊的方法，根據每項事務所花費的時間多寡，由高到低將全部工作逐一列表；將必要的原始數據和經過統計彙總的數據逐一填入；計算出工作總數、各項工作在所有工作中的百分比、總耗費時間、各項工作所耗時間在所總耗費時間中的百分比。將累計所耗時間為60%～80%的前若干品項訂為A類；將累計耗時為20%～30%左右的若干品項訂為B類；將其餘的品項訂為C類。如果工作類別有很多，無法全部排列在表中或沒有必要全部排列出來，可以採用分層的方法。即先按所耗費的時間進行分層，以減少工作欄內的項數；再根據分層的結果，將關鍵的A類工作逐一列出來進行重點分析研究。

（4）製作ABC分析圖

以累計工作百分比為橫坐標，累計耗費時間百分比為縱坐標，根據ABC分析表中的相關數據，繪製ABC分析圖。

（5）確定需重點管理的工作

根據 ABC分析的結果，對 ABC三類工作採取不同的管理策略。

（二）ABC時間管理法在飯店管理中的應用

飯店經理人把在某一特定時間內所要做的全部事情羅列出來，製成一張特定的表格，並根據這些事項的重要性來確定優先順序。即按照重要、次重要、不重要的標準，對事情進行A、B、C分類。

（1）對必須做的、最重要的、最迫切的、會產生重要效果和影響的；有助於實現目標或與實現目標直接相關的關鍵事務，即最重要的事情，標註為A類事項。對這類工作應該必須做好，現在必須做，必須親自做。

（2）對於應該做的、比較重要和迫切，但無嚴重後果和影響的，有助於實現目標，或對達到目標具有一般的重要性，但不是直接的相關因素，即次重要的事情，標註為B類事項。這類工作最好由自己去做，也可委託別人去做。

（3）對一些可做可不做、無關緊要、不迫切、影響小、無嚴重後果的，對達到目標所起作用不大的事務，即不重要的事務，無論這些事務多麼有趣或緊急，都應該排在後面去處理，標註為C類事項。這類工作可以不做或交由別人去處理。

按照優先順序，明確各項事務的類別，寫下自己的工作安排之後，全力以赴投入A 類工作，直到完成並取得預期效果之後再轉入B類工作。如果不能在有限的時間內完成B類工作，可適當考慮授權他人去做。通常情況下，用於處理A類事務所用時間，占全部工作時間的60%～80%。儘量少在C 類事情上投入時間。

▌三、將工作重心放在第二象限

案例6-3

◎「紅綠橘黃」與「輕重緩急」

美國汽車公司總裁莫端，要求祕書呈給他的文件放在各種不同顏色的公文夾中。紅色的代表特急，綠色的代表要立即批閱，橘色的代表這是今天必須注意的文件，黃色的則表示必須在一週內批閱的文件，白色的表示週末時必須批閱，黑色的則表示是必須他簽名的文件。

時間管理的本質其實就是做決策，決定哪些事情重要，哪些事情不重要；決定哪些事情緊急，哪些事情不緊急。

（一）四象限原理

1.工作的兩種劃分

（1）按照工作的重要程度劃分

重要的工作需要花費較多的時間和精力去做，不太重要或不重要的工作，只需花費較少時間去做。

（2）按照工作的緊急程度劃分

有些工作特別緊急，需要馬上處理；有些事不太緊急或不緊急的，可以暫且往後緩一緩。

2.四象限原理

所有的工作都既有緊急程度的不同，又有重要程度的不同。飯店經理人要根據這兩個維度，將工作分成四類。如圖6-2所示。

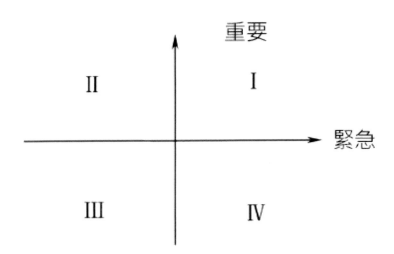

圖6-2 四象限的工作分類

（1）第 I 象限：很重要、很緊急的事項

重要，是指對飯店、部門或者個人有重大影響的事項；緊急，是指必須馬上做的事項。例如，飯店銷售部突然接到通知，馬上有VIP客人需要接待，銷售部經理要臨「急」不亂，合理安排好各項接待事宜；大廳副理要迅速啟動VIP接待程序，確保接待品質。

（2）第II象限：很重要、不緊急的事項

例如，飯店的人力資源部經理要制定員工薪水發放規定、新聘基層管理人員培訓計劃等工作，這些工作雖然非常重要，但是不緊急，可以暫緩處理。但是，如果重要的事項沒有在限定的時間內完成，等到要上交或要實施時才急著去做，這時就變成既重要又緊急的事了。

（3）第III象限：不緊急、不重要的事項

飯店經理人不要為既不緊急也不重要的事浪費寶貴的時間與精力。

（4）第IV象限：很緊急、不重要的事項

飯店經理人經常會遇到，例如，上級要了解工作或下屬來請示工作等情況，還有電話、會議、客人來訪等，這些都是很緊急，但是不重要的事項。由於對時間缺少計劃性，飯店經理人經常會主次顛倒，把一些緊急的事當成重要的事來處理。

案例6-4

◎ 格拉特的時間分配

前任惠普公司的總裁格拉特，把自己的時間劃分得清清楚楚。他花20%的時間和顧客溝通，35%的時間用在會議上，10%的時間用在電話上，5%的時間看公司的文件，剩下的時間用在和公司沒有直接或間接關係，但卻有利於公司發展的活動上。例如，接待記者採訪；參加業界共同開發的技術專案討論會；參加有關貿易協商的諮詢委員會等。當然，每天還要留下一些空閒的時間來處理一些突發事件。

分清楚工作的輕重緩急，才能合理有序的安排工作，使你在有效的時間內創造出更大的價值，也使你的工作遊刃有餘、事半功倍。但過於注重細節，正是對時間的浪費。

透過四象限原理分析，飯店經理人應根據事情的重要和緊急程度處理各項事務。重要並且緊急的事情要先做，這個大家都知道。但重要不緊急的事情，往往也是大家容易忽視的地方。所以，飯店經理人要將重心放在第二象限，絕不可掉以輕心。

（二）第二象限工作法

作為飯店經理人，其所要做的最主要的工作是第二象限內的事情，即重要但不緊急的事情。然而，許多的飯店經理人的工作效率始終不能提高，時間白白浪費了許多，這往往是沒有處理好各項工作之間的輕重緩急之分，以及由於不良的工作習慣等造成的。這造成了對許多重要但不緊急的工作一拖再拖，拖到最後變成了重要緊急的工作，再日以繼夜去做，結果不但工作品質沒有保障，而且還漏洞百出。另一方面，將大量的緊急但是不重要的事情攬過來自己處理，結果是花了大把的時間做無用之功。第二象限工作法就是要求飯店經理人要提高自己的工作效率、優化自己的時間分配。為此，必須做到以下幾點：

（1）對自己的工作進行分類，合理地將自己的工作根據緊急和重要程度劃分為不同的象限。

（2）將自己的主要時間和精力用於處理第二象限的工作。

（3）養成良好的工作習慣，工作有目的、有計劃、有條理。

（4）根據第二象限的工作來制定計劃。

（5）不受其他象限工作的干擾，要學會適當授權。

第三節　養成高效的工作習慣

引言

◎　有一位農夫在吃力地砍柴，汗水浸透了衣衫。因為斧頭太鈍了，每一斧頭都只能砍下一小塊樹皮。

於是，一位過路的人問農夫：「為什麼你不把斧頭磨利了再砍呢？」

農夫回答：「我沒有時間磨斧頭。」

我們該如何告訴這位農夫呢？事實上，磨斧頭的本身就是為了省時省力，然而農夫卻沒有意識到這一點，反而認為磨斧頭是浪費時間。

☆　飯店經理人應該從這個寓言故事中認識到，科學性的評估自己時間管理的重要性。要想不浪費自己寶貴的時間，首先要了解自己對時間管理的現狀。只有知道在哪些方面浪費了時間，才能知道該在哪些方面改進、該如何改進。

‖ 一、飯店經理人的不良習慣

（一）工作效率低，缺乏條理性

有的飯店經理人缺少時間概念，做事情拖拖拉拉、不講求效率，工作沒有詳細的計劃，缺乏系統性、條理性，而且在工作時就像腳踩西瓜皮，滑到哪裡算哪裡，沒有一個整體的規劃和具體的實施步驟。

（二）工作無主次，胡亂一把抓

飯店經理人對於待處理的各類事情沒有一個輕重緩急、主要與次要的區分，經常是大事、小事；重要的、不重要的；緊急的、不緊急的通通都堆在一起，遇到哪件就做哪件，胡亂一把抓。

（三）工作無目標、無計劃

有些飯店經理人認為計劃趕不上變化，制定的計劃常常不能按期實施，於是乾脆就不制定計劃，也從不設定具體的目標。結果，工作就像在逛街，走到哪裡是哪裡，做到哪裡算哪裡。

（四）事情無過濾，工作不授權

有的飯店經理人對所要做的各項工作沒有過濾和篩選，不論是重要的，還是

不重要的事情都是自己親自去做，沒有充分授權給下屬去處理，這樣一來，不但加重了自己的負擔，而且也浪費了大量的時間。

（五）允許外來事件干擾，工作經常被延誤

飯店經理人對於一些計劃之外的外來事件，例如，電話、外來人員來訪、其他同事來訪、下屬越級彙報工作等現象，從不根據具體的情況靈活地處理或予以拒絕。結果，自己原本制定好的工作計劃就被打亂了，耽誤了許多寶貴的工作時間。

（六）時間沒有充分利用，安排不合理

時間往往是擠出來的。有的飯店經理人因為缺乏合理的計劃而沒有安排好自己的時間，並且也不會利用零碎的時間，結果讓部分時間白白浪費了，還在不斷抱怨自己的時間不夠用。

（七）喜歡忙碌，自我膨脹

有的飯店經理人認為工作就是要忙碌，只有一刻不停的忙碌才能體現出自己的價值，才能表現出自己對工作的認真負責、盡心盡力。同時，也喜歡讓別人覺得自己是一個忙碌的人、重要的人，一天到晚只會抱怨忙死了、累死了，卻不知道自己到底忙了些什麼。

（八）無效的溝通

許多飯店經理人花了大量的時間與下屬或上級進行溝通，卻往往沒有達到效果，也就是說，用於溝通的時間沒有體現出真正的價值。尤其是飯店經理人在工作時間與上級或下屬名為溝通實為閒聊，這更是一種無效的溝通，而且容易製造是非，不利於團隊團結。

二、培養良好的工作習慣

（一）壞習慣必須改變

1.職業化的要求

　　飯店經理人必須具備職業化的素質，有效的時間管理是職業化的一項要求。經理人對於自身存在的一些不好的習慣要努力改掉，形成優秀的職業化素養。

2.你的習慣會影響團隊的工作效率

　　飯店經理人要帶領一群人，不良的習慣不僅影響個人的工作效率，也會對下屬產生負面的影響，有礙於整個團隊的工作積極性和工作效率。

（二）培養哪些好習慣

◎ 可憐的寒號鳥

　　當其他的鳥兒都在積極工作，築巢儲食的時候，寒號鳥卻不聽別人的勸告，只顧著玩耍、享樂。當嚴寒的冬天終於來臨的時候，別的鳥兒都在自己溫暖的巢裡安靜地休息，可憐的寒號鳥卻在凜冽的寒風中瑟瑟發抖，「哆嗦嗦、哆嗦嗦！寒風快凍死我了，我明天就開始築巢……」可是，第二天，當太陽出來時，溫暖的陽光沐浴在枝頭，寒號鳥又忘了晚上的痛苦，又只顧著唱歌、玩耍。就這樣日復一日，寒號鳥總是在晚上想著要築巢，第二天就又忘記了。終於，天空下起了鵝毛大雪，紛紛揚揚的大雪整整下了一夜。第二天，當大地一片銀白，鳥兒在陽光中歡快地玩耍時，卻再也聽不到寒號鳥的歌聲了。原來，可憐的寒號鳥早已經在夜裡被凍死了。

　　大家可能都聽說過《寒號鳥》的故事。這個故事告訴大家一個簡單易懂的道理：今天的時間是最寶貴的，總是寄望於明天的人，只能一事無成。

　　飯店經理人如果存在不良習慣，就要想辦法消除、修正自己的習慣、改變自己的性格，逐漸養成好習慣。

1.工作要有目標、計劃

　　飯店經理人對每件工作事務的處理都要為一定的目標服務，要明確目標、少走彎路，減少無謂的時間消耗。要制定詳細的書面工作計劃，包括日計劃、週計劃和月計劃，並嚴格按照計劃行事，才能更有效的利用時間。

2.工作要分主次

作為飯店經理人，由於他的許多工作會影響到其他人，因而在工作中，必須分清楚哪些事情是必須馬上處理的，哪些事情可以慢一點處理，哪些事情不必親力親為。不要在不重要的事情上浪費許多時間，影響到自己及整個部門的工作。要養成良好的工作習慣、有主次之分，形成有條不紊的工作作風。

3.工作要乾脆俐落

弓箭有張有弛，樂曲有快有慢，流水有急有緩，工作也應該有緊有鬆。提高工作效率的方法就是先處理比較棘手的、最緊急的、最重要的事，而且要強迫自己制定下一個期限，要優先完成既緊急又重要的事。

4.工作要充分授權

作為一名飯店經理人，必須學會將能夠授權的工作儘量分配下去，透過下屬去實現目標，而你永遠充分利用時間做最有價值的工作。

5.拒絕干擾

飯店經理人要集中精力完成重要工作，不允許外來干擾。提高工作效率的有效方法就是過濾干擾，保留一些不會被別人打擾的時段來完成工作。

6.養成習慣，形成規律

作息要形成規律、召開會議要有目的、接打電話要精簡、物品擺放要整齊有序、處理文件要迅速；將飯店文件及部門文件分類、分期放置，清除無用文件。要將時間花在有價值、有用的事上，而不是浪費在漫無目的的會議、冗長的員工投訴、大大小小的文件和尋找資料上。飯店經理人要養成良好的習慣、形成規律，避免浪費時間。

7.善始善終

飯店經理人要養成良好的工作習慣，確保每件工作都善始善終，避免頭緒多而亂。

8.今日事今日畢

富蘭克林說：「把握今天等於擁有兩倍的明天。」只有懂得有效地利用每一

個「今天」的人，才能在「今天」為明天的事業奠定基石。凡事不能拖延，今天的事今天做，並且要比昨天更上一個台階。

9.形成氛圍

完善的制度是規範人們行為的標竿，制定有效的工作制度，要求自己和員工自發性地遵守，凡事遵循制度行事。飯店經理人應要求下屬依照制度和程序做事，讓他們知道什麼事該做，什麼事不該做；什麼時候該做什麼事，以及不做的後果。不需要再催促，要形成「齊抓共管」的氛圍。

10.學會説「不」

無謂的應酬和會議會浪費你大量的時間，對此，飯店經理人要學會説「不」。

11.避免重複

飯店經理人日常工作中不要去處理重複出現的問題，對重複出現的問題應該總結原因、吸取教訓，並力求杜絕此類問題重複發生。

12.借用工具

飯店經理人要學會有效運用高科技來贏得時間，善於利用管理工具，可以高效地得到所需的訊息或減少重複的文字工作，有助於有計劃地利用時間。

第四節　管理好自己的時間

引言

◎ 從燒茶泡水看時間統籌

燒水泡茶，它需要做四項工作，即洗開水壺、洗茶杯、準備茶葉、沖開水泡茶。如何完成這幾項工作，有以下幾種可供選擇的做法：

第一種，洗好開水壺，灌好水，放在爐子上等待水燒開；水燒開之後再洗茶杯、準備茶葉，然後沖水泡茶。

第二種，先洗好水壺，洗好茶杯，放好茶葉，一切準備就緒之後，再燒水，水開之後再沖水泡茶。

第三種，先洗淨開水壺，灌水燒水。然後在燒水的過程中，洗好茶杯，放好茶葉，待水開後，即可沖水泡茶。

許多人都知道應該選擇第三種做法。因為，在等待水開的過程中，做好洗杯子、放茶葉等準備工作，就可以節省時間了。

日常生活是這樣，工作也是這樣。在一件工作的空檔時間裡，可以去完成另一件或幾件其他工作，以節省時間。

☆培根曾經說過：「合理地安排好時間，就等於節約時間。」時間是一件隨形而變的工具，合理利用它就可以創造奇蹟。時間最明顯的特點就是不可逆轉性。若想駕馭時間、有效地利用時間，就要學會合理地安排好時間。

‖ 一、合理安排工作時間

不是所有的工作都是關係到目標利害、非完成不可的；也不是所有的工作都是迫不及待需要立刻完成的。有的工作是必須得做，有的工作是可做可不做，有的工作是需要立刻著手實施，有的工作則可以暫時緩一緩。怎樣處理才能在繁雜的工作中理清頭緒、得心應手呢？

（一）分清楚工作的性質

若要高效率完成某項工作，首先必須分清楚工作的性質，確定一個人做是否可以完成，還是需要與不同的人合作，分不同的階段來共同完成。根據工作的難易、繁簡的程度，將工作詳細分成各個階段的任務，並確定各個階段的工作期限。

（二）運用好時間管理原則

在分清楚工作的性質之後，再結合自身情況，根據時間管理原則。例如，前面介紹過的80／20時間管理法、ABC時間管理法、四象限時間管理法等，合理安

排各個階段工作的具體實施計劃和完成的時間期限。在安排時間時，要能準確掌握各個階段可能會對工作進展造成影響的外在的和內在的因素。對每個階段所需要的時間估計要現實一點，時間的安排要儘量富有彈性，以防出現計劃外的因素影響工作的如期進展。

‖ 二、時間管理的關鍵

許多人都有一句口頭禪，請他幫一個忙，或者有什麼事情找他，他總是這麼一句話：「我沒有時間。」那他什麼時候才有時間呢？

成功者與失敗者最大的差異就在於：失敗者總會說「我沒有時間」；而一個成功的人，他一定會說自己能騰出時間來。

（一）時間管理的關鍵就是對事件的控制

時間管理的關鍵就是把每一件事情都能夠控制得很好。例如，怎樣去規劃你的職業生涯或者工作的步驟？關鍵是合理有效地利用你可以支配的時間。飯店經理人要做時間的設計師，對自己的時間進行科學性的規劃。

1.整體時間的設計

整體時間的設計，是指把某一項事務整個發展過程的時間作為對象予以全面規劃、統籌安排，使時間的設計和運用趨於合理化、科學化。

2.階段性時間的設計

階段性時間的設計，就是對整個事務發展過程的某一階段的時間進行規劃、設計和管理。與整體時間的設計相比，階段性時間的設計受整體時間設計的影響，但設計的更具體、詳細。

3.短時間的設計

短時間的設計是最具體、最有針對性、見效最快的時間設計管理，是整體時間設計管理和階段性時間設計管理的基礎。短時間設計要根據自身條件，結合事務的發展概況和發展趨勢，力求準確地掌握時間、科學性的利用時間。

（二）時間管理的基本想法就是讓自己更快樂

人生的過程中，不是快樂就是痛苦，時間管理的根本目的就是讓自己更快樂。要有意識地掌控你的時間，自己做自己的主人，而不是為他人生活。

（三）善於運用不同的時間

一年之計在於春，一日之計在於晨。在一天的24小時中，任何人都不可能在除了休息的8小時之外的16小時內，始終保持充沛的精力和較高的工作效率。根據每個人的承受能力的不同，一天的時間可以劃分為初期時間、主要時間、零散時間、固定時間、變動時間、休息時間等。飯店經理人要學會科學性的、合理地運用不同的時間段，以實現勞逸結合。

1.初期時間

初期時間，是經過一晚的休息之後，一個人精神最清爽、思維最清楚的時段。飯店經理人要能夠有效地把握這段時間，在此時間內，釐清想法、擬定好工作計劃，為一天的工作做好安排。

2.主要時間

主要時間，是一個人精神最高昂、注意力最集中的時段。飯店經理人應在這段時間集中處理一天之中最重要的事件，這樣效率高、效果好，工作安排起來最輕鬆。

3.零散時間

零零散散的時間看起來比較短，也不重要，工作中容易被忽視。但是如果能夠累積並有效地利用起來，可以用來處理一些瑣碎的事情。例如，受理員工投訴、了解員工心態、閱讀報紙、收集訊息、處理客人關係等。

4.固定時間

如果某項工作放在某個特定的時段處理效果最好的話，那麼，飯店經理人應該將這段時間特別安排出來。例如，在早晨上班半個小時左右，飯店總經理要主持、召開飯店早會，聽取各部門經理的工作彙報，並對接下來的工作進行安排。

5.變動時間

變動時間，是指用來處理一些計劃之外的突發事件的機動時間。飯店經理人要學會在擬定工作安排時，兩項工作之間應安排出一些空閒時間用來處理沒有按計劃完成，或是計劃之外的事件。

6.休息時間

在一段時間的工作之餘，飯店經理人要給自己合理安排一定的休息時間，使大腦得到放鬆。同時，可以回顧一下已經完成的工作，並根據完成的情況，對下一步的工作進行適當地調整。

‖ 三、時間管理策略

◎ 浪費自己的時間，等於是慢性自殺。

◎ 浪費別人的時間，等於是謀財害命。

每一分、每一秒過去了，就不可能再回頭。研究時間管理，首先你必須知道，一個小時沒有60分鐘。事實上，一個小時裡你能真正利用的時間可能只有那幾分鐘而已。因此，如何有效地利用一天24小時的時間，必須要注重時間管理的策略。

（一）成功的時間管理特徵

成功的飯店經理人，在時間管理方面都有一些共同的特徵。

1.明確的目標

世界上沒有懶惰的人，只有沒有足夠吸引他目標的人。飯店經理人不僅要為團隊樹立目標，也要為自己的工作生活樹立目標。

2.積極的心態

一個積極的人能創造富有的人生。他敢想、敢做，即使遇到高山險阻也能奮勇攀登。而一個消極頹廢的人，總是對自己持懷疑態度，即使在順境面前也會猶豫不前。所以，只有積極地面對生活及工作，只有積極的行動，你才可以把事情

做得更好。

3.善於自我激勵

自信的人總是對自己說：「我可以，我能做好。」這其實就是一種自我激勵的方式。一個善於自我激勵的人不會怨天尤人，不會在等待中浪費時間，而是不斷激勵自己、充分利用時間，相信自己可以做得更好。

4.高度重視時間管理

時間管理是團隊管理中重要的一環。成功的飯店經理人能夠有效地運用時間管理策略，促進工作的有效展開。

（二）時間管理策略

1.目標與價值觀吻合

飯店經理人所設定的任何一個目標一定要與你的價值觀相吻合，如果兩者不吻合，你就不可能有效地利用時間去完成目標。

2.明確計劃

要制定明確詳細的計劃，必須白紙黑字地寫下來。飯店經理人如果沒有計劃，許多事情就不太容易完成。一個有成就的人，永遠知道應該怎樣做計劃，有了計劃要去執行，即管理循環裡的「PDCA原則」（「P」，Plan，計劃；「D」，Do，實施；「C」，Check，檢查；「A」，Action，行動）。

3.固定時間做計劃

一天的計劃在於昨天，也就是說，每天的工作安排都應該在前一天晚上就計劃好。飯店經理人要養成一個良好的習慣，即每天晚上休息前，必須安排好第二天的工作。

4.每件事情設定期限

在設定目標的時候，可遵照「SMART　原則」（「S」，Specific，明確性；「M」，Measurable，可衡量性；　「A」，Attainable，可達成性；　「R」，Relevant，相關性；　「T」，Time-bound，時間性。在第七章將作詳細介紹）。

飯店經理人對每件事情都要設定一個完成期限，如果目標沒有期限，那就不叫做目標。

5.今日事今日畢

海爾有一套成功的管理模式叫做「OEC」（「O」，Overall，全方位；「E」，Everyone，每個人，Everything，每件事Everyday，每一天；「C」，Control ，控制，和 Clear，清理），即要求對每位員工每一天所做的每件事，進行全方位地控制和清理，做到「今日事今日畢」。每天的工作每天做完，而且每天的工作品質都有一點提高。現代飯店經理人對於時間的管理，要認真借鑑海爾的管理模式。

6.專注每件事情

在每一段時間裡要專心處理每一件事情。飯店經理人在工作的時候，要培養自己一種專注的狀態。工作的時候，要集中精力做好這件事情；思考的時候，要集中精神理清頭緒；甚至在休息的時候，也要專注地放鬆自己。

7.馬上行動

積極的人，頭腦裡面永遠有四個字：「馬上行動」。所有成功的飯店經理人，他們的想法都非常清楚，永遠知道一件事情：把時間用在最有價值的地方。即把時間用在具有高效益活動的事情上面。

8.第一次就把事情做對

飯店經理人在工作中，頭腦裡面要時刻保持一種意識：第一次就要把它做好。從很簡單的事情開始，養成第一次就把事情做好的習慣，之後就可以把重要、複雜的事情一次性地做好。

9.快樂工作每一天

時間管理的根本目的就是有意識地自我掌控；時間管理的基本想法就是讓自己更快樂，這叫做「自己做決定」。

◎　　有個人每天都是笑臉迎人，別人問他為什麼每天都那麼開心。他說：

「每天早晨醒來，我都對自己說：『今天我可以有兩種選擇：一種選擇好心情，一種選擇壞心情。』我選擇好心情，所以我每天都快樂。」

同樣的，飯店經理人在工作的時候，也會有兩種選擇：選擇做或是不做；選擇做好或是做不好。凡事選擇積極的一面，可以有效地幫助自己高效率地完成工作。

（三）時間管理策略的運用——快、準、清、明、找、練

案例6-5

◎ 某飯店的企業文化中有兩句話：

——快速反應。不管對任何事情，強調的是積極行動，以最快的速度作出自己的反應。

——精益求精。不管是在任何時間、處理任何事情，都要求自己要做得更好。認真地對待自己、對待客人、對待周邊的每一個人，也要認真地對待自己的工作。

1.動作快——快速反應

「快」是指飯店經理人制定計劃要快、行動要快、工作速度要加快，它是飯店經理人高效利用時間的一種祕訣。當今的市場環境，訊息高度發達，競爭更是瞬息萬變，任何一點變化都將影響到商業活動。因此，飯店經理人要搶在時間前面，抓住最新動態、不斷更新觀念、改進產品和服務、提高工作品質。

2.目標準——瞄準目標

（1）對準目標

工作目標不是唯一的，也不是單一的。因此，在眾多目標面前，你必須瞄準主要的、緊急的、重要的目標。目標有長遠的，也有短期的，你必須合理安排時間，以實現當前必須完成的目標。所以，每做一件事情，你都必須去思考這件事

能否幫助你實現目標。這樣一來，才能使你瞄準目標並儘快實現目標。

（2）每週有一天可以無計劃

每天都有計劃、有安排，都有緊急的事情需要處理，會忽視了思考。思考意味著要用全面發展的觀點看問題，只有這樣才能反省自我、總結經驗。因此，不妨在週末那一天回顧一下本週工作的展開情況，找出存在的問題，也可在相對輕鬆的那一天擺脫事務性工作的干擾，作一些策略調整上的思考。

3.清頭腦——清空頭腦

清空頭腦，就是要求飯店經理人能夠拋棄頭腦中的既定思維，引進新的思維與觀念、學習新知識。因為，人們在接受新鮮事務時，思維的框框就會被打破，個人本身特有的優越感和滿足感也就消失了，思維的光芒會因此而閃現。對於飯店經理人來說，有時候要讓自己暫時地把腦袋清空，去接受一些新鮮事務，這樣才能引發更多想像和創造的空間。

4.明想法——分清主次

飯店經理人每天要處理的計劃內和計劃外的事情很多，但是對於任何事情，都要能夠分分辨清楚其重要性和急迫性。根據「四象限」分析法，要能分辨清楚什麼事情是重要的，什麼事情是急迫的，什麼事情是既重要又緊急的，什麼事情是既不重要又不緊急的。對重要並緊急的事情，要在第一時間內處理；重要但不緊急的事情，應該安排適當的時間去處理；緊急但不重要的事情，必須儘快處理。作為飯店經理人，就應專門做重要和緊急的事情，其他的事情可透過授權由下屬去完成。

5.找差距——自我檢查

找差距就是要多學習、多加思考、多與人溝通、多反省自己、多找找不足。如果沒有經常地反省自己，如果沒有主動地去接納新的事務，如果沒有經常地去和別人溝通，那麼，你只可能是一個集體大環境下的「孤家寡人」。

飯店經理人要學會空出時間休息，使心境處在最佳狀態，讓自己有更多獨立思考的空間作自我檢查，及時查找出自身還存在的差距。

6.練內功——提高效率

練內功，就是要不斷學習業務知識、強化專業技能、提高職業素養。作為一名飯店經理人，熟悉業務知識、熟練掌握處事方法和技巧，會極大地提高自己的工作效率。

（四）飯店經理人要有效利用時間

每個人都很想成功。美國一位名人保羅説過：「成功是什麼？成功就是逐步實現預先決定好的計劃。」成功等於目標，把你的目標實現了，你就成功了。

1.飯店經理人時間管理的原則

（1）一致性

目標工作重點與計劃，個人價值與長遠規劃，慾望與自制力，都應該是和諧一致的。飯店經理人要能夠明白，其所做的每一件事情不是靠近目標就是遠離目標。所以，對時間的管理要能夠使目標、工作重點、計劃等前後一致。

（2）協調性

如果你的工作能力很強，但是人際關係處理不好，也不利於個人的發展。但工作能力和人際關係同等重要。在一個關係緊張、對立情緒嚴重的工作環境中，即使有再好的才華也無法施展。所以，飯店經理人要確保工作能力與人際關係的協調發展，對時間的管理要能夠保證在工作與工作之間、工作與生活之間求得平衡。

（3）側重點

對時間的管理要有側重點，其祕訣在於不要依照事件發生的先後排序，而要依據事件本身的重要性來安排工作。要在自己精力最好的時候做重要且不容易做的事。

（4）人性化

人性化的時間管理重點在於對人的管理，而不在於對事的管理。處理事情固然要講究效率，但以目標為重心的人更重視人際關係的得失。飯店經理人對於個

人的管理往往要先犧牲暫時的效率，否則就會造成反作用，更加浪費時間。

（5）靈活性

管理方法是為人所用的，因此並不是一成不變的。在具體的管理過程中，可以根據個人的風格與環境的需要加以調整。但是，任何的管理方法，都要推動你朝著你的人生目標前進。

（6）及時性

飯店經理人在檢查工作中要及時記錄，可隨身攜帶記事本記錄要點，並在回辦公室的第一時間整理成檔案。如果沒有記錄，又要花費時間去回憶；如果忘記了，就失去檢查的意義並浪費時間。

2.飯店經理人時間管理的實施步驟

（1）選擇目標

每一位飯店經理人都有工作目標，但需要注意的是，這些短期目標應該和中期目標有關聯。每週達成的目標要和每月目標有關聯；每月達成的目標要和年度目標有關聯。而且在每週的目標中，要有一些是真正重要但是並不急迫的事情。

（2）安排進度

飯店經理人工作進度的安排，可以根據所列的目標來安排一週的日程。每天合理地分配工作項目，以確保安排的事情都能做完。

（3）逐日調整

依據每天出現的新情況，對計劃及時地進行調整。

3.飯店經理人管理好自己的時間

要將飯店建立成為高績效的團隊，作為團隊的領導者，飯店經理人首先必須能夠科學性的管理好自己的時間。

（1）要設定目標。飯店經理人要設定明確的目標，一個人只有在目標明確的前提下，才能明確方向。工作有方向，才知道自己該做什麼，避免浪費時間做

無用之功。

（2）要規劃。確定目標之後，飯店經理人還要為實現目標制定具體詳細的規劃。這樣一來，才能做到心中有數，使自己每做一件事情都始終圍繞著目標而展開，並且朝著目標靠近。

（3）要決策。飯店經理人要有決策頭腦，要加強對自身決策能力的培養，尤其是在處理突發事件時能夠快速制定出準確的決策；同時，在處理複雜事務時，能準確判斷該不該做。

（4）要準備。飯店經理人無論做任何事情都要做好充分的準備工作，以確保事前的各項計劃面面俱到。同時，還要分析可能會出現的各種意外情況，並提前制定出各種應對方案。

（5）要諮詢。飯店經理人要及時與上級、同事和下屬進行溝通，對於每項工作在具體的實施過程中，要徵詢他們的意見、掌握工作進展的情況，以確保每項工作都是遵循計劃並根據目標來安排的。

（6）要檢查。飯店經理人不能盲目展開工作，而必須以目標為中心，井然有序地執行工作計劃。同時，在工作進行的過程中，還必須不斷檢查每個環節是否脫離目標，一旦發現問題要能夠及時解決。

飯店經理人應該掌握如何管理好自己的時間，管理時間的策略可能有所不同，但目的都是一樣的：就是要讓自己有更多的時間去思考全局，使每天的工作都是高效的。更重要的是，所有的目標實現都在於兩個字——行動，沒有行動就沒有結果。飯店經理人如果能夠掌握和靈活運用時間管理規劃，進行有效的個人時間管理，成功就一定離你很近。

第七章 確立團隊目標

導讀

　　團隊領導者在做任何決策之前，首先要考慮做正確的事、找對前進的方向，然後再考慮正確地做事、提高工作效率。而要做正確的事，目標必須明確。一個優秀的團隊，必然有一個科學性明確的目標，同時，還能夠將這個目標分解成為一系列的子目標，進而再以這些子目標指導每位成員的具體行動。與此同時，團隊還必須對各成員履行職責的情況予以檢查，要按照一定的標準，採用科學的辦法，實施績效考核與評估。

第一節 目標管理概述

引言

◎ 瘦子與胖子的比賽

　　有一位瘦子和一位胖子在一段廢棄的鐵軌上比賽走枕木，看誰走得更遠。

　　瘦子心想：「我的耐力比胖子好得多，這場比賽一定是我贏。」一開始也確實如此，瘦子走得很快，不久就領先胖子一大截距離。可是走著走著，瘦子漸漸走不動了，卻眼睜睜地看著胖子穩健向前，逐漸從後面趕上來，並且超過了他。瘦子想繼續努力，但終究因為精疲力竭跌倒了。

　　在好奇心的驅使下，瘦子想知道其中的原委。胖子說：「你走枕木時只看著自己的腳，所以走沒多遠就跌倒了。而我太胖了，以至於看不到自己的腳，只能選擇鐵軌上稍遠處的一個目標，並朝著目標走。當接近目標時，我又會選擇下一個目標繼續向前走。如果只看自己的腳下，你看到的只是鐵鏽和發出異味的植物

而已；但是當你看到鐵軌上某一個目標時，你就能在心中看到目標的完成，就會有更大的動力。」

☆　沒有目標就沒有方向。有人說：「沒有行動的遠見只能是一種夢想，沒有遠見的行動只能是一種苦役，遠見和行動才是世界的希望。」一個團隊如果沒有明確的目標，每位成員就沒有奮鬥的方向。

‖ 一、什麼是目標管理

（一）目標管理的概念

目標管理是以目標的設立、分解，目標的實施及對完成情況的檢查、獎懲為手段，透過員工的自我管理來實現經營目的的一種管理方法。對於目標管理的過程，往往透過上級分權和授權來實施控制。

管理大師彼得・杜拉克說：「目標管理改變了經理人以往監督下屬工作的傳統方式，取而代之的是經理人與下屬共同協商具體的工作目標，事先設立績效衡量標準，並且放手讓下屬努力去達成既定目標。此種經由雙方協商形成彼此認可的績效衡量標準的模式，自然會形成目標管理與自我控制。」沒有目標的團隊，既不可持久，又不會有很強的競爭力、戰鬥力。因此，為團隊設立一個明確的目標是必要而且必須的。

（二）目標管理的核心

飯店目標管理的核心是：讓員工自己管理自己，變「要我做」為「我要做」。飯店內部建立的目標體系，使全體員工各司其職、各盡其能，從而讓飯店總目標的完成。在這個目標體系中，總經理的目標、各部門經理的目標、基層管理人員及員工的目標是各不相同的，但他們的目標都和飯店的總目標息息相關。所以，飯店總目標的實現，有賴於各個部門目標的順利實現。

‖ 二、目標管理的特徵

（一）共同參與制定

飯店發展的目標應該是由上下級共同參與制定而成的，並且下級在目標制定中應享有充分的民主權。透過共同參與制定目標，上級與下級之間可以了解相互間的期望，使下屬能夠充分認知、認同飯店的組織目標，進而最大限度地調動下屬的工作積極度。這樣一來，也能體現員工意願。如果沒有員工的參與，他們會在主觀意識上缺乏主動性、團隊的配合意識和自我成長意識，該目標也必然無法達成。

（二）可衡量性

目標的設定要符合「SMART原則」。從目標管理的角度來看，不僅定量的目標要可以衡量，而且定性的目標也要可以衡量。目標可衡量的關鍵，在於擬定目標的雙方事先約定好衡量的標準，這個標準也是事後對目標完成情況進行評估的依據。

（三）相互關聯性

飯店各個部門所制定的目標並非是各自自行定位，而是相互聯繫、相互影響的。飯店推薦給客人的產品是由一整套流水線式的服務環節構成的，因此，飯店在制定工作目標時，各部門之間可以互相協助，彌補對方不足，這樣一來，目標的達成也會更容易，效率也會更高。

（四）與績效考核相關聯

在目標管理中，事先設定的目標是什麼？績效考核的標準是什麼？透過上下級共同參與制定評估標準和目標，飯店經理人要以下屬工作目標完成的多少和完成的品質為依據，對下屬進行客觀、公正地考核，並實施相應的獎懲。

（五）及時回饋

及時回饋就是要將下屬的工作情況與既定的目標進行比較，並將比較的結果告訴下屬，使下屬能夠及時糾正有偏差的行為。回饋就是要幫助下屬糾正錯誤及偏差，而糾正錯誤及偏差的最終目的，是讓下屬能夠自發地、主動地追求實現目標。

（六）關注結果

目標管理就是透過及時地檢查、監督、回饋，使結果對準目標。不論是對於飯店經理人本身，還是對於下屬，目標管理關注的都是結果。在目標管理過程中，飯店經理人要不斷向下屬提供建議和訊息，與下屬共商對策、幫助下屬調整行動方案，並給予一定的指導，以促使目標實現。

║ 三、目標管理的好處

（一）專注於一個地方的努力

飯店的每個部門、每位員工，如果不能「專注於一個地方的努力」的話，將會像一盤散沙一樣，沒有凝聚力，這是很可怕的。對於飯店的發展來說，各部門可能會出現各自為政的現象，所做的工作與實現飯店總目標無關或沒有幫助。而目標管理的好處就是要儘量減少和消除這種扭曲和偏離，透過上下級的溝通，使個人目標、部門目標和飯店總目標融為一體，促進全員參與、增進團結，避免本位主義離心力影響的同時，又能集思廣益、凝聚人心，使飯店這個大群體堅若磐石。

（二）各司其職

透過目標管理體系，使個人和部門的責、權、利明確具體，消除了管理中的死角，促進了團隊的分工與合作。上級做著上級的工作，下屬做著下屬的工作。上級的工作職責集中在計劃、決策、監督、激勵、領導，以及對重要事務的處理上；下屬的工作職責，主要集中在計劃的執行、業務的展開、具體事務的處理上。每個人都在各自的工作崗位內工作，對於提高工作效率、實現工作目標是十分必要的。

只有各司其職，才能有較高的工作效率和工作績效。有了目標管理，上級以目標為標準對下屬實施管理；下屬以目標為方向，自主地展開工作。沒有目標管理，下屬只能從上級那裡接受任務安排，處於被動地位，像機器人一樣只是執行命令而已；而上級則時時擔心下屬會出錯，只有時時跟著下屬去指導，甚至親自去「擺平」問題。

（三）挖掘潛能

◎ 摸高試驗

管理學家曾經做過一次摸高試驗。試驗內容是把20位小學生分成兩組進行摸高比賽，看哪一組摸得更高。第一組的10位學生，不規定任何目標，由他們自己隨意制定摸高的高度；第二組首先對每個人訂定一個標準。例如，要摸到160公分或180公分。試驗結束後，將兩組的成績進行比對，結果發現，第二組的平均成績要高於沒有制定目標的第一組。

摸高試驗說明了一個道理：目標對於激發人的潛力具有很大的作用。

因為飯店的目標是下屬與上級共同制定的，是下屬所認同的，因此，下屬在執行目標的過程中無牴觸或很少有牴觸情緒。同時，為了確保目標的實現，下屬也會盡最大的努力、投入更多的工作熱情；而上級也會透過授權、分權等方式，把完成目標的選擇權交給下屬，激發下屬工作的主動性，使下屬的潛能得到挖掘和發揮。以往下屬按照上級的指示辦事，只要把指示做對就好。現在不同了，不管上級贊不贊同，也不管中間是否做錯，只要最終完成既定的目標就可以，甚至可以按照自己的想法去嘗試。

（四）抓住重點

每位飯店經理人和下屬都要面對大量的工作，在這些工作中，可以根據「80／20原則」來具體安排，分清楚哪些重要，哪些不重要；哪些緊急，哪些不緊急；哪些對於實現飯店總目標的貢獻最大，哪些貢獻不大……。目標管理強調，在每個階段的工作中只設定有限的目標，並且這有限的目標對於實現飯店的總目標來說貢獻最大。

總之，目標管理在實現提高工作效率的同時，又提升了員工的素質；既增進了飯店的內部團結，更可培養團隊的合作精神。

四、什麼是好目標

如何判斷飯店制定的目標是不是一個科學、合理、符合實際條件的好目標？

一個好目標必須具備以下特徵：

（一）保持一致高度

目標管理強調個人目標、部門目標和飯店目標的統一。個人和部門的利益實現必須以飯店的整體利益為基礎。下屬的目標必須與上級的目標保持一致，而且必須是根據上級的目標直接分解而來；所有下級的目標綜合起來應等於或大於上級的目標。

部門所制定的工作目標必須與飯店的總目標保持一致，並且是服務、服從於飯店總體的短期目標和長期目標。所以，部門展開的各項工作必須和飯店的整體運作與發展相協調。如果沒有目標管理的制約，可能會出現以下情況。

1.盲目制定部門目標

飯店部門不知道飯店到底要向什麼方向發展，如果僅僅是為了制定目標而制定目標，實際上則是在浪費部門經理和員工的時間和精力。

2.過多考慮自身利益

飯店經理人為了突顯自己部門在飯店中的地位、形象以及自己的業績，在制定部門目標的過程中，容易只考慮自己部門和個人的利益，儘可能的占用飯店資源。

3.目標分歧造成資源浪費

飯店各部門因為各自為政，花費了大量的人力、物力、財力，最後還是達不到預期的目的。如果整個飯店沒有創造好的收益，作為飯店的部門及員工就很難得到期望中的收穫。

因此，各部門在制定目標時，一定要與飯店總體的發展目標保持一致。而要做到這一點，不僅需要飯店經理人能準確掌握飯店目標，而且還要注意與其他相關部門保持有效的溝通、協同一致，使整個飯店團結成為一個共同前進的整體。

（二）遵循SMART原則

案例7-1

◎ 某飯店為更進一步深化內部管理、提升對客人的服務品質，對客房、前廳、餐飲的部分服務項目作出如下具體規定：

1.客房服務人員清理完一間客房，所用時間不超過30分鐘。

2.客人借用物品時，正常情況下，服務人員要在5分鐘內送到客人房間。

3.做夜床服務所用時間不超過5分鐘。

4.櫃台為客人辦理登記入住手續和結帳離店手續均不超過3分鐘。

5.出菜的速度，要求冷菜在廚房接單後10分鐘內出菜；首道熱菜在客人點菜完畢後15分鐘內出菜。

6.中餐菜式要求冷菜不少於30道，熱菜不少於90道，麵點不少於12道，湯類不少於10道，並且要提供不少於10道綠色、低糖或高纖維的健康菜餚。

7.客房送餐服務中，早餐規定20分鐘內送到，午餐30分鐘內送到，晚餐25分鐘內送到，並且VIP房間要提供送餐桌等。

（1）S——明確性（Specific）

飯店制定的目標必須是具體的、明確的。所謂具體，是指目標執行者的工作職責必須與本部門的工作職能相對應；所謂明確，是指目標的工作量、完成日期、責任歸屬、品質標準等是一定的、明確的。只有目標清楚明確，才有可能進一步具體化，分解成一項項具體的工作，並轉化為飯店中每個員工的行動指南。

（2）M——可衡量性（Measurable）

可衡量性，是指戰略目標應該進行相應的量化。目標是可以給予準確衡量的，是可以在事後予以檢驗的。如果目標無法衡量，就無法為下屬指明方向，也無法確定下屬工作是否達到了目標。如果沒有一個具體的衡量標準，員工就會少做事，儘量減少自己的工作量和為此付出的努力，因為他們認為，沒有具體的指

標要求來約束他們的工作必須做到什麼程度。

（3）A——可達性（Attainable）

飯店目標必須適中、可行，是執行目標者認同並發自內心願意接受的。目標既不能脫離飯店實際定得過高，也不可妄自菲薄定得過低。如果制定的目標僅僅是上級的一廂情願，下屬或員工的內心並不認同，只是覺得是上級的指示，願不願意都得接受。這種目標，員工執行起來效果會大打折扣。事實上，一個無法實現的目標，也就無法實現目標管理。

（4）R——相關性（Relevant）

相關性，是指飯店各個階層的目標是為了達到飯店企業使命與總目標服務的。飯店總體目標與企業使命相互關聯，而子目標與總目標相互關聯；企業的總目標應圍繞企業使命展開，下階層的子目標應圍繞高階層的總目標展開。因此，在飯店總目標的設計與分解過程中，必須體現多階層、多部門的目標之間的相互關聯性，使其形成一個「相互支撐的目標矩陣」體系。

（5）T——時間性（Time-bound）

飯店目標表述必須有完成時間期限，規定起迄時間。如果沒有事先規定好目標達成的時間，就難以區分各項目標的相對重要性與急迫性。上級認為下屬應該早點完成，下屬卻認為有的是時間，不用急。若上級要下屬上報任務完成結果而下屬沒有完成，這個時候，上級指責下屬辦事不力，而下屬覺得非常委屈，往往會認為上級處理問題不公。

在具體應用SMART原則的過程中，要充分考慮所研究問題的具體情況，制定出現實可行的工作目標，特別是要注意區分一些概念。例如，有些只有餐飲部、康樂部、客服部等經營性部門，才能制定出符合這一原則的工作目標，因為這些部門工作的好壞本身，就必須用量化的數字加以限定和考核，其制定出的工作目標就具有可衡量性。但是，對於諸如人力資源、財務、工程等部門的工作，用數字說明來限定並不是一件容易的事，而且也不太現實。所以，應當明確SMART原則中，可衡量的目標並不等於必須可以量化的目標。

（三）具有挑戰性

飯店經理人為下屬制定的目標不能太高也不能太低，否則，不但不會造成激勵員工更加努力工作的效果，還會適得其反，打擊員工的積極性。目標過高，可望不可及，必然會挫傷員工的積極性、浪費企業資源；目標過低，不需就可輕易實現，又容易被員工所忽視，錯過市場機會、失去激勵作用。

能否制定出具有適度挑戰性的目標，反映了飯店經理人的管理能力高下。適當的、具有一定挑戰性而又有可能達成的目標，能很好地激發團隊成員的工作熱情。目標應該視實際情況而定，根據市場的環境、飯店的發展戰略、總體的目標，以及對各種人力、物力、財力的分析而制定出來。具有適度挑戰性的目標可以給下屬適當壓力，激發下屬的潛能和工作熱情，促使下屬提高自己的素質，不滿於現狀。當具有挑戰性的新目標完成時，會帶給團隊成員成就感。

飯店經理人為下屬制定目標時，從哲學的角度而言，即是對目標度的掌握。

第二節　目標管理的步驟

引言

◎ 獅子的捕獵藝術

清晨，當第一抹曙光投射在遼闊的非洲大草原時，羚羊已經認識到：新一輪的競賽開始了。如果今天牠跑不過最快的獅子，就要成為獅子的午餐；另一方面，獅子也在思考著——如果今天牠跑不過最慢的羚羊，就會被餓死。

獅子在捕獵時有四個步驟：

明確目標。獅子看著遠處的一群羚羊，牠正在尋找捕獵的目標。牠所確定的目標並不是羚羊群中最肥胖的，也不是最好看的，更不是最強壯的，而是那些老弱病殘的，也就是最容易捕捉的。

接近目標。獅子會充分利用草叢的掩護，悄悄地接近目標，儘量不讓獵物發現。牠隱藏得越好，成功的機率就越大，所花費的力氣就越小。

快速出擊。到了一定的距離之後，獅子就會全力出擊，以最快的速度衝向目標。牠要在儘可能短的距離內捕捉到獵物，否則，牠就可能會失去目標。

排除干擾。獅子在捕獵的過程中，羚羊群會因為受到極大的恐慌而四處奔逃，有不少羚羊會因為慌亂而跑到獅子周圍。但獅子不為所動，只認定原來確定的目標，緊追不放，直到捉到獵物為止。

☆　　任何飯店只有樹立起明確的目標才能有生存的動力、發展的方向。同時，目標一旦確立，就要緊追不放，不可動搖，要有計劃按步驟地實施。否則，就會像「猴子下山」裡的小猴子一樣：丟了桃子要玉米，丟了玉米要西瓜，丟了西瓜追兔子，最後兩手空空、一無所獲。

‖ 一、設定目標

◎ 齊白石執著於畫蝦成了大名家。

◎ 徐悲鴻執著於畫馬成了大名家。

◎ 鄭板橋執著於畫竹成了大名家。

他們都成功了。成功的祕訣有三個：第一是決不放棄；第二是決不、決不放棄；第三是決不、決不、決不放棄！要想成功就要樹立一個確定的目標，並朝著目標努力不懈。而那些東摸西措，十根指頭都想按到十隻跳蚤的人是很難獲得成功的。

作為飯店的經理人應該要集中精力、集中時間，確定一個目標之後就認認真真為實現這個目標做好每一件事。

設定目標，包括飯店的總目標、部門目標和個人目標的設定，同時還要設定完成目標的標準，以及達到目標的方法，和完成這些目標所需要的條件等方面的內容。

團隊領導者只有站在飯店高層領導的角度才能正確理解飯店總體經營發展目標，並在此前提下，圍繞著這一目標，具體設定既符合飯店總目標、又符合本團

隊實際情況的目標。在設定團隊目標時，要讓下屬了解飯店的目標，而這往往是團隊領導者容易忽視的地方。

二、分解目標

在確定團隊目標以後，要儘可能地對團隊目標進行階段性地分解，變成一個個容易實現的小目標，這時團隊成員經過認真努力地去做，就可以實現這些目標，為此成員也會有成就感。就像知名行為學家弗雷德里克‧赫茨伯格所說的：人們受到一些小成就的影響，就會想爭取更大的成就。

案例7-2

◎ 某飯店對餐飲的粗加工間和廚房的食品衛生與安全的管理，制定了相關的目標管理制度，並對其中的各項環節進行了更進一步地細分。

一、粗加工

1.環境。保持整潔，無雜物，定期消毒。

2.驗收。有食品衛生標準驗收制度，食品及原料符合食品衛生標準和要求，實行食品及原料採購索取食品安全標章證、蔬菜農藥殘留自測，有驗收記錄和肉、豆製品、蔬菜索取食品安全標章證等流水帳。

3.水池。分設肉類、水產品、蔬菜原料洗滌池。洗滌池與操作台分開，水池應有明顯的標誌。

4.粗加工。加工食品原料、半成品無交叉感染，切配肉、水產品、蔬菜等食品有專用的刀具和砧板，砧板以顏色或標籤區分。

5.器具。用後清洗、定點存放，擺放整齊有序，定期消毒。

6.垃圾處理。垃圾及各種遺棄物全部倒入垃圾桶內，不積壓、不暴露。

二、廚房

1.通風。爐灶上應設置通風罩,安裝排氣扇和換氣扇(前高後低,排氣搧風力大於換氣扇),通風設備保持清潔衛生、通風良好。

2.溫度。通風系統具備溫度調節功能。

3.灶台。清潔,保持各種炊具及抹布等的衛生,且擺放整齊。

4.調味品。調味品擺放整齊,不用時加蓋或用保鮮膜覆蓋。

5.地面。保持地面及各種設施設備的清潔衛生,保證無積水、無汙跡。

6.垃圾處理。垃圾桶擺放合理(防止汙染其他用品),各種遺棄物全部倒入垃圾桶內。垃圾桶加蓋,外圍清潔,保持每日清除。

飯店經理人在制定工作目標時,要儘量避免目標的籠統化、概念化、模糊化,對飯店的總目標要不斷分解、細化,確保目標清楚、明確和有針對性。

‖ 三、實施目標

由於目標是從上到下、層層分解形成的,因此,自己的目標必須與上級的目標保持一致,這是確定無疑的。所以,在目標制定和執行過程中,一方面要明確與誰保持一致;另一方面,針對目標的計劃,在具體執行中也要保持一致。要經常檢查和控制目標的執行情況和完成情況,看看在實施過程中有沒有出現偏差,一旦出現偏差應立即糾正。

案例7-3

◎ 麗思卡爾頓飯店的目標

麗思卡爾頓飯店制定的目標有:提供快捷、有效入住,確保對飯店的客房每90天進行全面地檢查、維修一次。員工應透過以下方法將這些目標付諸實施:

——飯店的工程師們制定了客房「保養」(清潔、維修每件東西)的計劃,目的是創造出無缺點的客房,以便提供客人入住。客房部和工程部共同努力徹底

清潔每一間客房，並每90天對客房進行一次預防性維修。

——在巴克海德里茲的卡爾頓飯店，商務旅客入住快捷、有效，旅行的客人可選擇不同的方式辦理入住手續。

四、訊息回饋及時處理

飯店經理人在實施目標控制的過程中，往往會出現一些不可預見的問題。因此，要求飯店經理人在制定目標時應該具備風險意識，也就是對目標實現過程中可能出現的問題、障礙制定應急方案，做到「有備無患」。若發現目標制定的確實不夠科學，在實施過程中也要及時確定目標修正的條件，以產生更好的構想，確定目標變更程序，適時地進行調整。當然，修正目標，一般以會議討論或呈上級准許的公文決策，不要盲目修改。這一步驟容易被忽略，但對於目標的順利完成卻很重要。

五、檢查結果及獎懲

如何對目標實施及完成情況進行監督？飯店經理人要根據事先制定好的考核標準對員工進行綜合評估，同時，目標完成的品質還要與員工的獎金以及晉升的機會相掛鉤。

案例7-4

◎ 某飯店銷售部經理工作目標考核細則

1.每月提供飯店同行經營訊息，未完成者扣2分。

2.做好客戶資料收集和客戶檔案建立，每月收集客戶資料100家以上和50間客房以上的會議資料，並做好建檔工作，未完成者扣2分。

3.做好銷售工作的統計和工作業績的統計（每月一次），未完成者扣2分。

4.做好月度、年度的銷售預測工作，未完成者扣2分。

5.做好月度、年度銷售拜訪計劃及完成工作，未完成者扣2分。

6.做好對部門銷售經理的培訓工作（每月兩次），未完成者扣2分。

明確的計劃指標是員工工作的方向，同時，以此建立飯店的獎懲制度，並根據飯店各項指標的完成情況，給予員工不同程度的獎懲。這也極大地激發了員工的工作熱情，保證了飯店工作目標的順利完成。所以，飯店要建立一套詳細、明確的績效考核制度，以便飯店經理人對工作情況及目標完成情況及時追蹤、檢查。

‖ 六、形成書面文字

制定目標，要確定目標實施的細節規定及其完成的日期，並以書面的形式確定下來，這也是目標管理規範化的一個重要表現（參見表7-1）。將目標形成書面文字，不僅能夠使執行者有據可循，避免引起不必要的疑慮和爭論，也有利於管理者對下屬目標完成情況的檢查和考核，同時，也便於對目標適時修正。

表7-1 飯店品質目標

文件編號		名　稱	頁數/總頁數	1/1
07-HR-00-001		質量目標	版　次	第 2 版
部　門		品　質　目　標		訊　息　來　源
人資部 HR-00		1.每月專項檢查不少於4次; 2.每月組織專項培訓不少於1次; 3.每月部門服務質量投訴不超過1起; 4.每月人資與勞資糾紛發生率為零。		檔案 培訓檔案 總經理收到的投訴 當月實際發生
財務部 FIN-01		1.每月部門服務品質投訴不超過3起; 2.每月採購物品完成率不低於95%,食品除外; 3.每月採購物品因價格、品質、效率等原因引起使用部門 　投訴不超過2起 4.每月財務內控檢查不少於4次; 5.每月執行產業公司財務制度常規審計,違規發生率為零。		飯店月報投訴案例統計 電腦統計數據 總經理到的投訴 總經理收到的檢查表 產業公司審核報告
安全部 SEC-02		1.每季消防安全演習或培訓不少於1次; 2.每月服務品質投訴不超過1起; 3.每月安全事故發生率為零。		培訓檔案 飯店品質部收到的實際投訴 飯店品質部收到的統計事實
前廳部 FO-03		1.每月拜訪賓客不少於60人,並做書面記錄; 2.每月服務品質投訴不超過4起; 3.每月賓客滿意度不低於92%; 4.每月值班經理拜訪賓客不少於450位。		賓客拜訪紀錄 飯店品質部收到的統計事實 大堂副理拜訪賓客紀錄 大堂副理日報
公關部 PR-04		1.每月飯店宣傳稿見報不少於16篇; 2.每月飯店網頁更新不少於20頁; 3.每月組織賓客意見及滿意度詢問報告不少於2份; 4.每月收集同行、市場訊息、詢價不少於4份。		報紙、雜誌等樣報 部門網頁供新紀錄 每月報告和記錄 訊息檢查表
管家部 HSKP-05		1.每月服務品質投訴不超過3起; 2.每月部門拜訪賓客不少於60人; 3.每月賓客滿意度不低於92%。		飯店月報投訴案例統計 檔案 大堂副理拜訪賓客紀錄

續表

文件編號	名　稱	頁數/總頁數		1/1
07-HR-00-001	品質目標	版　　次		第 2 版
部　門	品　質　目　標		訊　息　來　源	
康樂部 R&E-06	1.每月服務品質投訴不超過3起; 2.每月賓客滿意度不低於92%		飯店月報投訴案例統計 值班經理拜訪賓客紀錄	
餐飲部 F&B-07	1.每月賓客滿意度不低於92%; 2.每月賓客菜色滿意部低於90%; 3.每月因服務品質引起的總投訴不超過4起; 4.每月拜訪120位重要賓客，並做書面記錄。		大堂副理拜訪賓客紀錄 飯店品質部回收的賓客意見 詢問表(註：大堂副理=櫃台副理) 飯店品質部收到的實際投訴 檔案	
銷售部 S&M-08	1.每月銷售拜訪表不少於60份; 2.每月會議「金鑰匙」對客服務品質投訴為零: 3.每月會議「金鑰匙」內部投訴不超過總會議接待量 的10%		檔案 飯店品質部升到的實際投訴 飯店月報投訴案例統計	
工程部 ENG-09	1.每月部門總投訴不超過4起; 2.每月設備計劃保養項目完成率不低於95%; 3.每月能耗費用占月營收入總額的比重不超過歷年同 期平均值(案定額單價計)		飯店品質部收到的實際投訴 以保養計劃和維修紀錄 財務數據	

第三節　如何為下屬制定目標

引言

◎ 獵狗與兔子（第一部分）

一隻獵狗在追趕一隻兔子，追了很久仍沒有追到。

獵人看到這種情景很不高興，就譏笑獵狗道：「你們兩個都很能跑的，可是為什麼小的反而比大的跑得快？」

獵狗回答：「那是因為你不知道我們兩個跑的動力是什麼。我是為了一頓飯而跑，而牠卻是為了性命在跑。」

目標不同，因此產生的動力也就不同。兔子跑的目標是為了保全自己的性命，而獵狗的目標只是為了一餐飯而已。所以，同樣是跑，牠們的積極度自然也

就不同。

☆「跑」只是實現目標的過程，即使有相同的過程，但是因為目標不同、動力不同，結果也就不同。

一個沒有目標的人就像一艘沒有舵的船，永遠漂流不定，只會在茫茫汪洋中迷失方向，最終會被大海吞沒。而一個沒有目標的團隊，則不會有凝聚力和向心力。

‖ 一、為下屬制定目標

飯店經理人是團隊的領導者，他要指導下屬做正確的事，為下屬樹立明確的目標。

（一）目標要明確

我們常聽到飯店經理人開會時會要求下屬們各司其職、各盡所能。可是如果經理人都不清楚自己的目標，又怎麼能要求下屬盡職盡責呢？在當今時代，競爭已經沒有疆界，每一個有抱負的飯店經理人都應該開闊視野，為團隊設定一個具有挑戰性的目標，飯店才會有廣闊的發展願景。

案例7-5

◎ 目標要明確——提供快捷、高效、熱情的入住登記服務

飯店客服部登記入住服務標準：

1.客人抵達櫃台後，及時接待。

2.主動、熱情、友好地問候客人。

3.登記入住手續高效、準確、無差錯。

4.確認客人姓名，並至少在對話中使用一次。

5.與客人確認離開飯店的日期。

6.準確填寫客人登記卡上的有關記錄。

7.詢問客人是否需要貴重物品寄存服務，並解釋相關規定。

8.指示客房或電梯方向，或招呼行李員為客人服務。

9.祝願客人入住愉快。

（摘自：《中華人民共和國旅遊行業標準LB/T006—2006星級飯店訪查規範》）

（二）目標要可行

拿破崙曾經說過：「不想當將軍的士兵不是好士兵。」士兵有雄心壯志當然是好事，可是一個總想著當將軍的士兵未必是長官需要的好部下。在飯店，自我期望過高的員工通常很難融入團隊，也很難充分施展才能。同理，飯店經理人在為下屬和員工擬定目標時，必須充分考慮到飯店的客觀條件和員工所具備的能力，使制定出的目標確實可行。

（三）讓員工參與目標制定

飯店的目標必須是由員工共同參與制定、自願執行並完成的，這是目標管理的起點，也是實現目標管理的基石。如果目標是由上級硬性規定，強行讓下屬和員工必須去完成，這就違背了目標管理的基本宗旨，那麼，目標管理就不可能得以有效地實施並取得成效。

（四）詳細化目標

設定目標時，如果有太多的構想，是不可能收到令人滿意的工作成效的。目標過多，勢必會分散力量，此時需要確定重點、詳細化目標。如果在提案內的目標是全部應完成的工作，就會排列許多項目，這就有必要突出重點，選擇重點項目作為重點目標去完成。

（五）調整工作分配方式

在飯店實際運作過程中，可以透過對團隊成員適當的職務安排、工作設計和

目標設定等方式，來合理地調整工作分派的方式，協助下屬制定目標。第一，調整職務可以做到工作分配合理化及簡單化；第二，按工作內容縱向劃分的方式，可將下屬的工作範圍擴大，使其依計劃、實施、檢討、行動的管理循環方式完成任務；第三，為提高下屬的工作積極性，向下屬坦誠説明目標，獲得下屬的承諾，並簽訂相關協議，明確適當的目標項目。

‖ 二、阻礙目標制定的因素

要建立一個能夠讓大家都認可的，科學、合理的目標，並非是一件容易的事。因為各種主客觀因素的存在，往往會限制、阻礙飯店目標的制定。

（一）目標不固定

因為飯店賴以生存的社會和市場大環境的快速變化，導致飯店難以制定恆久的目標；飯店必須根據市場情勢的變動，迅速調整自己的經營策略、修正目標。

（二）對市場環境的認知不同

制定目標的過程需要下屬的共同參與，因為下屬只了解局部的情況，而對於飯店的總體目標、可能面臨的市場變化、資源的支持等情況都不十分了解。因此，他們會根據自身的利益或是自身對工作、市場環境的認知而提出不同的目標制定建議，往往會與上級的目標期許有差異、有衝突。

（三）目標難以量化

從工作性質的角度來看，飯店的二線部門，例如，人力資源部、財務部、工程部、公共關係部等，因為工作缺少具體的指標，上級又不十分了解具體的業務，無法對工作進行有效的控制。因此，這些部門確實難以像客服部、客房部、餐飲部、康樂部等一線部門那樣，能夠制定出可以用具體數字反映的，例如，營銷額、淨盈利額等指標，將工作予以量化。

案例7-6

◎ 關於員工要求與應變能力的量化細則

項目:員工要求					
	標準要求	優	良	中	差
1	制服整潔，熨燙平整，鞋襪整潔一致	2	1	0.5	0
2	所有員工配戴名牌	2	1	0.5	0
3	個人儀容、儀表得體	2	1	0.5	0
4	保持微笑，舉止熱情、友好	2	1	0.5	0
5	組織嚴密，富有團隊精神	2	1	0.5	0
6	員工和賓客對話時保持目光交流	4	3	2	1
7	一線員工熟練掌握崗位英語和專業用語	4	3	2	1
8	員工和其他同事交流時關注到賓客的存在	4	3	2	1
9	員工隨時準備響應賓客合理需求	4	3	2	1
員工素質總評價					
小計：	26 分				
實際得分：					

（摘自：《中華人民共和國旅遊行業標準LB/T006—2006 星級飯店訪查規範》）

飯店經理人要儘可能地將目標詳細化、量化，這樣既方便下屬和員工認識和實施飯店目標，也有助於上級對下屬和員工的目標完成情況進行考核與評估。

（四）下屬工作被動

有些員工的工作思維是自己不積極主動，「上級叫我做什麼，我就做什麼」。還有一些員工對自己的工作內容糊裡糊塗，更別說讓其在部門的目標管理中發揮什麼作用了，其本身就在「混日子」，更談不上有目標管理。上級和他們討論工作目標時，他們的回答都是好的，從不表露心中真正的想法、沒有主見。目標管理對於他們而言，並未造成實質性的作用。對於這種下屬，飯店經理人要不斷地督促、檢核他們，要對他們進行培訓和指導，使他們能夠學會自我管理，並自覺自發性地工作。

（五）目標衝突

員工的個人目標與部門的目標、飯店的總目標有衝突是客觀現實的。出於對自身利益的考慮，員工不願承擔上級制定的工作目標，主要有兩種原因：一是這個目標超出了員工的能力，不是他的長項，要完成這個目標需要付出很大的努力；二是員工對現在所從事的工作早已厭倦。

三、克服目標制定障礙的技巧

◎ 不要放棄

湯姆・鄧普西出生的時候，只有半隻腳和一隻畸形的右手。你認為這種人可以打橄欖球嗎？看起來好像是不可能的。然而，湯姆・鄧普西並沒有放棄。他為自己專門設計一只鞋子，參加了踢球測驗，並且得到了衝鋒隊的一份合約。在以後的比賽中，湯姆・鄧普西不斷地創造奇蹟，終於成為一位知名的職業橄欖球運動員。

永遠也不要消極地認定什麼事情是不可能的。首先，你要相信自己能夠做到、不要放棄，然後努力去嘗試、再嘗試，最後你就會發現，你確實能夠做到。

◎ 把不可能變為可能

年輕的時候，拿破崙・希爾夢想著當一名作家。要達到這個目標，他知道自己必須精於遣詞造句，字詞將是他的工具。但由於他小時候家裡很窮，所接受的教育並不完整，因此，「善意的朋友」就告訴他，他的雄心是「不可能」實現的。

年輕的希爾存錢買了一本最好的、最完全的、最漂亮的字典。他所需要的字都在這本字典裡面，他的想法是要完全了解並掌握這些字。接著，他做了一件奇特的事，他找到「不可能」（impossible）這個詞，用小剪刀把它剪下來，然後丟掉。於是，他有了一本沒有「不可能」的字典。成功之後，他把他的整個事業都建立在這個前提之上——對於一個想要成長、而且要成長得超過別人的人來說，沒有任何事情是「不可能」的。

不要動輒認為「這是不可能的」、「這是無法做到的」。面對具有挑戰性的

目標時，飯店經理人首先要從心理上突破自己，告訴自己「沒有什麼是不可能」的，然後將複雜的目標分解，儘可能地簡單化，再逐步實施。

（一）分步實施

◎ 憑智慧戰勝對手

1984年，在東京國際馬拉松邀請賽中，名不見經傳的日本選手山田本一出人意料地奪得了世界冠軍。兩年後，在義大利國際馬拉松邀請賽上，山田本一又獲得了冠軍。當記者問他如何取得如此驚人的成績時，他回答：「憑智慧戰勝對手。」這個回答讓記者感到很疑惑。

直到十年後，這個謎團終於被解開了。山田本一在他的自傳中這麼說：「每次比賽之前，我都要搭乘車子把比賽的路線仔細看一遍，並把沿途比較醒目的標誌畫下來。例如，第一個標誌是銀行，第二個標誌是一棵大樹，第三個標誌是一座紅房子，這樣一直畫到賽程的終點。比賽開始後，我就以百米衝刺的速度奮力向第一個目標衝去，等到達到第一個目標，我又以同樣的速度向第二個目標衝去。四十幾公里的賽程，就被我分解成這幾個小目標輕鬆地跑完了。」

當行動有了明確的目標之後，目標執行者要能夠把大目標細化為一個個具體的小目標，並不斷地將自己的行動與目標加以對照，進而能夠清楚地知道自己完成目標的進度，以及與終點目標之間的距離。這樣一來，目標執行者實現目標的動機就會持續加強，就會自覺地克服一切困難，努力達到終點目標。

（二）闡明好處

為下屬制定工作目標時，為了消除下屬擔心壓力過重、不願意承擔更多責任的心理障礙，飯店經理人可以向下屬詳細解釋某項目標能夠帶給飯店、部門的利益是什麼，下屬可以從中得到什麼。因為下屬最終關心的還是自身和利益。只有使下屬明確自己前進的方向，才能激發其前進的動力。

（三）鼓勵下屬設定目標

對於該部門的工作，下屬一般會比上級了解得更多。團隊領導者在詳細介紹了本團隊的工作目標之後，可以鼓勵下屬制定適合其部門特徵的工作目標。一方

面，下屬會更有責任感，對問題的考慮更為實際，制定出的目標也更加確實可行；另一方面，可以培養下屬獨立思考和解決問題的能力。

（四）循序漸進

剛剛實行目標管理時，下屬可能還不習慣。飯店經理人要先對下屬進行引導，根據目標達成的難易程度進行階段性目標的設定，可以按照先易後難。近期目標較詳細、遠期目標比較概括等方式，循序漸進、逐步推行，使下屬從過去的只會機械式地聽從上級的指令、被動地接受任務的思維模式中調整過來。

（五）目標與績效標準相統一

有什麼樣的目標就要有什麼樣的績效評估標準，不同的目標應有不同的評估和獎勵標準。飯店經理人在制定目標時，下屬一般會選擇追求更高一級的目標，以期實現更高的工作績效、獲得更多的獎勵。所以，飯店經理人需要注意，在制定目標之後，要同步推出目標完成的績效評估標準。

（六）為下屬提供支持

下屬如果知道，在達成目標的過程中能夠得到支持，對於其樹立完成目標的信心是很重要的。因為他知道你並非對他的工作袖手旁觀，而是隨時準備為他提供幫助。

飯店經理人要充分授予下屬為達成目標所必須的職權，使他們在實施目標計劃的過程中更具有自主性。同時，應明確告訴下屬，達成目標所必須的條件是什麼，以及下屬目前的能力與目標條件的差距是什麼。提供訊息，幫助下屬客觀地認識自我、認清目標。

飯店經理人在充分掌握各種訊息的基礎上，依照所處環境的資源、工作難度、經驗和個人能力，為下屬制定工作目標。最理想的情況就是，飯店經理人既對本部門可以動用的各種資源，例如，人員、獎勵權限等瞭如指掌，同時又非常了解各種具體的業務情況、自己下屬的個人情況，把每一個下屬放在最適合的位置上，以確保下屬透過一定的努力之後，能夠實現既定的各項目標。

第四節　如何實施績效考核與評估

引言

◎ 獵狗與兔子（第二部分）

引進競爭機制

獵人想：「獵狗說得也對，我要想得到更多的獵物，就得想個好辦法。」於是，獵人又買來幾隻獵狗，並規定，凡是能在打獵中抓到兔子的，就可以得到骨頭；抓不到兔子的就沒有骨頭吃。這一招果然奏效，獵狗們紛紛努力去追兔子，因為誰也不願意看見別人吃骨頭而自己沒得吃。過了一段時間，問題又出現了。因為大兔子非常難抓，小兔子比較容易抓；而抓到大兔子和抓到小兔子得到的骨頭差不多。獵狗們發現了這個問題之後，就專心去抓小兔子。獵人對獵狗們說：「最近你們抓的兔子越來越小了，這是怎麼回事？」獵狗回答：「反正抓大的跟抓小的得到的骨頭都一樣，那為什麼還要去抓大的呢？」

獵人引進了競爭機制之後，在一定時間內確實收到了效果，但是隨著時間的推移，骨頭對於獵狗們來說，誘惑力會越來越小。

實施績效考核

獵人經過考量之後，決定不再將分給獵狗的骨頭數量與獵狗是否抓到兔子相關，而是採取每過一段時間就統計一次獵狗抓到的兔子總重量，再根據這個重量來評估獵狗的貢獻大小，並決定其一段時間內的獎勵。於是，獵狗們抓到兔子的數量和重量都增加了，獵人很開心。但是，過了一段時間，獵人發現獵狗們抓的兔子數量又下降了，而且越有經驗的獵狗，抓的兔子數量下降的越厲害。於是，獵人又問獵狗。獵狗回答：「我們把最好的時間都奉獻給了您。但是，主人，我們隨著時間的推移會老，當我們抓不到兔子的時候，您還會給我們骨頭吃嗎？」

獵人是精明的，他懂得如何讓獵狗發揮最大的能量，不斷地提升獵狗的士氣。

獵人決定論功行賞，分析與彙總了所有獵狗抓到的兔子的數量與重量，規定

如果抓到的兔子超過了一定的數量後，即使抓不到兔子，每頓飯都可以得到一定數量的骨頭。獵狗們都很高興，大家都努力抓捕兔子。終於，一些獵狗達到了獵人規定的數量。

☆　飯店經理人在工作中如何提升員工的積極性從而達到團隊的目標；要透過怎樣的過程、營造什麼樣的氛圍，才讓有能力的人發揮最大的潛能。這實際上就是飯店人力資源的工作目標——創造一種發揮人力資源最大能力、獲得最大價值的工作管理機制，其核心體現為績效考評與評估。

‖ 一、績效評估評什麼

績效就是成績和效果。績效評估是按照一定的標準，採用科學的辦法，考核評定飯店員工對職務所規定職責的履行程度，以確定其工作成績的管理辦法。評估是飯店文化理念在管理中的集中體現；公正、公開、公平是評估中的重要原則。在評估面前人人平等，不允許任何人享有特權。飯店經理人只有透過評估才能了解員工的工作績效和工作態度。可以說，沒有績效評估就沒有管理。

（一）一般人員評估

飯店經理人對一般人員的評估，主要從以下幾方面進行：

1.德

德，即員工的精神境界、道德品行和思維。

2.能

能，即員工的能力素質。如一般溝通技巧、對事件資訊的分析能力、創造力、判斷力、自我目標設定、個人時間管理、決策、工作的授權與督導、駕馭下屬、衝突處理能力、綜合協調能力及激勵下屬能力等。

3.勤

勤，主要考察員工的工作態度，例如，敬業精神、主動積極；敢於負責、忠於職守；刻苦勤奮、勇於革新；率先垂範、以身作則等。

4.績

績,即員工的工作業績。這是員工績效評估的核心內容。

(1)工作的品質。包括工作過程的正確性、工作結果的有效性、工作完成的時效性、工作方法選擇的正確性。

(2)工作的數量。包括工作效率、工作總量。

(二)行政人員評估

飯店行政人員,尤其是後勤行政人員的工作業績不能用具體的數字來量化,於是,飯店經理人對於行政人員的評估,主要從以下幾方面進行:

(1)工作量。

(2)工作進度。

(3)滿意度調查。

(4)內部服務客人投訴次數。

(5)及時完成任務情況。

(三)考核權重

員工績效評估的主要目的,在於透過對員工全面綜合的評估,判斷他們是否稱職,並以此作為飯店人力資源管理的基本依據,確實保證員工培訓、薪水、晉升、調動及辭退等工作的科學性。對員工的考核,無論是一般工作人員,還是行政人員,都可以從工作業績、工作態度、工作能力等三方面來作出績效評估。但必須注意,處於組織結構中不同階層的人員,上述三項考核指標所占權重並不相同。較為合理的權重分配方案可參見表7-2。

表7-2 考核權重

職位層次	工作業績	工作態度	工作能力
決策層	65%	10%	25%
管理層	70%	15%	15%
督導層	75%	15%	10%
員工層	80%	10%	10%

二、績效評估應遵循哪些原則

（一）公開透明原則

公開透明原則包括以下三方面要求。

1.公開評估目標、標準和方法

人力資源管理部門在績效評估之初，就要把這些訊息公開地傳送到每一位被評估對象。

2.評估過程要公開

評估過程要公開，即在績效評估的每一個環節，都應接受來自人力資源部門以外的人員的監督，防止出現黑箱操作。

3.評估結果要公開

評估結果要公開，即在績效評估結束後，人力資源管理部門應把評估結果通報給每一位評估對象，使他們了解自己和其他人的業績訊息。但年終評估考慮到其特殊性，一般飯店都對評估對象以外的其他人員保密。

（二）客觀公正原則

在制定績效評估標準時，應從客觀公正的原則出發，堅持定量與定性相結合的方法，建立科學性適用的績效指標評估體系。這就要求制定績效評估標準時，多採用可以量化的客觀尺度，儘量減少個人主觀意願的影響。要用事實來說話，切忌主觀武斷或引導意見。

（三）多階層、全方位的評估原則

員工在不同的時間、不同的場合往往有不同的行為表現。為此,人力資源管理部門在進行績效評估時,應多方收集訊息,建立起多階層、多管道、全方位的評估體系。這一評估體系,包括上級考核、同級評定、下級評議、員工自評等幾方面。

（四）長期化、制度化的原則

由於飯店的業務經營活動是連續的過程,員工的工作也是持續不斷的行為。因此,飯店績效評估工作,也必須作為一項長期化、制度化的工作處理,這樣才能最大限度地發揮出績效評估的各項功能。

（五）彈性原則

員工的績效評估細則（尤其是量化指標）應該根據飯店的實際情況定期進行調整,使之更加合理、更加科學性。調整的期限一般為一年。

‖ 三、如何設置績效評估組織結構

飯店要設置好績效評估組織結構,以便更好地實施績效評估。

（一）績效評估組織結構

飯店組織結構是飯店組織內部各個構成要素相互作用的方式或形式,以求有效、合理地把飯店員工組織起來,為實現共同的目標而合作努力。飯店組織結構是飯店資源和權力分配的載體,它在人的能動行為下,透過訊息傳遞,承載著飯店的各項經營與管理活動,推動飯店的發展。飯店績效評估組織結構設置,如圖7-1所示。

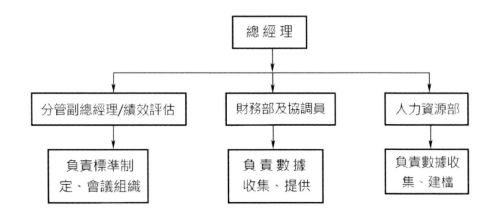

圖7-1 績效評估組織結構

（二）績效評估管理小組

1.績效評估管理小組主要成員

（1）由總經理、副總經理（或總經理助理）、績效評估主管（行政主管兼任）及財務會計主管等組成。

（2）總經理擔任組長。

（3）副總經理（或總經理助理）負責具體的考核工作。

（4）績效評估主管（行政主管兼任）負責數據收集、日常行為記錄和績效評估檔案管理等工作。

2.績效評估管理小組主要職能

（1）負責組織召開評估會議。

（2）對各部門的評估結果負責，並具有最終評估權。

（3）負責平衡各部門績效分數。

（4）確定各績效等級的薪水係數。

（5）對被評估人的行為及結果進行測定，並確認。

（6）負責評估工作的安排、實施、培訓和檢查指導。

（三）績效評估的角色分配

績效評估的角色按下述方案進行分配。

1.人力資源部

人力資源部落實績效管理的具體工作，根據績效管理結果，制定人力資源開發計劃。

2.部門協調員

部門協調員由部門文書員兼任，為人力資源績效管理工作提供支援。主要負責按時收集績效考核表，並提供、收集績效考核所需的數據和參考意見。

3.部門總監

根據部門需要進一步詳細化評估方案，並實施對本部門各級管理人員的月／年度績效考核；負責組織召開部門評估覆核會議，對本部門的評估結果負責。

四、評估有哪些方法

一般常見績效評估的方法有以下幾種：

（一）關鍵績效指標評估（KPI）

關鍵績效指標（KPI，Key Performance Indicator）是用來衡量員工工作績效表現的具體量化指標，對關鍵績效指標的評估，是衡量員工工作完成效果的最直接方式、是績效考核的核心。設立關鍵績效指標的意義在於，使飯店經理人能夠將精力集中在對飯店綜合績效有最大驅動力的經營行為上，及時診斷經營活動中存在的問題並採取相應的措施。關鍵績效指標具有以下特點：

1.KPI來自於對飯店戰略目標的分解

作為衡量各部門員工工作績效的指標，KPI所反映的衡量內容取決於飯店的戰略目標，是對飯店戰略目標的進一步詳細化。同時，KPI隨著飯店戰略目標的

發展演變而不斷調整。當飯店戰略重點轉移時，KPI必須修正，以反映飯店戰略發展的新內容。

2.KPI是對績效構成中可控制部分的衡量

KPI應儘量反映員工工作中可直接控制的工作內容，剔除因他人或環境因素造成的影響。例如，銷售量與市場份額都是衡量銷售部門市場開發能力的標準，而銷售量是市場總規模與市場份額相乘的結果，其中市場總規模是不可控變量。在這種情況下，兩者相比，市場份額更體現了職位績效的核心內容，更適用於作為關鍵績效指標。

3.KPI是對重點經營活動的衡量

KPI是對重點經營活動的衡量，而不是對所有操作過程的反映。各個部門的員工的工作內容都涉及不同方面，但KPI只對飯店的整體戰略目標的影響較大，且對戰略目標具有關鍵作用的工作進行衡量。

4.KPI是組織上下認同的

KPI不是由上級強行確定下達的，也不是由部門自行制定的，它的制定是由上級與員工共同參與完成，是雙方所達成一致意見的體現。它不是以上壓下的工具，而是組織中相關人員對部門工作績效要求的共同認識。

（二）平衡計分卡評估

平衡計分卡，是根據飯店組織的戰略要求而精心設計的指標體系。它從財務維度、客戶維度、內部流程維度、學習與發展維度等四個不同的角度來衡量飯店的業績，以平衡為訴求，尋求各指標之間的平衡，從而幫助飯店解決有效的飯店績效評估和戰略實施兩個關鍵問題。平衡計分卡的一個重要的目的，就是將業績與戰略目標聯合起來，這樣一來，飯店成員就可以了解，他們的行為是如何影響企業的成功的。

1.財務維度

包括飯店經營收入、GOP值、各項盈利指標、資產營運、償債能力、成長能

力、投資回報率、收入成長率、儲蓄服務、成本降低額和各項服務收入百分比等。

2.客戶維度

包括成本、品質、及時性、顧客忠誠度、吸引新顧客能力、市場成本、市場占有率、與顧客的關係、現有顧客保留率、顧客投訴率和顧客滿意度等。

3.內部流程維度

包括創新過程、研發設計週期、飯店各部門運作過程、飯店管理水平、採購時間、飯店安全管理事故率和服務效率等。

4.學習與發展維度

包括員工素質、員工生產力、員工忠誠度、員工滿意度、組織結構有效性、訊息系統、員工流動率、團隊工作效率和人員工作培訓費用等。

平衡記分卡評估在設計詳細指標時，往往採用的是KPI評估的方法（參見表7-3）。

表7-3 人力資源部經理月度績效考核表

被考核人員	姓 名		直接上級	姓 名		考評週期	
	部門/職務	經 理		職 務			
關鍵指標	關鍵績效指標	績效測評	實際完成		綜合得分p	權重i	項目得分pi	評估

人力資源部經理月度績效考核表							
財務管理 30	飯店營業收入GOP	實績:____ 實績:____	完成百分比: _____ 5=95.0%~100% 4=90.0%~94.9% 3=85.05%~89.9% 2=80.0%~84.9% 1=79.9及以下			30	
客戶管理 15	賓客拜訪	共____人次	5=5人以上　　4=4人 3=3人　　　　2=2人 1=1人及以下			10	
	賓客投訴	共____人次	5=0　　4=1　　3=2 2=3　　1=4			5	
內部過程管理 40	員工動態管理	基礎資料建設與分析	5=2(員工訪談) +2(有專題報告) +1(市場人力分析)			15	
	任務執行	布置工作(早會)任務未完成____起	5=0 起未完成 4=1　　　3=2 2=3　　　1=4			15	
	其他/安全事故		5=0 起			5	
	人事/工會建設	基礎建設的完整性	5=2(召開月度會議) +2(有月度活動) +1(有台賬建設)			5	
學習與發展 15	培訓/情況		5=2(完成培訓計劃) +2(培訓滿意率達85%) +1(部門經理授課一次)			5	
	員工成長	指根據接班人計畫完成情況	5=2(人才庫建設) +2(接班人培養) +1(接班人計劃)			5	
	員工流動率		5=3%　　　4=4%			5	
考評成績	總分 （Σpi）				月度總評等級		
折算成100分制				月度獎金係數			
直屬上級簽名:				考評組長簽名:			

（三）360度評估

　　360度評估，也稱為全方位回饋評估，是由與被評估者有密切關係的人，包括被評估者的上級、同事、下屬和客人等，以匿名形式對被評估者進行評估；被評估者自己也對自己進行評估。然後，根據他人評估與被評估者自我評估的結果對比，向被評估者提供回饋訊息，以幫助其提高（參見表7-4、表7-5）。

表7-4 員工績效評估表（同級測評）

姓名:　　　　部門:　　　　崗位:　　　　評價日期:

評價項目	對評價期間工作成績的評價要點	評價尺度				
		優	良	中	合格	差
敬業態度	A.嚴格遵守工作制度，有效利用工作時間;	5	4	3	2	1
	B.對工作持積極態度;	5	4	3	2	1
	C.忠於職守，堅守崗位;	5	4	3	2	1
	D.以團隊精神工作，協助上級，配合同事。	5	4	3	2	1
業務工作	A.正確理解工作內容，制定適當的工作計劃;	5	4	3	2	1
	B.不需要上級詳細的指示和指導;	5	4	3	2	1
	C.及時與同事合作溝通，使工作順利進行;	5	4	3	2	1
	D.迅速處理工作中的問題及完成臨時追加任務。	5	4	3	2	1
監督管理	A.以主人翁精神與同事協力努力工作	5	4	3	2	1
	B.正確認識工作目的，正確處理業務;	5	4	3	2	1
	C.積極努力改善工作方法;	5	4	3	2	1
	D.根據流程操作，不妨礙他人工作。	5	4	3	2	1
指導協調	A.工作速度快;	5	4	3	2	1
	B.業務處理得當，業績良好	5	4	3	2	1
	C.工作方法正確，時間安排十分有效	5	4	3	2	1
	D.工作沒有半途而廢或造成不良後果。	5	4	3	2	1
工作效果	A.工作成果達到預期目的或計劃要求;	5	4	3	2	1
	B.及時整理工作成果，為以後的工作創造條件	5	4	3	2	1
	C.工作總結和匯報準確真實	5	4	3	2	1
	D.工作熟練程度和技能提高能力。	5	4	3	2	1

1.通過以上各項的評分，該員工的綜合得分是:＿＿＿分
2.你認為該員工應處的等級是:(選擇其一)　[　]A[　]B[　]C[　]D
　A.60分以下　　B.60~75分　　C.75~90分　　D.90分以上
3.評價者意見＿＿＿＿＿＿＿＿＿＿＿＿＿＿＿＿＿＿＿＿＿＿＿＿＿＿＿

續表

4.評價者簽字:_____ 日期:_____年___月___日

人力資源評定:

1.評語: _____

2.依據本次評價,特決定該員工:

[ ]轉正:在_____任_____職 [ ]升職至 _____ 任 _____

[ ]續簽勞動合約 自___年__月___日至 ___年___月___日

[ ]降職為_____ [ ]提薪/降薪為_____

[ ]辭退_____

表7-5 員工績效評估表(上級測評)

主管的意見

差(1~25分)　　　一般(26~50分)　　　良(51~75分)　　　優(76~100分)

□　　　　　　　　□　　　　　　　　□　　　　　　　　□

主要缺點:　　　　　　　　　　　　　　主要優點:

何種培訓對員工有益?

該員工是否適合本工作?　□是　　　□否

該員工工作之餘是否在校進修充實自己? 如否，什麼工作較適合?

該員工曾參加何項飯店資助的培訓?

其他意見:

員工綜合工作表現

該員工的綜合工作表現如何?(選最適合的一項)

綜合工作表現

最好	□
優良	□
滿意	□
適當改進	□
大幅改進	□

續表

附註:

評價人＿＿＿＿＿＿＿＿＿＿＿　　日期＿＿＿＿＿＿＿＿＿＿＿＿＿＿＿＿

審核人＿＿＿＿＿＿＿＿＿＿＿　　日期＿＿＿＿＿＿＿＿＿＿＿＿＿＿＿＿

備註:

　1.此為你對下屬再受評價期間工作績效的看法。在此期間你一定要確實曾經與其經常溝通並關注他(她)，你才有可能對其績效有準確的認識。

　2.盡量增進你與下屬之間互相的了解，彼此明確對工作目標的看法。本評價是以工作而非以個性為導向，傾聽對方的意見，你認為滿意的部分要明確指出來，要了解如何改進績效並決定如何具體進行。

　　360度考核的優點是比較全面，但工作量比一般評估要大得多，因此，360

度評估往往被用於年終評估。同時，參加評估的往往也不是全部人員，而是採用隨機抽查的方式，根據一定的比例確定參加人數。實施360度評估，要確保每個環節都要做到公正、公平、真實，才能創造出評估應有的作用。

1.由誰來充當評估者

360度評估，一般都是由許多名評估者匿名進行評估。這雖然保證了訊息蒐集的範圍，卻不能保證所獲得的訊息就是準確的、公正的。

因為訊息層面、認知層面和情感層面因素的影響，可能會導致評估的結果不準確、不公正。例如，評估者可能會給關係好的被評估者以較高的評價；給關係不好的被評估者以較低的評價。為了避免這種情況，在進行360度考核之前，應對評估者進行指導和培訓，同時，最好能讓評估者進行模擬評估，然後根據評估的結果指出評估者所犯的錯誤，以提高評估者實際評估時的準確性和公正性。

2.如何正確使用評估結果

360度評估能不能改善被評估者的業績，在很大程度上取決於評估結果的回饋。回饋的目的，在於幫助被評估者提高能力水平和業績水平。

一般由被評估者的上級或人力資源部的負責人，根據評估結果，面對面地向被評估者提供回饋，幫助被評估者分析哪些方面比較好、哪些方面還有待改進及如何改進等。如果被評估者對於某些評估結果有異議，可作進一步的了解，然後向被評估者提供回饋。同時，回饋時要遵循保密原則，以免因為被評估者之間的差異，引起部分被評估者的不滿或自尊心受到傷害。

第八章 營造團隊核心文化

導讀

　　企業文化是企業成員共同的價值觀，最終要融入思維，體現於行動中。企業文化代表了企業管理理論發展的最新趨勢，是企業管理理論的一個新的里程碑。飯店的團隊文化更富有整體性、人情味，有著自身的特點和要求。塑造團隊文化的關鍵在於，培養一批具有前瞻性眼光、系統性思維及創新性理念的飯店經理人，為飯店管理引領正確的方向。作為飯店經理人必須及時疏通、協調各種關係，整合飯店各項資源，並改進管理方法，提高成員的團隊意識，充分營造團隊合作氛圍。

第一節　企業文化是什麼

引言

　　◎　奇異公司前CEO傑克‧威爾許説：「健康向上的企業文化，是一個企業戰無不勝的動力之源。」

　　◎　中國大陸知名的經濟學家于光遠説：「關於發展，三流企業靠生產、二流企業靠營銷、一流企業靠文化。」

　　◎　海爾總裁張瑞敏説：「企業文化是海爾的核心競爭力。」

　　◎　飯店文化是飯店隱性的管理體制，雖然不能直接產生經濟效益，但它是飯店能否繁榮昌盛並持續發展的關鍵因素。

　　☆　在現代社會管理實踐中，許多企業都提出了自身的企業理念，但真正能融入員工思維，並最終體現於行動的並不多，它們的企業文化仍停留在口號、形

式、目標或願景上。我們的企業要儘快找到一種共同的價值觀,並深化為經營思維和行為,詳細化到企業生產過程中的每一個環節,並透過不斷的變革來讓員工的行為改變。

▌一、什麼是企業文化

企業文化作為一種基本價值觀,是企業在長期生產經營過程中逐漸形成與發展的、帶有該企業特徵的企業經營哲學。即以價值觀念和思維方式,為核心所生成的企業行為規範、道德準則、風俗習慣和傳統模式的有機統一。

企業文化分為企業精神文化、企業行為文化、企業制度文化和企業形象物質文化等四大類。企業精神文化,即企業的價值觀念和思維方式,是企業文化的核心。企業行為文化,是在企業的管理階層和員工的行為特徵中得以體現。企業物質文化,是透過產品和服務的品牌、品質等來體現。企業制度文化,是在企業的各項規章、制度中得以體現。企業文化是一種軟性的管理方式,主要從情感出發,充分提升企業中每位員工的積極性和創造性。透過精神上的趨同帶動行為上的一致,把企業建立為一個團結向上的整體。優秀的企業文化是現代企業成功的關鍵。

▌二、企業文化的作用

卓越的企業文化表現為一種強烈的內在驅動力和創造力。企業不僅是產品生產和員工工作維生的場所,而且還要成為人們實現生命意義、人生價值的所在。

(一)促使企業上下想法高度統一

透過建立企業文化,使企業形成深厚而強烈的企業文化氛圍,從而約束並規範員工的行為。在企業文化的影響和作用下,員工能夠在這個文化氛圍中,與企業高層的想法保持一致,實現自上而下的價值觀認同。

(二)促進人才資源開發的建立

透過建立企業文化,強化企業的人文觀、人本觀,使企業更加深刻地意識到

人才資源建立的重要性。當今社會競爭日趨激烈，訊息、技術已不具備持久的競爭優勢。設備可以放棄，資金可以放棄，唯獨人才不可以放棄，也只有人力資源才是企業的核心競爭力所在。然而，在當前情勢下，人才供需不平衡的矛盾日趨尖銳。如何有效地開發和利用人才，成為許多企業家們越來越關注的問題。

▌三、什麼是飯店文化

飯店文化屬於企業組織文化的範疇。它是飯店全體員工經過長期的生產實踐形成並培育起來的，大家共同遵守、有別於其他組織的目標、價值觀、行為規範等的總稱。飯店文化與個體文化、社會文化、民族文化不同，屬於一種「經濟文化」。

案例8-1

◎ 分粥的故事

有七個人住在一起用餐，共分食一桶粥，但是粥每天都不夠分。起初，他們用抽籤來決定由誰來分粥，每人每天輪流。結果他們只有當自己負責分粥的那一天才能吃飽。後來，他們決定推選出一個品德高尚的人出來分粥。但是大家開始挖空心思地去討好他、賄賂他，還讓得整個小群體烏煙瘴氣。接著，大家又組成了三人的分粥委員會和四人的評選委員會，卻經常爭論、互相攻擊。最後，他們想出一個輪流分粥的方法，前提條件是：分粥的人要等其他人都挑完後才能拿最後剩下的那一碗粥。為了不讓自己吃得最少，每個人都儘量分得平均。於是，大家都和和氣氣、快快樂樂的，日子越過越好。

透過這個故事你想到了什麼？七個人，不同的分配制度就會形成不同的風氣。同樣的道理，如果一家飯店存在不好的工作風氣，那麼一定是文化機制出現了問題——沒有建立公平、公正、公開的考核制度，沒有嚴格的獎勤罰懶制度，沒有形成濃厚的文化氛圍。

271

隨著知識經濟的發展，飯店之間的競爭越來越表現為飯店文化的競爭。飯店文化已經成為飯店創造核心競爭力的基石，決定了飯店的興衰、存亡。而努力營造「以人為本」、「創新為本」的飯店文化，可以為飯店的戰略管理建立最堅固、最長久的競爭平台。

四、飯店文化的特點

飯店文化作為一種特殊的文化，具有以下特點：

（一）多元性

飯店文化的構成要素是多元的，既有精神方面的因素，又有物質方面的因素。

（二）階層性

飯店文化是分階層的，精神方面是飯店文化的內蘊存在；而物質方面是飯店文化的外顯存在。

（三）時間性

飯店文化是員工在長期的生產實踐中形成的、大家共同認可並遵守的行為規範，需要深化為大家的共同信仰才能發揮最大效用。因此，飯店文化具有時間性，沉澱越久，文化的內蘊越深，影響力也越大。

（四）獨特性

每個飯店都有其獨特的文化氛圍、經營理念和價值觀，因此，其所形成的飯店文化也是各不相同的。

（五）難交易性

飯店文化是飯店所有員工共同認同，並用來教育新成員的一套價值體系，包括發展目標、價值觀念、道德標準、行為規範等。優秀的飯店文化，往往是根據某飯店自身特點量身訂作而成的，不一定適用於其他的飯店。

（六）難模仿性

先進的技術可以模仿，科學的管理理念可以模仿，唯獨因長期沉澱而成的文化氛圍不能模仿。飯店文化具有其獨特性，是飯店核心競爭力的泉源，是飯店可持續發展的基本驅動力。

（七）高速度性

由於科學技術的飛速發展，帶動了文化的發展。飯店的競爭也表現為時間的競爭。客人求新求異變的心理需求，使飯店對新產品的研發越來越急迫，新產品的時間週期也越來越短；飯店的物質文化發展更新速度越來越快。

（八）學習性

人類的知識在爆炸式地急速成長，無論是飯店還是飯店經理人都面臨著最嚴峻的挑戰。如果沒有深厚的飯店文化、長遠的發展規劃，只顧及眼前的利益，不注意學習和知識更新，將會導致整個飯店機制及功能的老化，不出兩三年，可能就要面臨「關門大吉」的悲慘下場。

（九）創新性

創新是飯店文化的核心思維。創新就是要在激烈的市場競爭中樹立「人無我有，人有我優，人優我轉」的理念，和「窮則變，變則通，通則久」的變革意識。

（十）融合性

現代飯店的競爭已經轉化為「競爭＋合作」的模式。飯店在現有文化的基礎上要不斷融合多種元素，形成多元文化，實現優化組合。飯店文化的多元性，使飯店能夠突破有限的市場空間和社會結構，實現「雙贏」或「多贏」。

‖ 五、飯店文化在飯店發展中發揮的作用

國際知名的蘭德公司，經過長期研究發現，飯店的競爭力可分為三層：第一層是產品層；第二層是制度層；第三層是文化層。文化對於飯店可持續發展、增強飯店的競爭力，發揮著至關重要的作用。飯店文化一旦得到飯店員工的廣泛認

同，就會使全體員工產生使命感和責任感，進而使員工對飯店的經營理念、形象定位、經理人的管理風格產生認同。

（一）凝聚功能

飯店文化是飯店的黏合劑，把飯店全體員工牢牢地團結在一起，使他們目標一致、行動一致。在飯店文化中，共同的發展目標成為平衡人與人之間、個人與飯店之間利益關係的砝碼，力求實現飯店與員工的利益「雙贏」，並在此基礎上形成強大的向心力和凝聚力。

（二）導向功能

導向功能，包括價值導向和行為導向。飯店文化引導全體員工價值觀念趨同、行為步調一致。

（三）激勵功能

激勵是一種精神力量。飯店文化所形成的飯店內部的文化氛圍和價值導向，能夠為飯店成員造成精神激勵的作用，將員工的積極性、主動性和創造性提升和激發出來，使員工的能力得到充分發揮，並提高各部門和員工的經營能力和自主管理能力。

（四）約束功能

飯店文化為飯店的發展樹立了正確的方向，對那些不利於飯店長遠發展的不該做、不能做的行為，造成一種「軟性約束力」的作用。可提高飯店員工的自覺性、積極性、主動性；提高員工的責任感和使命感。使員工明確工作意義和方法，為飯店的發展提供「免疫」功能。

（五）品牌功能

優秀的飯店文化展現出的是一種成功的管理風格、良好的經營狀況和高尚的精神風貌，從而為飯店塑造了良好的社會形象，提高誠信度、擴大影響力，是飯店一筆巨大的無形資產。

（六）輻射功能

飯店文化一旦形成了較為固定的模式，它不僅會在飯店內部發揮作用、對飯店員工會產生影響，而且也會透過各種管道對社會產生影響。飯店文化的傳播對樹立飯店在公眾中的形象是很有幫助的，優秀的飯店文化對社會的發展也有很大的影響。

如果一家飯店沒有好的飯店文化或者是適合自身的文化，它就失去持續發展的動力，最終走向失敗的深淵。現代飯店中，員工已經不再是「經濟人」，物質對於他們來說不再是唯一重要的需求，僅憑高薪已無法滿足優秀人才的高階層需求。優秀的飯店文化具有無窮的魅力，它會使飯店的所有員工熱愛這個群體，成為支撐飯店可持續發展的有力支柱。國際上，但凡歷史悠久的知名飯店，例如，雅高、假日、希爾頓、香格里拉等，都有其獨特的飯店文化。

第二節　飯店核心文化的塑造

引言

◎　聯想總裁柳傳志對企業家的認識是：企業的最高領導人是一個具有戰鬥力的管理團隊的核心，也是推動企業發展的關鍵。

◎　中國大陸唯一被哈佛大學列為成功典範的青島海爾集團，實際上就是張瑞敏的實驗場。張瑞敏把它想成什麼樣子，楊綿綿就能把它搭成什麼樣子，就像疊積木一樣。一個敢想，一個敢做，成就了海爾今天的業績。海爾今天之所以能成為一家享譽世界的家電製造業航空母艦，與這兩位領導者卓越的領導才能有著密切的因果關係。

◎　美國IBM總裁托馬斯‧華生說：「任何公司想要生存、成功，首先必須擁有一套信念。」這就是核心文化。

◎　海爾總裁張瑞敏說：「所有成功的企業必須有非常強烈的企業文化，用這個企業文化把所有的人凝聚在一起。」這就是海爾精神。

☆　中國大陸飯店業在加入WTO的背景下，國際飯店集團大舉進入、攻城掠地，競爭日趨激烈。一個飯店要生存發展，必須塑造自己的企業文化。企業文化

雖然不是直接的生產力，但卻是最強大的、最持久的生產力，也是飯店形成品牌、克敵制勝的法寶。

一、飯店文化的核心是飯店經理人文化

塑造飯店文化的核心，關鍵在於培養一批具有前瞻性眼光、系統性思維及創新性理念的飯店經理人，為飯店管理引領正確的航向，提高飯店在激烈競爭環境下的生存能力。

飯店經理人的素質在很大程度上影響著飯店的競爭力。先行一步謂之為「帶」，思維超前謂之為「領」，飯店核心人物的帶領作用對飯店至關重要。飯店的競爭從某種程度上來說，實際上就是飯店經理人之間的競爭，飯店的文化也就是飯店經理人的文化。提高飯店的競爭力，不完全是進行戰略功能的設計和對組織層面的變革。因為，即使組織設計的再好，關鍵還是要有優秀的團隊來執行。沒有一個優秀團隊全面配合執行，再好的企業盈利模式設計都會在實行功效上打折扣。在一個企業培養一支優秀的、學習型團隊，將會從根本上改變企業的命運。

案例8-2

◎ 香格里拉飯店管理集團核心競爭力研究

香格里拉飯店集團的經營戰略

——集團的目標是成為亞洲地區飯店集團的龍頭，使命是成為客人、員工和股東的首選。

1.香格里拉國際飯店管理集團的經營指導原則

香格里拉的經營理念是「由體貼入微的員工提供的亞洲式接待」。即指為客人提供體貼入微的、具有濃郁東方文化風格的優質服務。這一經營思維已深入到香格里拉飯店集團下的每家飯店。

香格里拉飯店集團倡導的精神是「殷勤好客香格里拉情」。「恪守這一經營思維，是我們能夠贏得讚譽、脫穎而出的關鍵。我們十分珍視『香格里拉』這一獨特的品牌，致力於為客人提供卓越服務，最終贏得客人的忠誠度。」香格里拉的企業精神有五個核心價值：尊重備至，溫良謙恭，真誠質樸，樂於助人，彬彬有禮。

2.建立客人忠誠度

在顧客服務上，香格里拉不再局限於傳統的讓客人滿意的原則，而是將其引申為由客人滿意到使客人愉悅，直到建立客人忠誠度。在香格里拉，主要是透過認知客人的重要性、預見客人的需求、靈活處理客人要求，並積極補救出現的問題等四種途徑，來使客人感到愉悅。

香格里拉飯店員工對顧客的承諾：

我們要把贏得客人忠誠度作為事業發展的主要驅動力，體現在：

——始終如一地為客人提供優質服務。

——在每一次和客人接觸時，都讓客人喜出望外。

——行政管理人員與客人保持直接接觸。

——我們要使員工能夠在為客人服務的現場及時作出果斷決定。

3.建立員工的忠誠度

香格里拉飯店對員工的承諾：

——我們要確保領導者具有追求經營業績的魄力，發揚團隊合作精神，齊心協力、步調一致。

——我們要確保每家飯店乃至整個公司，都取得短期和長期的最佳經營業績。

——我們要努力創造既有利於員工事業發展，又有助於實現他們個人生活目標的環境。

——我們要在與人相處時表現出誠摯、關愛和正直的品質。

——我們要致力於引進先進技術和改進程序，確保服務程序簡明易行，方便客人及員工。

——我們要加強環保意識，保障客人和員工的安全。

4.香格里拉相信，有了忠誠的員工才會有忠誠的客人

——重視培訓。

——提高凝聚力，尊重員工。

5.管理品質

——始終如一傳遞高品質。

——建立起一套完整、有實用價值、行之有效的操作系統和標準；發展一些共用的條例作為所有香格里拉飯店執行的最低標準；致力於發展先進的行政和管理理念、完善的政策及制度，並力求做到一步到位。

——完善服務理念、強化經營管理、提高運作技能、體現專業化。

——參與細節。

——監督。

——管理人員以行動體現服務精神。

‖ 二、變革是塑造飯店核心文化的動力

案例8-3

◎ 你的飯店是否存在以下問題？

1.飯店經營業績直線下滑，客房住宿率持續下降，餐飲毛利率不斷降低。

2.老客戶銳減、新客戶難以開發，飯店客源流失現象嚴重。

3.採購成本增加，原材料浪費，洗滌用品大量使用，能源消耗增加。

4.餐具、棉織品報損率增加，飯店設施設備保養不當。

5.飯店物品被員工拿走，員工串門子、聊天、處理私人事情、夜間當班偷睡覺。

6.員工打架、鬥毆，頂撞上級的現象時有發生。

7.員工流失嚴重，服務品質下降，客人投訴增加。

8.財務管理方面，員工假造訂單、銷單、逃單等現象嚴重。

9.安全管理方面，客人物品經常失竊，停車場車輛被惡意刮花。

10.飯店值班日報、質檢日報上檢查發現的問題，屢次重複出現。

11.飯店管理會議上，管理人員彙報報喜不報憂，粉飾太平。會議頻繁召開，卻會而不議，議而不決。

你的飯店是不是也經常面臨著這些問題呢？為什麼這些問題總是得不到徹底的解決？飯店經理人是不是應該考慮，對飯店目前的管理作出適當的變革？

飯店變革的最大阻力來自於僵化的飯店文化、來自於習慣；而習慣的外在表現直接體現在行動上。為了保持變革成果的延續與發展，就必須把支持變革成果的一切價值觀固化成飯店文化。變革與適合的飯店文化是現代飯店生存與發展之本，因此，必須處理好兩者之間的關係。

三、變革是飯店文化的核心內容之一

◎ 青蛙的危機

有人做過這樣一個試驗：把一隻青蛙丟入沸水中，青蛙受到強烈的刺激後，猛地跳了出來。但是，再將青蛙放在冷水裡，然後慢慢幫水加熱，青蛙意識不到危機將至，就不掙扎也不跳出，而當水溫加熱到一定程度時，牠想要逃命卻已經來不及了，結果被活活煮死在鍋子裡。

　　溫水中的青蛙因為對環境的變化不敏感，而逐漸在沸水中喪命。變化的環境要求變革的文化，變革的飯店文化要求要對環境變化有敏銳的識別能力，要有快速反應、及時變革的機制。前者代表著飯店的核心競爭力，後者代表著優秀的飯店文化。如果飯店沒有或喪失了快速反應與及時變革的能力與機制，飯店就又到了變革的邊緣。在這樣的循環發展中，變革的飯店文化是飯店變革成功的基本保障之一。

┃四、飯店文化是變革實施成功的保障

　　變革大致分為連續性變革與跳躍性變革。連續性變革，是圍繞著一個主線持續改進，這種變革對已有飯店文化的衝擊不大，但需要有一個開放的系統，保證飯店文化與飯店變革一同持續改進，進而支持飯店連續性的變革成果。跳躍性變革，使飯店在變革前後有根本的改變。實施變革的初期，為了改變員工觀念與行動，大都採取強有力的制度來保障變革的階段性成果，而要將變革後的價值取向與理念轉變為員工的自覺行動，就必須重塑與之相適應的飯店文化。

┃五、建立學習型組織，激發核心競爭力形成

案例8-4

◎ 飯店提升凝聚力和核心競爭力

　　某飯店為了提升團隊的凝聚力和核心競爭力，明確提出要把團隊培育成一個學習型團隊。為此，該飯店非常注重學習與創新，要求每位員工必須每月閱讀一本飯店管理書籍，並能學以致用。同時，該飯店還安排每週一晚上17：00～19：00召集各部門經理學習，觀看培訓影片、交流培訓心得。各部門經理必須從學習內容中整理出精華內容，並幫基層管理人員授課。透過這一行為，不僅有效地加大了飯店培訓的力度、提升了培訓的效果，而且提高了管理人員的授課水平和綜合素質。在整個飯店建立一支學習型組織團隊，會有力地增強飯店的競爭

力。

在全球競爭日益激烈的情況下，飯店要尋求獲得競爭優勢，其根本出路就是要形成核心競爭力。飯店的核心競爭力蘊藏於飯店員工的思維中，是飯店文化的一種「軟體」資源，具有鮮明的時間性。因為，創建飯店的核心競爭力必須要經過上下齊心、沉澱優秀的飯店文化始有雛形。飯店在形成自己的核心競爭力之後，如果不注意及時更新、提煉，再培育、再維護，那麼殫精竭慮建立起來的核心競爭優勢，將極有可能在新一輪的爭奪戰中喪失殆盡。而解決此問題的唯一辦法，就是要不斷地創新、不斷地學習，將「守業」變成「創業」。也就是說，要以系統思維、自我超越、改善心智模式、建立共同目標和團隊學習為技術工具，在企業內建立學習型組織，以提高組織的學習能力。

「其興民勃焉，其亡也忽矣。」飯店必須在其內部建立「學習型」組織，以不斷更新飯店管理人員的知識體系和管理思維，使之永遠保持一種健康的「新陳代謝」的狀態。另一方面，飯店應鼓勵展開員工自學和服務競賽等活動，透過這些生動活潑的形式，使飯店的員工，尤其是高層管理人員能夠跟得上世界飯店業發展的腳步、了解最新的經營與管理方法。

第三節　營造良好的飯店企業文化氛圍

引言

◎　習慣就像一根繩子，每天我們都往繩子裡放進一根絲線，它就會變得越來越牢固，直到無法被扯斷。

◎　壞習慣是每個人行動的障礙，如果得不到糾正和制約，就會像惡性腫瘤一樣在組織中擴散開來，阻礙我們前進的步伐；好的習慣則會引導我們向健康的方向發展，比較容易到達成功的彼岸。

◎　第一流的企業文化塑造出第一流的員工，第一流的員工創造出第一流的產品，第一流的產品贏得更多的客人，更多的客人帶來更多的利潤。

☆　不管是措施還是制度，都是要規範員工的行為。透過長時間的培養使之

成為一種良好的習慣，這就是企業文化建立中的習慣管理。企業的文化會在無形中影響員工的習慣，如果員工的習慣與企業文化相適應，這個習慣就會被強化；反之，如果員工的習慣與企業文化相違背，員工就會在企業文化潛移默化的影響下摒棄原本的習慣。因此，我們應該在建立良好的企業文化方面下工夫，為員工營造一個養成良好習慣的氛圍。

案例8-5

◎ 豐田公司員工文化

日本豐田公司非常注重對企業文化的塑造，豐田的每位員工都非常注意維護公司的整體形象，哪怕有些看似與自己不相干的事也會去管。有一位豐田員工在大街上看見一輛停靠在路邊的豐田汽車，發現車上有一處有灰塵，就馬上掏出雪白的手帕抹去灰塵，讓汽車重放光彩。因為，豐田人認為，如果豐田汽車有了汙點，就好像自己也沾上了汙點。

‖ 一、以飯店經營理念為方針

飯店屬於經營性行業，追求利潤是其作為經濟型組織的最根本目標。飯店文化是飯店價值觀、經營方式、經營理念、管理機制等的總和，是飯店的核心與靈魂。飯店透過提煉和總結自己已經形成的特色文化，用與時俱進的觀念不斷修正和完善固有的飯店文化，不斷提升飯店文化、發展飯店文化，最終的目的是為了實現飯店的經營目標。所以，飯店創建企業文化，必須以飯店的經營理念為方針，牢固樹立文化為經營服務的理念。

‖ 二、架設「以人為本」的文化平台

案例8-6

◎ 開闢「文化窗口」

飯店加強企業文化建立，必須要重視對文化傳播平台的創建。飯店管理者可考慮在員工領域開闢「文化窗口」，宣傳企業的文化精神、文化理念。例如，在員工打卡室張貼「今天你微笑了嗎？」，以提醒員工注重服裝儀容、禮節禮貌；在員工通道張貼一些勵志名言，以鞭策員工努力奮鬥；在員工餐廳及員工宿舍張貼飯店規章制度、飯店簡介、飯店大事記、通報飯店重要獎懲、飯店消防知識等，以幫助員工了解飯店訊息。透過上述宣傳管道宣揚飯店文化，對員工會造成一定的約束作用，規範員工的言行舉止。

飯店要架設「以人為本，共同發展」的文化平台，營造「誠信和諧」的文化環境，實施「開門」工程，奉守「員工滿意是所有飯店經理人的共同追求」，最大限度地開發員工的潛能。

三、吸納外來的優秀文化

案例8-7

◎ 飯店「充電」

某飯店非常注重文化創新，透過引進外來文化，可使其認識到自身存在的不足和差距。該飯店給員工創造學習機會，經常邀請大專院校教授來講課；組織管理人員參加集團公司展開的企業管理培訓。同時，飯店還不定期地邀請飯店管理專家前來指導、介紹寶貴經驗。此外，飯店還每年不定期安排管理人員考察高星級飯店，並對考察情況加以總結彙報，將考察成果的精華部分與全體員工共享。

選擇並吸取外來的優秀文化、活躍飯店本土文化。保持海納百川的開放胸襟，將一些先進的、優秀的、適合飯店發展趨勢的新觀念、新想法囊括進來，使飯店文化得以保持長久的活力。

四、建立飯店經理人和員工的共同願景

「共同願景」可以理解成共同的理想、共同的奮鬥目標。它是一個方向盤，能夠使團隊在遭遇困難或阻力時，繼續循著正確的路徑前進。飯店要建立經理人和員工共同的願景，樹立共同的理想和奮鬥目標，這對於飯店的成長與發展是非常重要的。它會凝聚飯店的全體員工向心力，無怨無悔地為實現飯店的共同願景而拚搏奉獻。飯店經理人和所有員工要有共同的願景，使大家觀念一致，都能夠為飯店的共同願景去努力。飯店文化若以建立「共同願景」為基礎，建立良好的文化氛圍就比較容易。

五、讓員工明白飯店的發展目標和價值觀

一個企業經營的好壞，取決於企業內外的各種因素。但飯店經理人經營觀念的先進、正確與否，是一個企業管理者能否做好企業經營管理的重要因素之一。飯店塑造組織文化主要有兩個目的：一是增強內部凝聚力；二是提高外部競爭力。飯店透過各種途徑向全體員工宣傳飯店的發展目標、價值觀、經營理念及行為準則等，並透過確實制定一系列體現「以人為本」的措施，可以增強飯店員工之間的凝聚力、強化員工對飯店和自身的認知，從而使飯店經理人的各項管理工作得以順利執行。因此，飯店經理人要透過宣傳和教育，使員工清楚飯店的發展目標。例如，五年要發展到什麼程度；十年又要發展到什麼程度。員工認識到建立企業文化的作用和意義之後，就會自覺地服從和擁護飯店的各項制度和決策。

六、建立良好的人際關係

人際關係直接影響到飯店的服務品質和管理水平。營造和諧的人際關係，不僅能夠維繫員工團結合作、增強訊息的溝通、提高飯店的經濟效益，而且能夠樹立一種積極進取的企業形象，擴大飯店在社會上的知名度，同時還關係到飯店能否在激烈的競爭中長久地生存與發展。良好的人際關係是飯店管理的潤滑劑。飯店要建立良好的人際關係，形成彼此之間團結友愛、互助的氛圍，使員工快樂地工作。

古人說：「山因勢而變，水因時而變，人因思而變。」思維決定行動，行動

決定習慣，習慣決定性格，性格決定命運。社會在發展、環境在變化，飯店經理人在從事飯店管理中要順應時代發展的需求，不斷創新、不斷發展，建立適應時代要求的企業文化，增強飯店的核心競爭力。

第四節　培養團隊精神

引言

◎　如果飯店中的員工，每天都在應付複雜的人際關係，那麼就無法形成一股強勁的合力。同樣的，如果團隊成員中有人覺得「沒有人關心我，大家都各顧各的」；或者他們難以忍受團隊領導者的管理方式，他們就不會全力以赴地工作，也不能和別人有很好的合作，整個團隊的績效也會因此受到影響。遇到這些情況，作為飯店經理人必須及時疏通、協調人際關係，並改善不當的管理方法，創造一個輕鬆、簡單的工作氛圍，提高成員的團隊意識，充分培養團隊合作精神。

☆「歐洲戰神」拿破崙說過：一隻獅子率領一群綿羊的隊伍，可以打敗由一隻綿羊帶領一群獅子的部隊。這句話說明兩層意思：一是只要有一個優秀的指揮官，他可以將一支平庸的隊伍調教成富有戰鬥力的隊伍；二是只要有強大的團隊凝聚力，再強大的對手也可以戰勝。所以，我們需要利用團隊凝聚力讓綿羊變成獅子——培養團隊精神。

‖ 一、什麼是團隊精神

有這樣一首歌，「一雙筷子輕輕被折斷，十雙筷子牢牢抱成團；一個巴掌拍也拍不響，眾人鼓掌聲啊聲震天……。」歌詞從簡單的生活現象中發出深刻的啟示——團結力量大。對於一個企業來說，核心是「人」，如果能夠把許多人的力量集中起來，指向同一個方向，那這個企業就成功了。其關鍵要素就是團隊中的文化成分，也就是所說的「團隊精神」，團隊精神是一種現代管理理論。團隊精神是團隊的靈魂，是指團隊的成員為了一個共同的目標和利益而相互合作、相互

激勵、盡心盡力、共同拚搏的意願和作風。

團隊精神是現代企業成敗的關鍵因素。只有具有團隊精神的團隊，整個團隊的運作才是和諧的，成員之間才是相互信任的。許多飯店成功經營的實例也表明，調整飯店的人際關係、樹立團隊意識、增強向心力；強化員工對飯店的忠誠感、歸屬感；滿足員工的需求，他們會心情舒暢、幹勁十足，工作起來也特別有熱情。員工彼此間的合作性很強，能夠創造出讓人驕傲的業績。

二、團隊精神的內涵

（一）團隊的凝聚力

團隊的凝聚力是針對團隊和成員之間的關係而言的，它是指團隊對成員的吸引力、成員對團隊的向心力，以及團隊成員之間的相互吸引。團隊的凝聚力體現為團隊強烈的歸屬感和一體性。每位團隊成員都能夠強烈地感受到自己是團隊當中的一份子，能夠把個人目標和團隊目標緊密地聯繫在一起，對團隊表現出忠誠。團隊的凝聚力不僅是維持團隊存在的必要條件，而且對團隊潛力的發揮具有重要作用。一個群體如果失去了凝聚力，就不可能完成組織賦予的任務。

（二）團隊合作的意識

團隊合作意識，指的是團隊和團隊成員之間彼此信任、遵守承諾、互敬互重，同時又相互依存、彼此寬容、尊重個性的差異，表現出團結、合作、合為一體的特點。一個團隊若要具有持久的生命力和競爭力，首先要讓團隊成員認識到團隊合作的重要性、樹立團隊合作的意識。如果每位成員都能從團隊合作的角度出發考慮問題，就會自覺地維護團隊的和諧統一、營造良好的團隊氛圍。而良好的氛圍對於一個團隊來說非常重要，它能創造力量、激發潛能、煥發激情，對於團隊成員來說，更具有凝聚力和向心力的作用。因此，為了團隊的持續、快速發展，團隊各成員之間應該相互幫助、截長補短，以達到共同提升的目的。

（三）團隊的士氣

團隊的士氣，從團隊成員對待團隊事務的態度中體現出來。團隊成員對團隊

事務的投入程度，反映了團隊士氣是低靡的還是高昂的。如果成員之間的關係比較淡漠，只管做好份內的工作，對身邊的事則是一副事不關己、高高在上的態度，這種狀況將會極大地影響甚至阻礙團隊的發展。所以，飯店經理人必須要激勵團隊保持高昂的士氣，提倡快樂工作每一天，營造快快樂樂、輕輕鬆鬆的工作氛圍，使大家都願意為團隊的發展盡心盡力。

‖ 三、團隊凝聚力培養

（一）凝聚力高的團隊特徵

1.有強烈的歸屬感

團隊成員有強烈的歸屬感，忠誠度較高，以成為團隊的一份子為榮。

2.相互關心、尊重

團隊成員之間彼此信任、彼此關心、互相尊重。

3.溝通管道暢通

團隊內的溝通管道暢通、訊息交流活躍，全體成員覺得溝通是工作中很重要的一部分，容易形成合作力，能夠及時消除誤會、化解矛盾，取得共識。

4.參與意識強

團隊成員的參與意識較強、人際關係和諧，容易形成一個整體。成員間不會相互排斥、相互攻訐。

5.有事業心和責任感

團隊成員有較強的事業心和責任感，能做到榮辱與共、同甘共苦，願意為團隊的發展盡心盡力。

6.有成長與發展的機會

團隊為成員的成長與發展，以及自我價值的實現提供機會、創造條件。領導者與其他的成員，都願意為自身及他人的發展而付出。

（二）提升團隊凝聚力

團隊凝聚力的高低受到團隊內外諸多因素的影響。要提升團隊的凝聚力，飯店經理人必須處理好以下事項：

1.迎接挑戰，處理好團隊與外部的關係

一個飯店在競爭中面臨外界壓力時，不管其內部曾經發生過什麼問題、困難、矛盾，這時候團隊成員都會一致面對外來威脅。而且，通常是外來威脅越高、造成的影響越大、壓力越大，飯店所表現出來的凝聚力也會越強。當然，如果團隊成員感到所屬的團隊根本沒有力量，或者沒有任何辦法應對外來的威脅和壓力時，可能就會不願意再去努力了。作為飯店經理人，必須勇於面對外部壓力，帶領團隊在挑戰中把握機遇，在競爭中求發展、求進步。

2.控制好團隊的規模

團隊規模的大小影響著團隊的凝聚力。一般來説，飯店規模較小，成員彼此交往的機會多一些，容易形成凝聚力。如果飯店規模很大，成員彼此之間都不了解，就容易導致溝通受阻，出現相互爭論、相互推諉的現象，不易形成高度的凝聚力。大規模的團隊，成員之間往往接觸較少，關係比較淡漠，遇到問題不容易溝通，出現矛盾也不容易化解；而且，大規模團隊產生小團隊的可能性較大，派系之間容易產生意見分歧，也不容易溝通。為此，飯店經理人在設立組織機構時，必須要考慮該如何處理職位層級的等級鏈才能保證團隊的有效溝通。

3.安排好成員個人目標與團隊的目標

團隊目標應與成員的個人目標一致，團隊目標如果和成員的個人目標一致，對成員來説就會產生吸引力、號召力，團隊成員就願意配合努力工作，凝聚力會增強；相反的，如果個人目標和團隊目標不一致，這時就會很難合作，凝聚力也會降低。

4.領導作風民主

領導者作風會影響團隊行為，也會直接影響到員工凝聚力的高低。民主的領導作風，團隊成員願意表達自己的意見並參與決策，這時成員積極性較高、團隊

凝聚力也較強。獨裁、官僚的領導作風，下屬參與的機會比較少，員工的滿意度相應也會降低，凝聚力也會較低。而放任型的領導作風，團隊成員就像一盤散沙，沒有團隊精神，也沒有集體意識，更談不上凝聚力了。

5.運用正確的團隊激勵機制

正確的激勵機制能造成激勵作用，否則會適得其反。特別是在採取個人或集體的獎勵方式時，一定要因時因地而定。個人獎勵對個人有一定的激勵作用，但會增加對其他團隊成員的壓力，這種方式很容易削弱團隊的凝聚力。集體獎勵會增強團隊的凝聚力，能使成員意識到個人的業績是與團隊不可分割的。因此，一定要兼顧兩者的利益，既要承認團隊的貢獻，也要承認個人的成績。

6.充分考慮團隊成員的共同性

如果飯店成員在團隊具有共同的背景、共同的目標、共同的利益、共同的興趣與愛好等，則這類共同性越多，凝聚力越強。其中共同的利益和共同的目標，則是最為關鍵的因素。

飯店組織各式各樣的團隊活動是工作不可分割的組成部分。飯店裡的許多工作都要透過團隊貫徹下去，這就要求飯店經理人要善於運用團隊的力量，推動飯店工作的展開。利用活動充分提升員工工作的積極性、團隊凝聚力。下列案例是某飯店提升團隊凝聚力的具體活動方案。

案例8-11

◎ 員工至上：重視員工的飲食健康

某飯店改變了傳統單調的兩菜一湯的固定模式，而採取科學的點菜方式，以滿足員工不同的用餐需求。飯店設計了以刷卡方式消費的電腦軟體系統，既改善了用餐環境，也提高了工作效率。在菜餚安排上，不單調、不重複、不斷更換以豐富口味。同時，還必須保證葷素搭配、營養均衡。此外，飯店還安排每星期不定期供應當季的新鮮水果，不同季節供應不同的飲料。該飯店為了讓員工滿意，

還安排後勤管理人員，不定期收集員工意見並據此調整菜單，改進員工用餐、保障服務，充分體現了「員工至上」的管理理念。

案例8-12

◎ 員工的「家外之家」

員工宿舍是員工共同的休息區域，飯店應加強員工宿舍的管理，為員工創造良好的休息環境。中國大陸某飯店為了為員工提供一個整潔、舒適的休息環境，每月定期展開「衛生小屋」評選活動，並懸掛流動的紅色旗子，要求宿舍必須做到整整齊齊、乾乾淨淨。為此，飯店特別邀請軍中長官以軍事化的標準訓練員工折疊棉被。此外，飯店為了豐富員工的精神生活，還在員工宿舍區設立乒乓球室、台球室、閱覽室、電腦室、電視觀看室，以豐富員工的休閒娛樂生活和文化生活。

四、營造團隊合作的氛圍

團隊合作受到團隊目標和團隊所屬環境的影響，只有在團隊成員都具有和目標相關的知識技能，及與別人合作意願的基礎上，團隊合作才有可能成功。

（一）信任能增進團隊合作

信任是團隊合作的基礎和前提，有信任才有合作；信任度越高，合作性越強。

1.互信能把焦點集中在工作上

一個團隊如果缺乏信任，成員的注意力就不可能放在團隊目標上，而只會轉移到人際關係的處理上。他們會變得小心、謹慎，處理任何事情總是不敢放開手腳，前怕狼後怕虎，就怕得罪別人。

2.互信能夠提升合作的品質

要創造合作氣氛必須遵守兩項規則：一是要與對方坦誠地分享訊息，包括負面訊息；二是要鼓勵團隊成員冒險，允許犯錯，但要對錯誤加以總結，以避免再犯。

3.互信能夠促進溝通和協調

缺乏信任的團隊成員，在處理問題的時候總是模棱兩可，讓人捉摸不透，而且表現出很強的防衛心理。相互信任則可以敞開心扉，開誠布公地溝通，有效地解決問題。

4.互信能產生相互支持的效果

相互支持是團隊成功的法寶，能讓團隊成員樹立信心、激發勇氣，敢於面對困難、迎接挑戰，即使遇到障礙也不退縮。只有互信，才能使團隊成員互相幫助、齊心協力，以更大的信心投入到團隊工作中去。

（二）培養互信氣氛的關鍵

營造互信的合作氣氛、提高團隊的合作性，在很大因素上取決於團隊成員的素質。團隊成員必須做到誠實、尊重、公開、一致，否則只會使團隊合作受到削弱。

1.誠實

誠實是一個人應具備的優秀品格，是非常難能可貴的。真正成功的人不是靠技巧成功，而是靠內在的品德修養成功。

2.尊重

人無貴賤之分，在人格上是平等的。所以，團隊成員必須相互尊重，尊重彼此的人格和工作。只有在得到尊重的前提下，大家才能更好地投入工作。

3.公開

團隊必須是公開的、透明的，無論是個人或團隊的經驗，都必須與大家分享，而不能獨自占有。只有在公開的前提下與大家共享，團隊才能進步。

4.一致

個人的表現不能因為環境的變化而變化，而應做到始終如一地表現自己、發揮自己的最佳水平。特別要做到言行一致、表裡如一，而不能説一套做一套、當面一套背後一套。

（三）如何培養團隊合作與信任

1.團隊領導者要帶頭鼓勵合作

甘迺迪總統曾經説過：「前進的最佳方式是與別人一起前進。」然而，有許多的領導者熱衷於競爭，嫉妒他人的業績和才能，甚至擔心下屬的成就超越自己。事實上，沒有哪一位領導者會因為自己的下屬做得好、表現的優秀而利益受損。成功的團隊領導者總是力求透過建立合作，來消除團隊成員之間存在的分歧和爭執，從而建立互信互助的領導模式，而不是單槍匹馬地作戰。

2.要制定規則與規範

團隊成員如果經常受到領導者的不公平待遇，付出卻沒有回報，或者是付出與回報遠遠不成比例，則會極大地挫傷成員的工作熱情和工作積極性。所以，作為團隊的領導者必須為團隊制定一整套全面、系統、公平、合理的規則和規範，嚴格按照制度做事、獎勤罰懶，才可能贏得團隊成員的認同和支持，才能夠推動團隊的有效運行。

3.建立長久的互動關係

團隊要想長久有序地發展，就必須設法使團隊所有成員相互融為一體。團隊的領導者應經常舉行一些內容豐富、形式多樣的集體活動，以加強成員之間的互動、增進情感交流。例如，一起參加培訓活動、舉行各類競賽活動及團隊會議等。

4.要強調長遠的利益

團隊的領導者要明確團隊的發展目標，使團隊成員擁有共同的發展方向和發展前景，能夠讓個人服從群體，使成員自願放棄每個人眼前暫時的個人利益，而以團隊的長遠利益為主。這樣一來，成員之間就可以保持目標一致，也就會不計得失、不計前嫌，願意主動合作，以實現共同利益。

信任是贏得合作的一個基本法則，也是建立良好人際關係的「法寶」。只有充分信任下屬的領導者，才能夠透過合理的授權而高效率地達成目標。

五、團隊士氣的提升

什麼是「狼性文化」呢？那就是它體現了「敏銳的嗅覺，不屈不撓、奮不顧身的進攻精神，以及協同作戰的團隊精神。」一旦攻擊目標確定，狼首領發號施令，群狼各就各位，嚎叫之聲此起彼伏、互相呼應，有序而不亂。待狼首領昂首一呼，主攻者奮勇向前，佯攻者避實擊虛，助攻者嚎叫助陣。這種高效的團隊合作，使牠們在攻擊目標時常常無往而不勝。單獨一匹狼並不是最強大的，但狼群的力量則是空前強大的，所以有「猛虎也怕群狼」之說，而擁有高昂團隊士氣的團隊就如同群狼一樣。

◎　拿破崙曾說過，「一支軍隊的實力四分之三靠的是士氣。」在現代企業管理中，為團隊目標而奮鬥的精神狀態，對團隊的業績非常重要。

◎　飯店內部要會營造一種氛圍，間接地提高團隊成員的士氣。例如，張貼業績榜、各類比賽對抗榜、光榮榜、歡樂島（張貼團隊活動的照片）、服務明星與禮儀大賽照片，創辦學習園地和懸掛激勵性標語口號等。

◎　鼓勵使人倍受鼓舞，讚賞讓人心情舒暢，注重管理的飯店經理人會適時巧妙地運用語言藝術，鼓勵和讚賞自己的成員、激發成員的士氣。他經常會這樣對下屬說話：「你的特長是……」、「你還可以在……改進」、「……我相信你有能力做得到」。

（一）影響士氣的原因

1.對團隊目標是否認同

團隊成員的要求和願望，如果在團隊目標中有所體現，他們就會贊同並努力實現團隊目標。

2.利益分配是否合理

每個人做事都和利益有關，只有在公平公正、合情合理的利益分配制度下，他們的積極性才能得到提升。

3.團隊成員對工作所產生的滿足感

團隊成員如果對工作比較感興趣並且能夠勝任，而且工作也能發揮他的特長，那麼他就會非常積極地投入到工作中；反之，如果工作無法勝任，他就會感到壓力太大；如果工作太輕鬆，他就會感到不滿足。

4.團隊內部的和諧程度

團隊成員之間彼此理解、信任、互相幫助，這種和諧的人際關係能提高士氣、增強團隊凝聚力。

5.領導者是否優秀

優秀的領導者能影響團隊士氣。領導者要以身作則，起著模範帶頭的作用。同時，領導者還要倡導民主的工作作風，樂於接受各方意見、善於體諒員工的甘苦，為團隊營造和諧的工作氛圍。

6.訊息溝通的有效程度

領導者和下屬、下屬和下屬、同事之間的溝通如果受到阻礙，容易引起團隊成員的不滿情緒。

（二）團隊士氣與生產效率

團隊成員的士氣與生產效率之間存在著較為複雜的關係，士氣較高可能會提高勞動生產效率，也可能會降低勞動生產效率。為什麼會出現這樣相反的情形呢？這是因為，生產效率並非由團隊士氣這一單一因素所決定的，個人目標與組織目標的一致性也是一個重要因素。如果個人目標與組織目標一致，則士氣與生產效率之間成正比關係，士氣高、生產效率也高；反之，如果個人目標與組織目標不一致，士氣高，反而群體成員會抱成一團來抵制組織目標，其生產或工作效率反而降低（參見圖8-1）。

1.士氣高，生產效率低

　　如果團隊的領導者把所有的眼光都聚焦在滿足員工的需求、維繫團隊成員之間的關係上，而不注重生產、不注重實現工作目標，在這種情況下，雖然員工的心理滿意程度可能會提升，但是組織目標的完成情況就不一定會理想。完全「以人為導向」的領導者，可能會出現因為過分強調士氣高漲而導致生產效率低下的情況（圖8-1A線所示）。

　　2.士氣高，生產效率高

　　士氣高，生產效率也高，是最為理想的一種生產、管理模式。團隊的領導者能夠一手抓經營，一手抓管理，並且理性的權衡兩者之間的關係，使組織的生產目標和員工的需求都受到重視。結果，既提高了生產的效率，同時，又能合理地滿足員工的需求、提高員工的工作熱情，這是最為理想的狀況。（圖8-1B線所示）。

　　3.士氣低，生產率高

　　如果團隊的領導者採用泰勒的動作與時間分析、任務管理與職能化分工管理等傳統科學管理方法來指導工作，以嚴格控制的方式來管理員工時，可能會出現生產效率高，但是士氣較低的狀況；某些鐵腕和強制性的管理方式，也可能會出現這種狀況。但是，這種表面呈現出來的高效率並不會持久，而是會因為員工的反感增加，導致生產效率逐漸降低（圖8-1C線所示）。

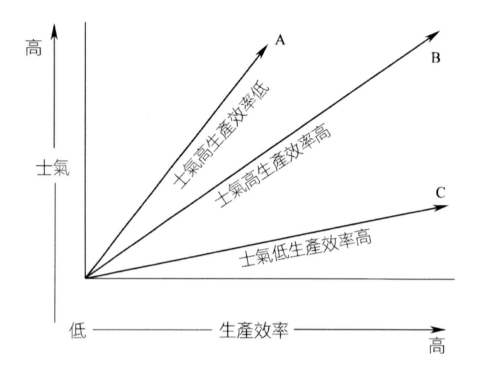

圖8-1 士氣與生產效率的關係

　　一般來說，管理分為對人的管理和對工作的管理。如果偏重工作和目標，而忽視人的需求和人的心理因素的影響，就會出現片面追求高效率的做法，而且，這種高效率很難長久維持。但是，如果一味關注於人的需求和人的心理，雖然員工的士氣高漲了，但是生產效率卻仍舊低下，久而久之，也會影響員工工作積極性的發揮。所以，一名成功的領導者會在兩者之間尋找到一個適當的平衡點，既能夠保持持續的高效生產率，同時，又能夠不斷激發員工的工作熱情，實現經營、管理的雙贏局面。

第九章 團隊學習與創新

導讀

知識創造財富，學習創造未來。在知識經濟時代，變革與創新成為主導潮流，我們需要不斷地更新觀念、不斷地去學習與創新。飯店的發展需要以創新作為原動力，創新是飯店永保青春與活力的泉源。

第一節　為什麼要學習

引言

◎ 野田聖子的第一份工作

這是在日本廣為傳誦的一個激勵人心的故事：

許多年前，一位少女來到東京帝國飯店做服務人員。這是她進入社會的第一份工作，因此，她暗下決心：「一定要好好的做！」可是萬萬沒想到，上級安排給她的竟然是清潔廁所的工作。

當這位從未做過粗重工作又細皮嫩肉、喜愛乾淨的少女，用自己白　細嫩的手拿著抹布伸向馬桶時，胃裡立刻翻江倒海，噁心得幾乎要吐出來。而上級對她的工作品質要求又特別高，必須把馬桶抹洗得光潔如新。

少女當然明白「光潔如新」的含義是什麼，她也知道自己不適合清洗廁所的工作，更是難以實現「光潔如新」這一高標準的品質要求。

因此，她陷入苦惱之中。正在少女拿著抹布、掩著鼻子、猶豫不決的時候，飯店的一位前輩出現在她面前。她看了少女一眼，沒說一句話，只是拿走她手中的抹布，一遍一遍、認認真真地抹洗著馬桶，直到抹洗得光潔如新。然後，她從

馬桶裡盛了一杯水一飲而盡，竟然毫不勉強。

實際行動勝過千言萬語。這位前輩不用一言一語就告訴了少女一個極為簡單的道理：只有馬桶中的水達到可以喝的潔淨程度，才算是把馬桶抹洗的光潔如新。這給了少女強烈的震撼，於是，她暗自下定決心：「就算她窮極一生都要清洗廁所，也要做得最出色！」幾十年的光陰一瞬而過，當年的少女如今已是日本政府的主要官員——郵政大臣。她就是野田聖子。

☆　少女時期的野田聖子就已經認識到：萬事起頭難。但只要不被困難嚇倒，肯用心學習、用功學習，就算是做清洗廁所的工作，也能夠成為這個行業最出色的人。這也是她走向成功的奧祕所在。

‖ 一、必須要學習

◎ 壯麗飛翔的背後

在遼闊的亞馬遜平原上，有一種被稱為「飛行之王」的雕鷹，牠的飛行時間之長、速度之快、動作之敏捷，都堪稱鷹中之最。

但是，你知道牠壯麗飛翔背後的故事嗎？

幼鷹出生之後，才沒幾天就要承受母鷹近似殘酷的訓練。在母鷹的幫助下，幼鷹不久就能獨自飛翔，但這只是第一步。接著，母鷹就把幼鷹帶到樹邊或懸崖上，將牠們摔下去，許多幼鷹因為膽怯而被活活摔死。第三步，則更為殘酷和恐怖。那些沒有被摔死的幼鷹，將面臨最關鍵、最艱難的考驗：牠們那正在成長的翅膀會被母鷹殘忍地折斷大部分骨骼，並且再次從高處推下，許多幼鷹就是在這時成為飛翔中悲壯的祭品。但母鷹不會停止這「血淋淋」的訓練，牠的眼中雖然有痛苦的淚水，但同時卻也在構築著孩子們生命的藍天。

原來，母鷹有沒有折斷幼鷹翅膀中的大部分骨骼，是決定幼鷹未來能否在廣闊的天空中自由翱翔的關鍵。雕鷹翅膀骨骼的再生能力非常強，只要在被折斷後仍然能忍住劇痛不停地振翅飛翔，使翅膀不斷充血，不久就能痊癒，而痊癒後，翅膀將像神話中的「鳳凰涅槃」一樣，將變得更加強健有力。如果不是這樣，幼

鷹就要失去了這僅有一次的機會，將永遠與藍天無緣。

除了牠自己，沒有誰能夠幫助雛鷹學會飛翔。同樣的道理，社會的競爭是殘酷無情的，飯店經理人只有透過自己不斷的學習，去努力、去開拓、去鍛鍊和提升自己，練就一對強健的翅膀，才能有資本在激烈的競爭中擁有自己的一片藍天。

‖ 二、具備學習意識

在21世紀，市場經濟是一個快速變化的時代，只有快速反應、快速適應才能生存。快人一步、快人半拍都意味著領先。時間不等人、市場不等人、競爭對手更是不會等你。因此，飯店的團隊要想適應多變的市場、走在競爭對手的前面，就必須具備學習意識。不但要想的比他人快，而且必須行動比他人更快。

（一）不斷學習

與其說「失敗是成功之母」，倒不如說「學習是成功之母」。不好好學習，失敗可以成為失敗之母，成功也可以成為失敗之母。成功的實質不是戰勝別人，而是要戰勝自己。你不可能去阻止別人的進步，你唯一能夠改變的就是自己，而改變自己的唯一途徑就是學習。

（二）隨時隨地學習

飯店的團隊成員不可能專門找出一段時間來學習，你必須利用一切空檔時間，向市場、對手、他人、朋友、同事、客戶等來學習、提高自己，為自己充電加油。

（三）終身學習

市場在不斷地變化，要使自己的想法適應新的市場情況，就得學習。適應新時代的生存方式就是終身學習。終身學習，就是指每一個人在一生中持續不斷地學習。飯店經理人要樹立不斷學習、終身學習的理念，才能適應飯店業及社會發展的需要。

第二節　我們要學什麼

引言

◎ 拜高手為師，學習成功經驗；跌倒了爬起來，失敗乃成功之母。

◎ 不要好高騖遠，只要每天都有所得、都有進步，你就會成功。

◎　相信自己，不怕別人的嘲笑和譏諷，養成每天總結的良好習慣。隨身攜帶筆記本，將心得和新知識都記下來。

◎　常和他人交流。在自己工作和生活的各個角落都有學習的資料，保證自己能夠隨時學習。

☆　在今天，一個人不可能期望現有水平的知識和經驗可以支持他在同一條路上走好幾年。這種假定帶來的只能是失業和幻滅的煎熬。永立潮頭的祕密，就是不斷確定需要學習的領域，然後靜下心來，快速地完成新的學習任務、掌握學習的方法，確實提升學習能力。

‖ 一、學習的內容

（一）成功的經驗

孔子說：「三人行，必有我師焉。」飯店經理人要善於學習他人成功的經驗。但學習不等於照搬照抄、不等於本本主義，而是要有所取捨、要靈活變通。

（二）失敗的教訓

常言道：「失敗是邁向成功的階梯。」飯店經理人要善於從自身失敗中吸取教訓、總結經驗，避免重蹈覆轍。同時，還要能吸取他人失敗的教訓，避免犯同樣的錯誤。

（三）專業知識

專業知識是飯店經理人一項必備的技能，但是，飯店經理人不能滿足於現有的知識，而要不斷學習新的知識，吸收先進的管理思維和管理理念，避免知識老

化，落後於時代的發展。

（四）社交技能

因為來往於飯店的客人職業不同、地位不同、素質不同、國籍不同、習俗不同、觀念不同。飯店經理人要處理好與這些不同客人的關係，沒有一定的社交能力是萬萬不行的。

（五）行業訊息

由於競爭雙方有意識地散發大量無用的訊息、假訊息、舊訊息，使不準確、不相關、不可靠，甚至互相矛盾的訊息不斷增多，造成「商場迷霧」。飯店經理人要想撥開層層「商場迷霧」，看清楚競爭對手的本來面目，就必須強化訊息意識，樹立科學化的訊息觀。一方面，要儘可能地多涉獵訊息，避免陷入「訊息無知」的境地；另一方面，要對訊息進行準確地、有針對性地選擇和取捨，對訊息正確地理解、科學性的組合排序，選擇有用訊息，排除無用訊息。使訊息經過過濾、提煉、昇華後，成為對自身有用的知識。

‖ 二、學習的管道

（一）競爭對手

凡是優秀的企業都不會選擇孤軍作戰，而是選擇與自己勢均力敵的競爭對手形成既敵亦友的「雙子星座」。麥當勞與肯德基、柯達與樂凱、可口可樂與百事可樂、賓士與BMW、蒙牛與伊利……。飯店經理人要將同樣優秀的競爭對手作為自己學習的榜樣，取他人之所長，補自己之所短。

（二）飯店客人

客人是飯店產品的最終接受者，是飯店服務最直接的對象。飯店產品和飯店服務的好與壞、優與劣，只有客人的滿意度才是最根本的衡量尺度。飯店的一切活動都必須以客人需求為導向，不能盲目。飯店經理人要把握住向客人學習的一切機會，認真聽取客人的意見，提供符合客人需求的產品才是飯店經營的根本。

（三）業內人士

俗話說：「內行看門道，外行看熱鬧。」某飯店表面看起來生意非常好，客人絡繹不絕。但是從長遠的、可持續發展的角度再去觀察，其經營管理的模式只有深諳此道的專家、業內人士，才能指出其中的優與劣。飯店經理人應該多向一些業內人士學習，聽聽他們的意見、借鑑他們的想法。

（四）新聞媒介

飯店經理人應該養成經常閱讀相關行業的報刊、書籍、瀏覽網站和收看電視節目等的習慣，及時了解最新的行業訊息和行業動態，以及相關的政策法規，擴展視野、鍛鍊並培養自己的觀察能力，提高自己洞察商機的敏銳度，確保自己始終站在行業發展的潮頭浪尖上。

（五）自我實踐

真理來自於理論與實踐經驗的結合。飯店經理人在實際的飯店經營管理中，在管理理論知識的指導下，要以自身的實踐經驗為標竿，在實踐中摸索、從實踐中領悟。因為，由實踐總結而來的經驗是最有價值、最為實用的知識。

‖ 三、學習的有效方法

◎100本書怎麼讀？

100本書應該怎麼讀？一本16開300頁左右的管理類專業書籍，如果每天看10頁，要30天才能看完；如果每天看20頁，要15天才能看完。但是，飯店經理人不能每天只是看書啊！還有會議要召開、有文件要審核、有客人投訴要處理、有報告要去聽、有接待要去應酬……。還有許多計劃之外、無法預料的事情在等著他去做。時間這麼少，100本書怎麼才能讀完？其實也不難，只要能巧妙地掌握學習方法就可以了。例如，可以將100本書分給10位下屬，每人10本；這10位下屬再將手裡的10本書分給自己的10位下屬，這樣一來，每人只要讀一本就可以了。然後，每個人將所讀的重點內容、精華部分、主要思維，再詳細彙總上報給自己的上級，就這樣，這位經理人最終只要讀完這些彙總內容，就基本掌握了

這100本書的概要了。如此讀書，豈不快捷？所以，學習重在講究方法。

（一）充分意識到學習的重要性

學習是件苦差事，也沒有任何捷徑可走。飯店經理人掌握學習技巧最好的方法是，首先從想法上高度重視，要充分認識到學習的重要性，要認識到不學習就會落人之後，而落後就要被淘汰。飯店經理人要改變觀念，將「要我學」改變為「我要學」。

（二）有計劃、有目標的學習

學習要有計劃、有目標，不能盲目。飯店經理人每天要處理的事務本來就很繁瑣、複雜，因此，對於僅有的學習時間要充分把握，制定科學、合理的學習計劃，並嚴格執行。必須要高效率地利用每分每秒，以確保學有所用。

（三）隨時學習，多多交流

飯店經理人因為工作繁忙，所以要學會「擠」時間學習。充分利用每個時間空檔，養成隨身攜帶筆和記事本的習慣，隨時記下自己的想法和發現的新問題、新知識。同時，還要善於與人交流與溝通，要將他人的知識巧妙地「挖」過來，成為可以為我所用的知識。

（四）堅持學習，持之以恆

古有「頭懸樑、錐刺股」的苦讀精神，告訴人們學習不是可以立竿見影的，也不是三天打魚、兩天晒網就能看見成績的。學習需要溫故而知新，需要成為一種生活的習慣，堅持不懈、持之以恆。

（五）學以致用

對飯店經理人來說，學習是為了解決問題、提升能力，從而改善工作績效，所以，必須將整個學習的重心放在「如何才能改變自己」上，不可只停留在掌握書本知識上，而要將學到的理論應用於實際工作中。

‖ 四、提升學習能力

（一）讓理論指導實踐

理論源於實踐，理論指導實踐。理論是人們在實踐中，借助一系列概念、判斷、推理，表達出來的關於事務本質及其規律的知識體系，是系統化的理性認識體系。實踐需要科學理論的指導，沒有科學理論的指導，實踐難以取得成功。作為飯店經理人，在管理過程中要以理論作為行動的指南，不斷學習新知識，掌握和運用新的方法，以提高飯店管理專業化水準、提高飯店經營成效。

（二）多看飯店專業書籍

飯店經理人在強調提高實踐技能的同時，還要多看有關飯店管理專業的書籍，加強對專業理論的學習，以豐富自己的專業知識。

（三）了解相關學科

飯店經理人所從事的飯店管理，雖說是對科技技能的專業化要求不高，但卻是對知識層面要求甚廣的行業。作為服務行業裡重要組成部分的飯店業，要求飯店經理人的不僅要了解飯店的專業知識，同時，還要求飯店經理人了解和掌握相關學科的知識，例如，管理學、市場學、心理學、天文學、地理學等。

（四）進行考察和交流

在訊息共享的環境中，飯店經理人應及時追蹤現代飯店發展的趨勢，學習飯店業發達地區飯店管理的先進理念，進而對飯店實施經營和管理的變革，使飯店能夠在競爭激烈的市場中立於不敗之地。飯店經理人應該而且必須安排適合的時間到其他高星級飯店考察，目的是開闊眼界，與同行進行更廣泛、更深入的交流；並探討飯店的創新發展、經營管理等許多方面的課題。

（五）和下屬一起學習

飯店經理人要提高學習能力，不僅自己要學習，還要能營造一種良好的學習氛圍。環境能夠影響人的行為，在一個大家都熱愛學習的環境下，每個人都會養成良好的學習習慣。飯店經理人要帶領下屬一起學習，例如，讓管理人員輪流上課、交叉學習，互相之間取長補短。

第三節　創新是飯店發展的原動力

引言

◎ 新龜兔賽跑

小時候，大家就知道了《龜兔賽跑》的故事。兔子因為驕傲、睡大覺，結果輸給了烏龜，鬧了大笑話。兔子心裡很不服氣，向裁判老狼抱怨道：「要是我不睡大覺的話一定能贏烏龜，不信就再比一次。」

這一次比賽，兔子等槍聲一響就衝了出去。可是當牠跑到第一次比賽的山頭時，到了終點卻沒有拿到紅旗，於是拿出手機打給裁判老狼大聲嚷嚷道：「紅旗呢？」原來第二次比賽的目的地變了，紅旗插在另一個山頭。兔子不服氣道：「要是我不跑錯地方的話，怎麼會輸給龜兒子。」於是要求再比一次。

第三次比賽前，兔子總結了經驗：不能睡覺，要認定目標。老狼槍聲一響，兔子拔腿就跑，一直抬頭看著山頭上的紅旗飄飄，心想：「這次我一定會贏。」結果，「撲通！」地被沖進了河裡，費了九牛二虎之力才爬上岸。險些送了命的兔子大哭道：「我真是比竇娥還冤啊！」老狼同情兔子，決定再給兔子最後一次機會。

最後一次比賽是從城的南邊到城的北邊。兔子總結前三次失敗的教訓：不再驕傲、認定目標、看清道路、遵守交通法規、不闖紅燈……。抱著必勝的信心，兔子滿頭大汗、滿懷憧憬的到達目的地時，發現烏龜又早已在此等候了。

兔子立刻號咷大哭。但是為了輸個明白，只有請教烏龜道：「龜哥，為什麼你還是贏了？」烏龜回答：「時代進步了，我是被彈來的。」

☆　兔子為什麼沒有贏？這是一個引人深思的問題。許多人可能會提出這樣的疑問，「我們的心態已經很積極了，我也有目標、有方向，可是為什麼還是沒有成功？」其實成功的祕訣在於：不僅要有積極的心態、明確的目標、正確的方法，同時，還要具備學習創新的能力。

在當今社會發展的大環境下，「創新力」是飯店謀求發展的必備能力。

一、為何要創新

創新是21世紀，飯店求生存、求發展、延長經營生命週期的靈魂。飯店經理人要具有創新意識和創新能力。除了要不斷學習、勇於衝破傳統的管理模式、思想觀念束縛外，還要在市場開發、營銷策略、企業文化建立等許多方面打破常規、勇於開拓。

飯店經理人肩負的一大重任，就是帶領飯店、帶領各階層管理者，在激烈的市場競爭中、在國際一體化經濟發展的大環境下，不斷追求創新、不斷超越自我。

（一）創新與創新思維

1.創新

創新，是指以獨特的方式形成創造性思維，並將其轉換為有用的產品、服務或工作方法的過程。富有創新力的組織，能夠將創造性思維轉變為有用的成果，不斷研究出解決問題的新方法。

創新是創造與革新的總稱。所謂創造，是指新構想、新觀念的產；而革新，則是指新觀念、新構想的運用。從這個意義上來説，創造是革新的前導，革新是創造的延續，創造與革新的整個過程及其成果，則表現為創新。

簡單地説，創新就是改革舊的、創造新的；是在自己所從事的本職工作中有所發現、有所發明、有所創造、有所前進。飯店的發展需要以創新作為原動力，創新是飯店永保青春與活力的活水源頭。飯店的業務特點要求飯店自我更新，飯店的市場競爭也要求飯店要不斷創新。飯店在經營與管理上的創新，不但要求飯店經理人要能夠累積知識和經驗，同時，也要敢於打破常規的思維模式，消除對未知事務的恐懼。要敢於想別人不曾想的、做別人不敢做的。也許，往往那些「不可能」實現的事情，恰恰是飯店往更高階層發展的一個跳板。

2.創新思維

現代飯店管理中的創新思維，是指飯店經理人積極探索環境與組織發展中的

未知領域，以及開拓和創建組織發展新局面的思維活動。現代飯店組織的一切創新活動，首先是思維的創新。飯店經理人的創新思維，是管理的創新職能的基本前提和內容。創新思維與程序性的一般邏輯思維不同，它的主要特徵，是具有新穎性、靈活性、藝術性及探索性。

（二）具備創新意識

◎ 不挑水的和尚也有水喝

有兩個和尚分別住在相鄰的兩座山上的廟裡。這兩座山之間有一條溪，這兩個和尚每天都會在同一時間下山去溪邊挑水，久而久之，他們成了好朋友。

日子在每天挑水中不知不覺地過了五年。有一天，左邊這座山的和尚沒有下山挑水，右邊山上的和尚心想：「他大概睡過頭了。」

誰知，接連一個月，左邊山上的和尚都沒有下山挑水，右邊山上的和尚終於坐不住了，心想：「我的朋友可能生病了，我要過去拜訪他，看看能幫上什麼忙。」

等他到了左邊山上的廟裡，看到他的老友正在廟前打太極拳，一點也不像一個月沒喝水的人。於是，他很好奇地問道：「你已經一個月沒有下山挑水了，難道你可以不用喝水嗎？」

左邊山上的和尚說：「來來來，我帶你去看。」他帶著右邊山上的和尚走到廟的後院，指著一口井說：「這五年來，我每天做完功課後都會抽空挖這口井，即使有時很忙，能挖多少就算多少。如今終於讓我挖出井水，我就不用再下山挑水了。」

許多人總是滿足於目前的生活，認為現在的一切已經很完美了。1960年代，一位美國人曾說：「好了，我們的社會已經完美了，沒有再需要發明的東西了。」可是，現在看看，自那時起至今，社會又發生了多大的變化。社會是在不斷向前發展的，永遠不要滿足於現狀，能夠突破現狀，社會將會更加完美。

飯店經理人要樹立創新意識，透過不斷地創新實現以特色取勝。同時，飯店業是一個沒有專利權的行業，一種新的經營方法，一種新產品的發明，很快就會

被模仿。因此,任何一家飯店都不要因為暫時處於領先的階段而沾沾自喜,因為許多對手已經在設法超越你。保持領先的唯一辦法是:「自我否定,設法創造出更好的做法,並勇於實行。」「以不變應萬變」只是一種空想,其結果只能是平庸。飯店經理人從事飯店經營管理的取勝之道,就是以變制變,做出自己的特色。

1.飯店管理離不開創新

(1)管理就是創新

飯店管理的目的是創造效益,是為了實現新的價值。在飯店管理中,飯店經理人透過執行管理職能來實現管理的目的。飯店經理人在執行管理職能時,一方面要維護正常的業務運轉過程;另一方面,要不斷改革舊的、創造新的,使管理本身具有創新意識。現在我們在飯店管理中普遍採用的作業標準化、管理人員能上能下、經濟責任制、分配與工效掛鉤、例會制度等,都是中國大陸飯店管理中的管理創新,對飯店的現代化經營運作起著積極的促進作用。

(2)創新適應飯店的市場需求

當所有的飯店都以平等的競爭者身份出現在市場上時,更完美的產品使用價值和更低的產品價格顯示了競爭的優勢。如何創新產品,提供完美的使用價值、執行合理的價格策略,需要飯店經理人動動腦筋,不能墨守成規,而是要積極創新。

(3)創新能增加飯店凝聚力

飯店對員工的凝聚力是飯店力量的泉源。飯店對員工的凝聚力是受多方面因素影響的,其中最主要的因素是員工對上級的信賴、對自己所處環境的滿足、對飯店未來發展的信心。飯店經理人的創新意識和創新精神,對員工樹立信心具有很大的影響。一個飯店年年有創新,年年有發展,就會使飯店充滿生氣和活力。飯店事業發展趨勢好、客源充裕,保證了飯店的效益。在這樣一個飯店環境中,員工會產生對工作的激情和滿足、對前途的憧憬和信心,從而對飯店有歸屬感,飯店就能把員工緊緊地凝聚在一起共同奮鬥。由於飯店事業的發展,飯店的業務

範圍和內部組織都在擴大，對人才的需求量也隨之增加，從而使員工有更多的晉升機會。員工有了對前途的信心、對未來的希望，就能安心於本職工作，樂意為飯店做出貢獻。

2.飯店經理人的創新意識

飯店經理人要根據內外環境的變化和飯店自身發展的要求，不斷更新自己的觀念、轉變自己的認識。

（1）要做別人不曾想到的事

創新就是要求新。什麼是「新」？新，就是別人未曾想到過的、未曾發現的事情，而你想到了、發現了。新，包括新思維、新方法、新舉措等。

（2）要做別人想而未做的事

經常會聽到有的人說：「哎呀！這個問題當時我也想到了。」這是廢話，想到了為什麼不去做呢？想到了但是沒去做，還是等於沒想到。創新不但要有新想法，還要把新想法落實到新行動上。

（3）要做別人不敢做的事

創新不但要敢想，還要敢做，敢於透過行動將想法付諸於實踐。許多人有了新想法，但是沒有勇氣去嘗試，尤其是一些與常規模式相違悖的想法，不敢去打破既定的常規，這也不叫創新。

（4）要做別人不願做的事

創新要敢於做別人不願做的事。創新的事務往往與人們由來已久形成的習慣，或存在著的固有模式相牴觸，許多人寧可墨守成規，也不願意打破陳舊的觀念，創新的思維也就因此而被扼殺。敢於創新的人往往敢於做一般人不願去做的事情。

（5）要做別人不能做的事

創新的本身是一個在未知的領域裡探索的過程。創新的過程可能是艱辛的、充滿挫折的；要求創新者不但要有膽識、有勇氣，還要有毅力。許多追求創新的

人最後以兩手空空而告終,究其原因,主要是因為不能夠堅定目標、持之以恆。創新還要做別人不能夠做到的事。

‖ 二、如何創新

案例9-1

◎ 你能把梳子賣給和尚嗎?

有一項智慧競賽:以10天為限,將梳子賣給和尚,比較A、B、C三人誰賣得最多。

A歷盡辛苦,遊說和尚應該買一把梳子,卻沒什麼效果,還慘遭和尚的責罵。好在下山途中,他遇到一個小和尚,一邊晒太陽,一邊使勁撓著頭皮。A靈機一動,遞上木梳,小和尚用後滿心歡喜,於是買下一把。

B去了一座名山古寺,由於山高風大,進香者的頭髮都被吹亂了。於是,他找到寺院的住持説:「蓬頭垢面是對佛祖的不敬。應該在每座廟的香案前放把木梳,供善男信女梳理鬢髮。」住持採納了他的建議。山上有十座廟,於是賣出了10把木梳。

而C到一個頗具盛名、香火極旺的深山寶剎,朝聖者、施主絡繹不絕。C對住持説:「凡來進香參觀者,多有一顆虔誠之心,寶剎應有所回贈,以做紀念,保佑其平安吉祥,鼓勵其多做善事。我有一批木梳,您的書法超群,可刻上『積善梳』三個字,便可做贈品。」住持大喜,立即買下1000 把木梳。得到「積善梳」的施主與香客也很高興,一傳十、十傳百,朝聖者更多、香火更旺了。

把木梳賣給和尚,聽起來真有些匪夷所思。但是,如果能夠突破常規思維模式,轉換角度,採取不同的推銷術,往往會得到不同的結果,就能夠在別人認為不可能的地方開發出新的市場。

(一)知識和經驗的累積

飯店經理人的經營管理創新，其所掌握的豐富知識與經驗會造成基礎性的作用，成為制定決策、開拓創新的基石。因此，學習大量的專業知識、掌握豐富的實踐經驗是必要的。但是，「有必要」不等於將書本上的知識和以往的經驗固化，「教條主義」會使飯店經理人陷入誤區，反而阻礙了創新能力的開發。

1.本本定勢——書上是這麼說的

創新要學習，結果許多人就將思維局限在書本上的條條框框裡，按照書上所說的照搬照抄，不能夠結合實際、靈活變通。

2.權威定勢——權威人士是這麼說的

有人經常會說：這是某某人說過的，某某主管要求這麼做的。往往用某位權威人士的話統領了一切行動的方向。

3.從眾定勢——其他人是這樣做的

許多人都有從眾心理，對於某件事情的判斷往往盲從於其他人的意見，看別人怎麼做自己也跟著怎麼做，缺乏自主判斷。即使偶爾有過不同的想法，也因為大多數人持不同意見而打消自己的念頭。

4.經驗定勢——以前都是這樣做的

經常有人會發出這樣的質疑：以前我們都是這樣做的呀！我工作幾十年了，一直都這樣....等。殊不知，世界在變化、時代在發展。以前人們都用算盤，現在老人小孩都會用電腦。在每天的工作中，昨天的經驗只是用來作為今天的借鑑，但不能作為今天工作的引導。

這幾種思維定式在飯店經理人的創新工作中是最忌諱，也是最不可取的。

（二）思維方式的訓練

「處處是創造之地，時時是創造之時，人人是創造之人。」這意味著每個人都有創造的潛能。但是，並非每個人都有創新的表現，這種潛能只能經由大量的訓練才能發揮出來。

1.逆向思考

　　逆向思考是創新的一種有效方法。面對一些無法用常規方法解決的問題，當從正面難以突破時，如果能轉換思維方式，從反面思考，也許就能獲得與眾不同的新想法、新發明。飯店經理人要開發創新潛能，就要加強逆向思考訓練，以促進思維的流暢性。

2.求異思維

　　求異思維，就是要求根據一定的思維定向，大膽假設並提出與常規意見不同的思維活動。求異思維是創新發明的原動力，飯店經理人應加強求異思維訓練，實現思維的靈活性。

3.發散思維

　　發散思維，就是要求飯店經理人，根據已有的知識結構、經驗方式進行多方位、多階層、多角度探究的思維活動。飯店經理人要加強發散思維訓練，以激發思維的多向性。

4.集中思維

　　集中思維，是指透過觀察、找資料、找規律，將已有的訊息集中分析、綜合處理的思維活動。在平時思考問題時，飯店經理人應遵循「分析——綜合——再分析——再綜合」的規律，培養自己的創新思維能力。飯店經理人應不斷加強集中思維訓練，以強化思維的綜合性。

（三）打破常規模式

案例9-2

◎ 撞見女客人在沐浴時該如何處理？

　　某飯店欲招收一名男性服務人員，A、B、C三人應徵。飯店人力資源部經理出了一道思考題：「假如你在本飯店工作。有一次你無意間推開房門，看見一位一絲不掛的女客人正在沐浴，而她也看見了你，這時你怎麼處理？」三個應徵者分別做了回答。

A説：「什麼也不説，馬上關門退出。」

B説：「説聲『對不起！小姐』，就關門退出。」

C説：「説聲『對不起！先生』，就關門退出。」

最後，飯店錄取了C。

女客人被男服務人員撞見，她會感到羞辱。在這種情況下，A悄然離去，沒有消除她的羞辱感，只會讓她感到無理和粗魯，因此，她可以起訴A和該飯店。B的回答儘管彬彬有禮，但其含意卻是「我看見見了你洗澡，但我不是有意的。」女客人被羞辱的陰影並沒有消除，她仍然可以起訴B和該飯店。C的回答有禮是其次，最重要的是，他非常聰明地消除了女客人的羞辱感和不悦的情緒，該飯店的形象因此沒有受到影響。

飯店經理人要追求創新就要不斷突破思維模式，打破現有的常規。韋格納敢於打破固有的「海陸固定論」，根據大西洋西岸、非洲西部海岸線和南美東部海岸線正好彼此吻合的現象，提出「大陸漂移説」。哥白尼大膽突破常規思維，提出「太陽中心説」來否定「地球中心説」，科學才得以向前邁進。只有敢於打破常規模式，思維才得以解放；新的思維、新的理念才能夠湧現出來。

（四）消除對未知事務的恐懼

人們都有這樣一種心理趨勢：在生活和工作中安於現狀，不敢面對未知的挑戰，甚至害怕打破常規、改變現狀。「生於憂患，死於安樂」。飯店經理人這種求安穩的心理，雖然在一定程度上讓生活和工作變得安逸，但這種安逸卻會影響飯店的長久發展。飯店經理人要消除這種恐懼要做到：

1.嘗試新事務

不斷嘗試一些新的事務、接觸一些新的問題、了解一些新的觀點。對未知的事務接觸多了，見怪不怪，恐懼的心理自然也就不存在了。

2.嘗試冒險

試著去冒險，嘗試一些以前不敢去做的事情。一旦邁開了第一步之後，畏懼

的心理也就隨之打破。

3.突破現狀

創新就是不滿足現狀、不斷突破現狀，丟掉「目前是完美的」看法，趕走頭腦中阻礙發展的錯誤觀點，才能夠有新的突破。

4.堅持己見

創新的思維往往與現存的事務相牴觸，會有許多人不認同，但是創新只要是自己想做就可以了，對於作出的決定不需要去說服別人接納。

（五）創新的方法

創新的思維和行動，主要來自於自身的創造力。飯店經理人要培養自身的創造力，需要掌握一定的追求創新的方法。

1.保持創新的理念

有敢於懷疑一切的勇氣，不唯書、不唯上、不唯權、不唯史，堅信和保持創新的基本理念：只有創新才是最大的生產力。人的需求是無限的，市場的需要是無限的，任何東西都不是完美的，都有改進和完善的空間。所以，創新的空間是無限的。

2.堅定創新的決心

不怕失敗和挫折，具有堅定的決心和堅強的毅力，堅持到底，不達目的、誓不罷休。同時，善於從失敗中吸取教訓，學到新的知識。

3.不畏外界的嘲諷

不怕別人的嘲笑，真理總是掌握在少數人手裡，誰能笑到最後，誰就是英雄；一旦你的創新成功了，所有的嘲笑都會變成羨慕和嫉妒。

4.創新從小開始

創新不怕從小的事務開始，小產品可能打開大市場；小創新也許會帶來社會發展的大變化。

5.善於觀察

創新要具備廣博的知識和敏銳的觀察力，能夠及時掌握社會發展的最新消息，嗅出周圍事務發生的細微變化。善於發現不足，並不斷進行嘗試和改進。

6.勤於學習

創新要勤於學習。向專家學習，向資深人士學習，向競爭對手學習，向所遇到的所有人學習，並儘可能地和有關人士溝通，汲取一切有用的營養，充實和提升自我。

7.保持求知慾

飯店經理人要始終保持強烈的好奇心和求知慾，對於不合理的事務要敢於問為什麼。因為，好奇心往往是打開創新之門的鑰匙。

8.訓練創新技能

飯店經理人要具備創新的能力，就要注重培養自己創新的習慣，不斷進行創新技能的訓練，接受科學性的指導、掌握創新的方法和技巧。

第四節　飯店哪些需要創新

引言

◎ 世界上唯一不變的是什麼都在變。

◎ 改善心智模式，創新飯店管理。

◎ 要讓明天的我去和今天的我相比。不要只聽好話、自我感覺良好。

◎ 選擇自己的方向，不要追隨別人的腳步。

◎作為飯店經理人一定要樹立「問題意識」，要發現、尋找問題何在，以便實施飯店管理的變革與創新。

☆　飯店創新的依據是客人的需求及方便管理。客人雖然不是專家，但是他知道什麼是讓他滿意的，什麼是讓其愉快的。飯店要長遠發展，就必須全方位實

施變革與創新。

一、思想觀念的創新

（一）經營思維要改變

案例9-3

◎ 客人要月亮，你有嗎？

如果有位客人向你要天上的月亮，你該怎麼辦呢？是一口回絕，還是嘲笑客人的荒誕、無禮呢？作為飯店的服務人員，始終秉承的一條服務宗旨就是：要盡最大努力滿足客人的需求，為客人提供最滿意的服務。那麼，遇到這類問題該怎麼辦呢？很簡單。將一盆水放在客人面前，並打開窗戶，讓月亮倒映在水中，告訴客人：「尊敬的先生，我們為您取來了您要的月亮，我們還可以為您提供更多的月亮。」

飯店的經營想法經歷了從以產品為導向——以市場為導向——以客人需求為導向的歷程。因為，客人是飯店利潤的來源，儘可能地滿足客人的需求，也就是為飯店創造更多的效益。

（二）人才管理要改變

◎ 如何趕上千里馬？

千里馬日行千里，風馳電掣。要如何才能趕上千里馬呢？很簡單，那就是做千里馬的主人，就能夠駕馭千里馬。

在全球一體化競爭情勢下，管理的核心在於對「人」的管理。人力資源開發的關鍵是「得人」：要變「手腳管理」為「頭腦管理」，要為員工創造和諧的工作環境。飯店經理人要能夠充分掌控飯店的人力資源，提升員工的工作積極性。

（三）管理觀念要改變

要打破傳統的常規思維模式，不斷創新、追求卓越，力求管理理念超前。例如，工程管理的維護模式、節能方式等都要改變。

◎ 你是用屁股走路、腳走路，還是用頭走路？

用屁股走路的是孩子，還處於嗷嗷待哺的階段，只會在地上爬，用屁股挪動；用腳走路的是墨守成規的人，也不會取得特別的成績。要想成為一位成功的飯店經理人，就要學會用頭走路。當然，這不是讓你頭朝地倒立著走路，而是說你要學會用大腦去思考，用大腦控制和支配身體的各個器官，也就是「想法決定出路」。

◎ 做「護士」，不要做「醫生」

「護士」的職責是維護、保養，而「醫生」的職責是修理、補救。飯店的設施設備重在日常的維護和保養，避免損壞之後再投入大量的精力、財力去維修、補救。所以，飯店員工要做「萬能工」，不要做「救火隊」。

飯店設施設備缺乏維護和保養，是中國大陸飯店管理中普遍存在的嚴重的問題。設施設備保養方面的落後和不及時，必然給飯店的社會效益和經濟效益帶來嚴重的負面影響，是阻礙飯店業快速發展的一個沉重的包袱。

◎ 又要馬兒跑得快，又要馬兒不吃草

馬的主人當然希望馬兒體力好、耐力好，跑得越快越好，同時，最好儘可能地少吃點食料。這樣既創造了價值，同時又最大限度地節省了能源消耗。但如何既讓馬兒拚命跑，又讓馬兒少吃草呢？這就要求馬的主人要不斷地激勵馬兒，給牠一個奔跑的目標，刺激牠不斷向前衝刺。

節能不是「省能」，而是「正確用能」。一般的節能不鬆懈，高科技節能更要能適時利用。節能不僅是為了經濟效益，同時也是為了獲取環境效益。現在社會大力倡導發展綠色飯店，其中最重要的一點就是強調飯店要能夠合理節能。

‖ 二、營銷方式的創新

目前中國大陸絕大多數飯店在營銷方面雖然很重視，但仍存在一些弊端。例如，將營銷等同推銷、不重視品牌建立、誤用全員營銷、缺乏對營銷的系統規劃等，以致飯店的品牌沒有得到適當的定位。飯店應不斷更新市場觀念，擴展銷售管道、擴大市場、更新銷售方法，形成新的營銷優勢，以增強飯店的競爭能力。同時，也要注重飯店形象的塑造。例如，許多飯店注重環保，展開綠色飯店活動，營造一個關心社會的良好形象。現代飯店管理理念已由內部管理為主，走向外部經營與內部管理並重，飯店應透過建立營銷檔案，掌握客人資訊，維繫老客戶、開發新客戶。

三、產品內容的創新

（一）設施設備的創新

飯店設備設施的配置既要方便客人，同時又要注重特色，帶給客人驚喜。飯店在最初的裝潢布置以及選擇設施設備時，就應考慮力求創造出與眾不同的效果，整體設計及布置應使客人感覺到舒適並與周圍環境相協調。飯店要透過其獨特的裝潢布置，和方便客人的創新設施設備配置，以及各種高新技術的運用，形成自己的特色。例如，電熱水瓶、電子保險箱、機上盒、磁卡門鎖、房內傳真、上網電腦插座、配備電腦等，使其有別於其他的飯店。

另外，在提供各種服務的過程中，飯店還應根據客人愛好、需求等在不同時期的變化，隨時作出相應的調整，以適應客人的喜愛嘗新心態。客房種類的增多，如無菸客房、女士樓層、殘疾人客房、兒童套房、行政套房以及綠色客房等，使客房內的裝潢設計、設施設備都打破常規，更具特色。同時要注意，對設施的規劃購置與更新改造，必須摒棄憑感覺作出決策的方式，應儘量用數據來說話，並不可忽視全過程的管理。對硬體設施是否符合客人使用、可靠、安全、節能、易維護、環保、配套、靈活及經濟性等要素，都要統籌考慮。

（二）客人用品的創新

客人用品的配備，是否符合客人個性化的需求及與飯店的星級相匹配，這反映了一家飯店的管理水準，也充分體現飯店對客人的關注程度。現今越來越多的

飯店已經充分認識到，滿足客人的消費需求是客人用品的首要功能，同時，在客人用品設計時也要注意個性化。例如，客房裡的一次性拖鞋、牙刷、廁所礦泉水、梳子、客用毛巾、漱口杯等，都使用兩種不同的顏色進行區分。飯店應多研究客人的需求，使客人用品從品種、色彩、造型以及功能等多方面形成自己的特色。

（三）服務項目的創新

任何服務項目的設置都應考慮到客人的實際需要。因此，飯店所有的服務人員應在日常的工作中掌握客人需求的變化，不斷提供最適合客人的服務和客人實際最需要的服務項目。同時，將客人的需求變化訊息及時回饋給飯店經理人，以便飯店經理人在決策時作為參考。

案例9-4

◎ 科技在飯店中的進一步應用

在知識經濟時代，科技成為飯店企業生存和發展的資本。為了滿足現代人「求新奇、求享受、求舒適」的需求，飯店企業將會更多地應用各類新科技、新知識，強化現代企業的智慧個性。當代科技和管理工具的廣泛應用，為飯店企業的差異化戰略帶來了更多的空間。

根據業界人士訪談，大部分管理人員對科技在飯店業中的應用持肯定態度，認為飯店企業可利用新科技加強飯店訊息管理、提高飯店服務能力、加強飯店控制能力，同時也認為，科技在飯店業的應用是一個發展趨勢。而大多數飯店顧客認為，飯店可以根據自身類型、星級和實力等因素，選擇相應的科技產品。透過對中國大陸杭州部分高星級飯店的300餘位客人的問卷調查，各檔次飯店適用的科技，如表9-1所示。

表9-1 各檔次飯店適用的科技

科技種類	高檔飯店		中檔飯店		經濟型飯店	
	樣本數	百分比	樣本數	百分比	樣本數	百分比
ATM機	207	73.67%	218	77.58%	211	75.09%
網路預訂	202	71.89%	137	48.75%	88	31.32%
無線寬頻	195	69.40%	112	39.86%	47	16.73%
自助訊息查詢台	170	60.50%	111	39.50%	51	18.15%
電子保險箱	169	60.14%	73	25.98%	45	16.01%
數字會議系統	153	54.45%	45	16.01%	12	4.27%
無線點菜系統	151	53.47%	52	18.51%	17	6.05%
同步口譯	150	53.38%	22	7.83%	6	2.14%
網路接口	147	52.31%	123	43.77%	63	22.42%
自助式入住	145	51.60%	80	28.47%	55	19.57%
視頻點播	134	47.69%	47	16.73%	24	8.54%
投影機	125	44.48%	94	33.45%	33	11.74%
無線麥克風	121	43.06%	84	29.89%	35	12.46%
無線POS機	120	42.70%	59	21.00%	25	8.90%
視頻帳戶查詢	120	42.70%	50	17.79%	16	5.69%
自動售貨機	118	41.99%	148	52.67%	147	52.31%
語音留言	113	40.21%	53	18.86%	34	12.10%
視頻留言	107	38.08%	32	11.39%	14	4.98%
電子白板	104	37.01%	51	18.15%	19	6.76%
數位實物投影機	91	32.38%	36	12.81%	13	4.63%

表9-1，按照顧客對於各檔次飯店適用科技選擇率的高低來進行排序。從表中可以看出，ATM機、網絡預訂、無線上網、自助訊息查詢台、電子保險箱等，這種在日常生活中使用已較為廣泛的科技得到較高的選擇。其中ATM機、自動販售機，在中檔飯店和經濟型飯店的選擇率都超過了高檔飯店，說明了普及型的科技更適合低檔飯店。而同步翻譯、數位會議系統、視訊帳戶查詢、視訊留言等較為先進的科技，在中低檔飯店的選擇率不到高檔飯店的一半。

（資料來源：整理自《浙江飯店業白皮書——2006浙江飯店業發展報告》）

（四）服務方式的創新

飯店服務從「以我為主」的規範化服務走向「以客人為主」的個性化服務，更明顯強調客人的個性需求。例如，櫃台可考慮放置糖果，減少客人因等待產生的煩躁心理；客房服務人員在為客人「開夜床」時，可給客人意外的驚喜。許多飯店，已經賦予員工充分的權力解決客人的問題，不再苛求規範，只強調親切的面對面服務，也使客人可以得到及時的服務。提倡「首問責任制」，即在飯店內的客人無論找到哪位員工解決困難或提出服務上的問題，每位員工都應該熱情地接待並幫助解決，直到客人滿意為止。同時，飯店也更加注重客史檔案的建立與利用。

四、組織管理的創新

飯店組織管理的創新，既包括對飯店的組織概念、組織原則、管理體制的創新，也包括對組織形式、組織結構、人員編制、管理人員配置的創新。

案例9-5

◎ 飯店客房部推行「房務員免查房制度」

飯店為了使員工對客房工作加深認識，加強員工的責任心，充分發揮客房部房務員的主要力量，實施激勵機制，特別制定「房務員免查房制度」。要求客房部與各班組的房務員主要成員簽訂《免查房協議》，讓員工對自己的工作進行自我查核及糾正，並讓員工參與管理。這充分體現出員工的自身價值和飯店對他們的信任，使員工對工作更有熱情。同時對表現出色的員工給予一定的獎勵。實施此項制度，既減輕了領班在查房上的工作量，又使他們有更多的時間與精力做好員工的管理和培訓工作，真正發揮了飯店基層管理人員的管理職能。

總而言之，這是一個越來越注重個性和變化的世界，管理理論最終都只有四個字——權宜則變。隨著飯店環境的變化，飯店經理人必須不斷地尋求最適合客

人的服務與管理，以變制變。所以，飯店經理人需要不斷地否定自己，逼迫自己去開拓創新，運用新技術、新理念、新思維，開發獨特的產品，在競爭中取得新的優勢。

第五節　建立學習型團隊

引言

◎　飯店要創建「學習型組織」，要向員工灌輸「在工作中學習，在學習中工作」的理念，為員工創造良好的學習機會和學習環境，以提高學習能力。

◎　飯店經理人要不斷更新知識體系和管理思維，營造全員學習、團隊學習；工作學習化、學習工作化的氛圍。

☆　在競爭日益激烈的情況下，尋求贏得競爭優勢的根本出路，就是在飯店內建立學習型組織。

一、學習型團隊的特點

（一）人本理念

當今社會的競爭是知識的競爭，歸根結底就是人才的競爭。飯店的經營管理應樹立「客人第一，員工第一」的理念，使飯店成為「客人之家，員工之家」。飯店要注重員工的培養，為員工創造寬鬆的人際關係、舒適的工作環境、較大的晉升空間和較高的薪水福利。因為，員工是優質服務的提供者，只有滿意的員工才能提供滿意的服務，進而才能有滿意的客人。透過賦予員工更大的權力和責任，使其認識到自己也是飯店管理隊伍中的一員，才能更好地發揮自己的自覺性、能動性和創造性，充分挖掘自身的潛能，在實現人生價值的同時，也為飯店作出更大的貢獻。

（二）快樂文化

飯店要為員工營造輕鬆、愉快的工作環境，倡導快樂工作每一天。飯店建立

學習型組織，就是要讓員工感受到團隊合作的氛圍，懂得合作、懂得為他人著想。學習型組織的理論核心就是：要快樂地工作，做最真實的自己。所謂快樂，就是員工在工作的過程中能夠體會到被尊重，能夠根據自己的意願為客人提供最真誠的服務；同時，員工快樂的工作，也是為自己、為同事、為客人創造快樂。

（三）懂得感恩

日本的松下集團把感恩作為核心價值觀。正是這種理念，使我們看到了今天松下的成功和輝煌。

建立學習型組織不是簡單地喊在口頭上、落在筆頭上，而是要實實在在地落在行動上。飯店經理人應該將感恩的理念引入飯店組織中，並灌輸到員工的頭腦中，使之成為一種習慣、一種意識。飯店為我們提供發展的平台，我們應該感恩；上級給予我們許多培訓，我們應該感恩；同事給予我們許多的幫助，我們應該感恩；下屬支持配合我們的工作，我們應該感恩；客人對我們的工作表示認可和讚賞，或是提出寶貴的意見和建議，我們應該感恩。只有在充滿感恩的環境中，工作才會更有激情，服務才更具有人情味，團隊才更加和諧。

二、學習型團隊強調「學習」

（一）工作學習化，學習工作化

學習型團隊強調學習與工作不可分離，就是工作學習化、學習工作化。

所謂工作學習化，就是把工作的過程看成學習的過程；工作的本身就成為一種學習。

飯店裡有兩種人：一種人，從來沒做過管理，遇到管理的項目就往後退；還有一種人，樂於做管理，他可能略知一二，但是他把工作過程看成學習過程，不懂就去請教專家、查看有關資料，或者參加培訓班，最後把工作完成了。由於工作觀念不同，前一種人把工作看成是一種負擔，後一種人把工作看成是學習的過程。一個前進，一個後退，就這樣，這兩種人的差距就拉開了。

學習工作化，就是要把學習與工作等同看待。許多飯店對工作嚴格管理、嚴

格考核，但是對學習沒有嚴格管理。飯店經理人請專家教授來講課、介紹工作經驗，但是下屬想不來就不來，有的即使到了學習現場也心不在焉、沒人管。學習型飯店認為，一個飯店組織的學習能力是生命力之根，根不好，樹怎能茁壯成長呢？員工上班不僅僅是工作，而是要做三件事：工作、學習和創造。

（二）以個人學習為基礎

學習型團隊的學習，強調在個人學習基礎上的組織學習。因為團隊學習產生社會知識資本，能支撐整個飯店、整個行業的發展。

（三）以訊息回饋為基礎

學習型團隊的學習，強調在訊息回饋基礎上的學習。要充分利用訊息回饋系統，讓每個員工、每個組織不斷地接到訊息，知道自己的行為對飯店產生的是正效應還是負效應，從而調適自己的行為。

（四）以反思為基礎

學習型團隊的學習，是強調以反思為基礎的學習；強調建立以反思為基礎的學習系統。即透過學習發現不足，查找原因，進而解決問題。

（五）以共享為基礎

學習型團隊的學習，強調以共享為基礎的學習，要建立以共享為基礎的學習系統。知識是永遠也學不盡，也用不完的，自己知道的永遠只是滄海一粟。怎樣以最快的速度掌握最多的知識？最便捷的方法就是與他人交流，實現知識共享。

（六）學後知新

學習型團隊的學習，強調學後必須要有新行為，學而不習的學是無效的。孔子曰：「溫故而知新。」學習的過程，也就是拋棄舊思維、舊理念；吸收新思維、新理念的過程。沒有新發現的學習是沒有成效的學習。

學習型團隊的學習理論還告訴我們：創建學習型團隊，第一要全員參與，第二要步調一致。但是學習型團隊的理論認識僅止於此還不夠，不但要全員參與、步調一致，還要用心來做、互相有默契。

三、倡導團隊學習

（一）時代需求

飯店過去的經營模式主要靠開發廉價的物質資源來取勝，所以，只要有一兩個好的領導者，把員工帶好就能成功。但是，現在時代不同了，光靠一兩個領導者是絕對不行的，飯店要成功就要靠知識、靠學習，靠全體員工的創造力，這就要透過組織團隊學習、開發整個團隊的人力資源來實現。

（二）三個諸葛亮變成臭皮匠

有句諺語說：「三個臭皮匠勝過一個諸葛亮。」然而，現在有許多的飯店出現了這樣一個怪現象：「三個諸葛亮最後變成一個臭皮匠。」每個人都是諸葛亮，但是整個團隊卻只是一個低智商的臭皮匠。哈佛大學阿吉里斯教授對許多企業調查研究後指出：大部分管理團隊在壓力面前會出現智障，他把智障歸納成四種妥協。

1.不提沒把握的問題——保護自己

人們在預測問題的時候往往不是很有把握的。有人認為，如果把沒有把握的問題提出來，錯了就會損害自己的形象。因而，在團隊學習時不談自己內心的真實想法。

2.不提有分歧性的問題——維護團結

有的人為了團結，一看是上級和大部分人都同意的意見，明明知道有問題，但一想還是不要提了，免得引起分歧。

3.不提有質疑性的問題——不使人難堪

許多時候，為了不使他人難堪而不提有質疑性的問題，特別是當年長者或上級發表自己意見的時候。例如，對上級提出的一項決策，雖然感到中間有問題，但是為了不使上級難堪，還是不把問題提出來。

4.只做折衷性的結論——使大家接受

當有意見針鋒相對的時候，為了使大家接受，有的人只做折衷性的結論。在學習的過程中，心裡最大的障礙是謹小慎微、自我保護。

許多團隊不成功，很大程度是由於自我防衛，這四種妥協都是自我防衛的典型表現。

（三）加強團隊學習

團隊學習的目的就是為了使群體智商能大於個人智商、使個人成長速度加快。聰明的飯店經理人在召開會議或者要作重大決策的時候，總是要看看參加者心智模式是一個什麼狀態，首先幫他們把自我防衛的狀態解除，大家才能拋出心中所有的假設展開深度會談，積極地去辯論問題。

深度會談就是在討論學習型問題的時候，每個人全部說出心中的設想、一起思考。學習型團隊理論非常強調深度會談，特別是飯店經理人要學會深度會談，尤其是討論重大問題的時候，一定要防止「一言堂」。

深度會談首先要學會聆聽。一位美國的教授在講學的時候說，一個人怎樣學會聽——要像中國人那樣「聽」。繁體字的「聽」字就包括了聽的全部要義。

一是用耳朵聽。有句俗話說要「洗耳恭聽」。用耳朵聽，是最基本的聆聽方式。如果連耳朵都沒有在聽的話，那麼就根本不存在聆聽了。

二是用眼睛聽。佛教裡有觀音菩薩，也叫觀世音菩薩。音是聽的意思；而所謂觀，即觀看的意思。為什麼這位菩薩不叫聽世音菩薩而叫觀世音菩薩呢？

其實這裡面有個很深刻的道理。因為，一個人不但要能聽到聲音，而且還要能聽到正確的聲音。當然，只要不是聾子都能聽到聲音，但是能聽到正確的聲音這是不容易的。飯店經理人如何才能聽到正確的聲音？不僅要用耳朵，還必須用眼睛幫助你聽。

三是用心來聽。要學會耐心地聽。一個人耐心地聽別人說話是很難的，特別是年長者聽年輕人說話就沒什麼耐心；老師聽學生說話也沒耐心；上級聽下屬說話沒耐心；父母聽子女說話也會沒耐心。所以，學習型組織非常強調飯店經理人要學會聆聽別人說話，要非常耐心地聽對方把話講完。

要學會虛心地聽。管理大師彼得·聖吉，在研究學習型組織的時候非常注意吸收中國的文化精髓，曾經多次到香港拜訪南懷謹先生。他第一次去的時候，南懷謹先生很客氣、很禮貌地給他倒茶。當茶倒滿時，他還繼續往茶杯裡倒。彼得·聖吉非常不解。南懷謹先生說：「你不是想學中國人的修煉嗎？中國人就是這麼修煉的。『滿則溢』。你若想學到中華文化的精髓，首先必須把你的西方價值觀都倒空。如果你用西方的觀點來看中國文化，就會格格不入。所以要虛心以待。」

‖ 四、如何創建學習型團隊

學習型飯店團隊是以共同的發展目標為基礎，以團隊學習為特徵，以學習加激勵為模式，以實現持久發展為目的。透過學習工作化、工作學習化，實現飯店組織的學習力、創造力、核心競爭力的不斷提升。

（一）明確的學習方向

飯店的發展目標是飯店員工努力的方向，飯店在此基礎之上，結合自身的發展規劃和不同時期的發展要求，為員工制定符合實際、並被員工所認可和接受的學習目標，即學習的方向。員工學習的方向，一方面要與員工自身發展願景相符；另一方面，要與飯店整體的文化相融合。

（二）系統的學習計劃

飯店經理人應該合理制定系統的學習計劃；管理人員要有年度專業學習計劃；各部門要「量身訂作」制定該部門員工學習計劃。飯店應著眼於某一方面重點內容組織學習，做到有計劃、有檢查、有考核、有獎懲，以保證學習的落實和效果。透過有計劃的系統學習，達到每天進步一點點，使飯店全體員工的綜合素質和能力能得到明顯的改觀。

（三）多樣的學習形式

飯店可以採取靈活多樣的學習形式。例如，利用飯店例會時召開管理人員會議，學習先進經驗和典型案例；結合學習計劃和學習重點，展開讀書活動；緊密

聯繫飯店文化，召開研討會、交流心得，強調以理論指導實踐；邀請專家、學者來飯店傳授國內外最新的飯店管理理念；還可以組織飯店管理人員到其他高星級飯店學習考察等。

（四）靈活運用學習成果

將理論與實踐相結合，從學習和實踐中提高飯店服務技能，注重學用結合、學以致用、用有所成，在學習中完善自我、超越自我。從根本上提高員工的服務品質和管理人員的經營管理水平，以打造超前的飯店經營管理團隊。

上海一家進出口公司的總經理要求員工每一季看一本書，而且看後要結合工作寫出讀書心得。一些大型集團的總裁每當看到好文章都會推薦給員工。現在許多企業的領導者，都知道決不能把重要的工作交給一個不會學習、不愛學習的人。

飯店的發展也要順應社會、順應時代發展的潮流，建立「學習型飯店」是時代發展的趨勢。要成為一名成功的飯店經理人就必須不斷學習，以學習為利劍，全面武裝自己，使自己在知識經濟的時代、在人才競爭的時代，能夠占據不可替代的位置。

第十章 打造高績效團隊

導讀

隨著市場競爭的日益激烈，現代企業更加強調發揮團隊精神、建立團隊共識、提高工作效率、滿足客人需求。只有掌握管理技巧、追求卓越，做一名優秀的領導者，才能打造高績效的團隊，並憑著團隊默契的合作形成強大的團隊合力，才能在競爭中立於不敗之地。

第一節　掌握管理技巧

引言

◎管理學專家道格拉斯・麥格雷戈曾經提出一套施加懲罰的「熱火爐原則」，希望企業的管理者們，在對員工施加懲罰時，都能以熱火爐為師。

原則一：你碰它，它就燙你，而且當時就燙你。

原則二：第一次就燙得很厲害。

原則三：只燙你碰它的部分，而不會燙你的全身。

原則四：對誰都一樣，誰碰它，它就燙誰。

原則五：你不碰它，它決不會燙你。

按照賞罰要與尊重相結合的原則，飯店經理人在給予員工獎賞時，要體現出對員工的尊重；在給予員工懲罰時，也要體現出對員工的尊重。懲罰中的尊重，絕不是對員工所犯錯誤的尊重，也不是對那些問題行為的尊重，而是對犯了錯誤的、有問題行為的人的尊重。

☆　飯店經理人管理效果的好壞取決於許多因素，例如，個人業務能力、上級的支持、下屬的配合等。其中較為關鍵的一點是，在實際的管理過程中，飯店經理人是否掌握一定的管理技巧。管理技巧是指管理者對管理原理、知識、能力等合理、靈活和有效的運用。

‖ 一、制度管理

制度在飯店管理中起著重要的作用，它是飯店中每位員工都必須遵守的行為規範。制度管理，就是指飯店經理人透過一系列的制度來約束、引導、激勵員工的行為。制度管理是飯店科學管理的要求，也是飯店經理人必須掌握的一種管理技巧。

（一）制度管理的科學性

制度管理的科學性，即飯店的各項管理制度必須科學、有效，符合客觀規律，有利於執行。

1.目的性

目的性，指的是制度的導向功能、規範功能、促進功能。制度必須根據飯店的經營管理需求和全體員工的共同利益來制定。領導者所制定的制度要服從飯店經營管理的目標，並能夠規範、約束、引導和激勵飯店員工的日常行為。

2.客觀性

客觀性，指的是相互銜接，形成體系。制度必須要符合客觀實際、注重客觀條件，以大多數員工的思維意識、接受能力和理解能力為條件。制度的制定要量化、詳細化，要有實施細則，對做不到或暫時很難做到的制度先不制定，待以後條件成熟之後再不斷地補充完善。

3.嚴謹性

嚴謹性，指的是制度要條文清楚、程序明確。制度是飯店內部的法，是一把衡量員工行為的量尺。制度的制定一定要有嚴謹的態度、嚴謹的程序以及嚴謹的

體系，一定要注意對文字的處理，仔細推敲，不要前後自相矛盾，不利於執行。

（二）制度管理的原則性

制度經過一段時間試行、完善後，即可穩定下來，形成正式的、具有「強制約束力」的制度文本，並按照確定的範圍和時間正式執行。制度管理的原則性，是指在執行制度時必須嚴格按制度的各項條文來處理問題，即制度規範一經形成，所有成員都必須執行，違反規定要受到必要的懲罰，並應「以事實為依據，以制度為準繩」來處理發生的所有與制度有關的事務。

1.權威性

權威性，指的是執行制度要嚴格、有力度。一旦制度正式推行，所有的員工都應共同遵守、嚴格執行，真正做到「有規必依，違規必究」。要以嚴格的執行來維護制度的權威性，做到制度面前人人平等。

2.公正性

制度像「熱火爐」，以客觀的事實為依據，而不是以個人的主觀因素作為判斷的依據。嚴格遵循制度的人，制度對於他而言是溫暖的，是為大家服務的。但是，一旦超越了界限，觸犯了制度，制度就立刻變成了刑具，將違規的人燒傷或者燙傷，而且受傷的程度與範圍和接觸「火爐」的距離、面積成正比。而且，制度是不認人的，任何人違反都要受到懲罰。然而制度只燙觸碰「火爐」的人和他觸碰「火爐」的部分，不會傷及無辜。

3.無情性

制度是不講情面的，任何人違反都要受到懲罰，即在制度面前人人平等。從熱火爐原則中我們知道，熱火爐是不允許人們來碰它的，誰敢碰它，它就燙誰。「燙」就是熱火爐對那些膽敢「以身試法」的人所施加的一種懲罰。道格拉斯・麥格雷戈在提出「熱火爐原理」的同時，也說明了在懲罰時必須遵循「預先示警、及時懲罰、懲罰一致、對事不對人」的原則。

（三）制度管理的藝術性

　　由於現實工作中出現的問題都是複雜的、多變的，而且飯店工作主要由員工完成，因此，每位員工的違規情況各不相同，在處理時勢必不能一概而論。正所謂「管理如水，而水無常態。」而制度管理的藝術性，就是指飯店經理人在處理員工的違規行為，應根據時間、場合、情景等因素靈活進行。

　　1.制度無情人有情

　　制度管理的藝術性，具體體現在以下幾個方面。一是針對性———一把鑰匙開一把鎖，必須根據不同的人採取不同的方法；二是靈活性——具體情況具體分析，要靈活處理；三是情感性——無情未必真豪傑，做到以理服人、以情感人的工作；四是創造性——與時俱進、開拓創新、形式多樣、豐富生動。

　　2.處理的靈活性

　　飯店經理人執行制度時必須考慮到實際情況，要有靈活性。

　　（1）對普遍出現的違規行為——法不責眾。當許多人都違規時，領導者必須清醒地認識到事態的嚴重性，並應認真分析問題發生的原因，探討、研究更為合理、可行的規章制度，以避免類似情況的出現。

　　（2）對好心人的違規行為——左右為難。一般情況下，此時應獎罰並舉，但需要根據具體的情況來判斷是獎多罰少，還是罰多獎少。一般來説，應以懲罰為主，以維護制度管理的嚴肅性。

　　（3）對有關係、有背景的人的違規行為——用人所長。關鍵是善用有關係、有背景的員工。管理者應充分發揮其特長，並在平時加強對這些員工的引導與控制，一旦發現有違規的可能，就及時給予提醒。

案例10-1

◎ 制度就是高壓線

　　制度是為管理服務的，為了保證並維持飯店的正常營運，使之達到星級飯店應有的服務水準。某星級飯店建立了一整套與管理體系相對應的管理制度。例

如，在飯店員工餐廳公布欄的醒目位置處，張貼對表現優秀員工的表揚和獎勵公告，當然，也張貼對違紀員工的處罰通報。根據部門、級別的不同，公布欄內公布最近一週內飯店各個部門所有員工的獎懲情況，以及飯店管理階層的處理意見。飯店經理人在執行各項制度的同時，加強對員工的思維教育和業務培訓，對違反飯店相關規定的員工要嚴懲不貸。例如，飯店規定，對於員工的懲罰分為七種：警告、記過、留店查看、無薪停職、辭退、除名、開除。除以上的制度處罰外，飯店對違紀的員工還會給予相應的經濟處罰。

遵守制度的人，制度是其行為的準則；而違反制度的人，制度對其而言就是枷鎖。飯店制定制度不是為了要懲罰員工，懲罰不是目的，而是為了能夠規範員工的操守和行為，以更好地實行管理。

‖ 二、授權管理

作為飯店的團隊領導者，如果你發現自己整天忙得焦頭爛額、恨不得一天有48小時；或者當你把事情交給下屬去做時，又放心不下，時時刻刻都跟在後面監督；大大小小，事無鉅細，都由自己親自過問、領導和部署，希望每件事情都能經過自己的努力得以圓滿完成，贏得團隊上下的一致認可，那麼，你還不是一位成功的領導者。

優秀的團隊領導者都應該懂得：一個人權力的運用在於讓他人擁有權力。飯店經理人要善於授權，借力成事，將權力賦予他人，以便更好地延伸自己的管理思維，而不必事必躬親。

（一）授權≠棄權

◎ 什麼是授權？

作為一位飯店經理人，當你出差在外時，是安排一位負責人，例如，你的助理，全權負責飯店營運的一切事務呢？還是用手機24小時待命，實行「空中管理」呢？

飯店管理的實質，是飯店經理人透過下屬來達成工作目標，這之中就牽扯到

授權的問題。授權就是指飯店經理人在實際工作中，為了充分利用專業人才的知識、技能，或出現新增業務的情況下，將自己職務內所擁有的權限因某項具體工作的需要而委任給某位下屬。這種委任可以是長期的，也可以是短期的。授權可以贏得時間，可以提升下屬的積極性，可以提高工作效率。但是，飯店經理人充分授權給自己的下屬後，並不等於棄權，不是什麼事都不管、不問、不理會。

1.授權≠不管

作為飯店經理人，應知道管理要善於授權，要讓下屬有充分的權力處理其職責內的事務。但是，授權不等於不管，不是簡單地將權力授予下屬就一切都OK了。授權之後，飯店經理人還要對下屬提出具體的工作要求、完成目標，並加強溝通與指導，並追蹤檢查工作落實的進度，以確保授權之後工作目標能夠順利完成。

2.授權≠干涉

有些飯店經理人授權的時候，不但不放心下屬，還會橫加干涉下屬的工作。在授權的過程中，總是擔心出這樣或那樣的問題，對每一個過程、每一個環節都干涉，造成了「授權而不放」，導致給下屬的授權變成無效授權，或者說是有限的、被扭曲的授權。授權的關鍵就是權力的充分下放，接受授權的下屬是執行工作全程的決策者，而不是參與者。

3.授權≠代理職務

代理職務是代理人代替被代理人全權處理各項事務，兩者之間是平等的關係。代理通常包括所有的日常工作，通常僅限於一定時期內，飯店經理人外出回歸後立即宣告代理結束。而授權是針對某項具體任務，穩定於任務完成的整個時期。在飯店管理工作中，許多重要的權限是不可替代、不能被授予出去的，授權並不是全權代理職務。

4.授權≠讓下屬完全自主

授權後，飯店經理人要不斷檢查、監督、緊盯、追蹤下屬的各項工作，確保下屬是按照飯店的總目標和進度在執行，一旦遇到問題，飯店經理人要能夠及時

糾正、不偏離方向，否則就不能實現飯店所制定的目標。

5.授權≠不承擔責任

授權就是讓被授權者幫助他辦事，是一種委託行為。授權不授責，授權不等於授權人不承擔責任。飯店經理人在向下屬授權的時候，不能把應負的責任一併授予出去。當下屬在工作中出現困難或問題時，飯店經理人要有博大的胸懷敢於承擔責任，幫助下屬改正錯誤，而不是將責任推給被授權者。

（二）授權的方法

飯店經理人是飯店的重要管理者，其管理的想法及經營的頭腦關係到飯店營運的成敗。因此，在對待授權方面必須慎之又慎，要掌握分寸，掌握一定的授權技巧。

1.哪些權力可以授予

授權讓下屬做事，即使做砸了，對整個飯店、部門的影響也不大。授權的風險比較低，或者是對下屬來說不太重要的相關工作，例如，接聽電話、接發傳真、整理文件、外出購物等。這些性質的工作，飯店經理人應充分授權。

（1）經常重複或雷同的工作

在飯店的日常工作中，許多人經常重複原來做過的事情，起碼在工作方式上有重複或雷同。屬於經常重複或雷同的工作，飯店經理人必須授權讓下屬去做。例如，飯店公共關係部經理對每月一次的飯店宣傳海報的撰寫、編排工作，可授權給部門的品牌和新聞人員去完成，而自己只要校對樣稿加以審閱。

（2）下屬能夠做好的工作

有一些下屬能夠完全做好的事情，飯店經理人要授權給下屬去完成。例如，文書員、祕書打字又快又好，這項工作必須授權；飯店人事部經理有較豐富的面試應聘人員的經驗，而且很專業，作為飯店人力資源總監就將招聘工作授權給他去做。

（3）下屬已經具備能力完成的工作

飯店新員工進入飯店工作幾個月後，對工作已經基本了解，並接受過專業培訓指導，具備了獨立完成工作的能力。這時候，他的上級就應該授權。如果這位員工依然不能完成工作，作為上級就要想一想，是沒有培訓他，還是沒有給他鍛鍊的機會？總之，對於這類工作，要儘快地授權。

（4）有挑戰性，但是風險不大的工作

讓一位新入職的市場部策劃人員，寫一份有關本區域內同星級的飯店團隊的市場調查報告，對他來說確實有挑戰性，因為從未寫過。但這種挑戰風險並不大，因為這份文案會由部門經理和飯店總經理來把關，風險可以不斷降低。對於這類工作，飯店經理人要授權。

（5）有風險，但可以控制的工作

例如，讓人力資源部的人事經理去完成飯店的招聘人員工作，這是個有風險的工作，他可能無法完成任務，但是招聘的工作是可以控制的。例如，職責要求、任職資歷等，要和飯店中高層領導者進行溝通，如果出現問題，會得到及時控制和糾正。此類飯店的工作，實施過程中有許多的關鍵點是可以控制的，作為上級只要做好事先的控制，也沒有多大的問題，屬於可以授權的工作。

2.哪些權力不能授予

儘管從某種角度說，飯店經理人授權越多越好，但並不是說將所有權力都授予出去而自己掛個空銜就好，有一些工作還是無法透過授權來讓別人完成的。一般來說，授權禁區有：飯店重大經營決策權、定價權、重要人事安排及重大獎懲處置權、飯店硬體建設、固定資產添置及資金審核權、部門及單位組織結構設置及變更的決定權等。

（1）重大問題決策權

飯店經理人要為下屬制定許多的標準，例如，績效標準、工作規則、工作流程等，要求下屬按照要求去做。這類涉及飯店制度管理需要決策的權力不能授權。

（2）人權

人權也就是人事管理權，包括人事任用權、人事指揮權、人事罷免權、人事考核權、人事獎懲權等。

（3）財權

財權也就是對飯店資金支配使用的權力，包括資金預算權、資金支付權、資金使用裁定權、資產使用權、資產處置權等。例如，飯店授予銷售部與部門簽署消費帳單掛帳協議的權力，這種帳單掛帳權力是不能隨便授權給下屬的，否則控制不力就會造成呆帳，給飯店造成損失。

（4）物權

物權是指對飯店所有資產的掌控權，包括固定資產添置審核權、飯店營業物品領用權、飯店經營物品採購審核權等。

（5）經營定價權

經營定價權是對飯店重要經營方針的審定權，例如，飯店客房房價的制定、團隊和會議的價格政策體系等。

（三）授權的技巧

授權要符合飯店經理人管理活動的規律，要有利於實行有效的統率與指揮。

1.明確授權內容

飯店經理人向下屬授權，必須明確哪些權利可以下放，哪些權利不能下放。經理人的權利保留多少，要根據不同任務的性質、不同環境和情勢，以及不同的下屬而定。

2.選對人授權

根據下屬能力的大小和其個性特徵等來分別授權，同時，授權時還應考慮被授權者的綜合素質。對於性格較外向者，授權讓他解決人事關係及部門之間溝通協調的事較容易成功；對於性格內向者，授權他分析和研究某些問題較容易成功；對於能力相對較強的人，宜多授予一些權力，這樣既可將事情辦好，又能鍛鍊他的能力；對於能力相對較弱的人，不宜一下子授予重權，否則就可能出現失

誤。

3.逐級授權

在飯店管理工作中，飯店經理人容易越級授權。越級授權往往會引起被授權者直屬主管的不滿，也容易使被授權者產生顧慮，影響其放手展開工作的意願。所以，授權應該是自上而下逐級進行的。逐級授權，是指作為上級的飯店經理人對直接下屬進行授權。

4.選擇授權形式

飯店經理人應該根據內容的重要性將工作進行分類，對不同重要性的工作採取不同的、有效的授權方式。例如，會議授權、書面授權、口頭授權等。同時，飯店經理人還要不斷學習，根據下屬接受能力，選擇不同的授權方式，使這種授權具有獨特的意義。

5.進行有效溝通

授權是任務的傳遞，這種傳遞必須是順暢的、有效的。飯店經理人必須將工作的預期結果、要求達到的階段性成果等與下屬進行溝通，並保證這種溝通是暢通的。同時，溝通還是下屬的權力得以保證的重要方法，所以，這種溝通應該是多元的。

6.充分信任下屬

飯店經理人應該「用人不疑，疑人不用」。要理解和幫助下屬，充分信任他們。如果授權後立即變更，會產生不利的影響。一方面，等於向其他人宣布自己在授權上有失誤；另一方面，權力收回後，自己負責處理此事的效果更差，還會產生副作用。即使發現下屬工作不是很到位，飯店經理人也要透過適當指導或創造一些有利條件讓其以功補過，而不宜立即收回權利。

7.追蹤和控制

授權不是任務的終結，而是任務的開始。在授權以後，任務的執行是否按照授權者的要求去實現，必須透過後續的持續追蹤或彙報來了解。沒有追蹤或彙報

的授權執行，很有可能會偏離授權者的要求方向。

授權有一個關鍵因素，那就是必須使其受到控制，失去控制的授權是沒有意義的，對飯店同樣會造成傷害。飯店經理人在授權時不能想當然爾的認為被授權者應該可以做好。授權不僅是信任下屬，也意味著敢於承擔責任。

‖ 三、走動式管理

案例10-2

◎ 佐加在豐田的經歷

克利斯迪安托・佐加回想起第一次被派往日本豐田公司受訓時的情形：第一天，督導員帶他到工廠的一個角落，用粉筆在地上畫了一個圓圈，告訴他整個上午要待在這個小圓圈內，用眼睛觀察發生的一切。時間在消逝，佐加只看到一些例行重複的工作。他心裡非常氣憤：「我是被派來學習的，督導根本沒教我什麼事，這算什麼訓練？」可是回到會議室，當督導要求他描述他觀察的結果時，大多數問題佐加都無法回答，更無法說出問題的癥結所在。原來，現場才是所有訊息的來源，現場檢查才是真正的檢查，現場才能找到問題真正的原因。而督導想要告訴他的正是：要成為一個合格的豐田人，就必須到現場去，現場才是公司最重要的地方。

由於不同員工的工作習慣或多或少存在差異，同一員工在不同時間、不同場合的工作狀態也或多或少存在著差異，因此，也形成了飯店服務品質的不穩定性和難以控制的特點。如何對飯店服務品質進行監督、控制、引導，都離不開對工作現場的控制，失去現場，就失去了訊息的真實性。所以，巡視工作現場已成為一種管理方式、管理風格，被稱為「走動式管理」。

（一）注重現場管理

對於飯店經理人來說，現場是最重要的地方。可是有些飯店經理人喜歡把辦

公室當作工作場所，透過每天、每週、每月的報告、報表、下屬的彙報、會議等來了解現場的實情，從而作出決策，這樣不利於飯店管理工作的展開。飯店經理人的辦公室不是真正的現場，「到現場去」對每位飯店經理人來說都是金玉良言。

1.檢查員工準備狀況

飯店經理人在巡視時應對員工的準備工作嚴加監督與檢查。例如，物品配備是否齊全，清潔衛生是否符合品質標準，設施設備是否完好有效等。一旦發現問題應及時指出並責令整體改善，從而保證在客人到達時能提供優質的服務。

2.控制服務標準

飯店經理人應巡視對客人服務工作的現場，嚴格執行品質標準，確保每位員工的服務工作都符合飯店的品質標準，及時糾正不足，以達到服務品質的完美，從而儘量使客人完全滿意。但飯店經理人在善於挑剔的同時，也要注意方法。

3.指導和激勵下屬

在巡視過程中，飯店經理人應指導員工按照標準流程工作，如果發現員工的工作做得很出色時應及時給予表揚，使員工有積極性將工作做得更好。

4.加強交流，關注重點

加強對客人交流，隨時聽取並關注客人的意見或要求，並給予回饋。要分清主次、關注重點服務，做到分工明確、責任到位，根據現場的高峰和低谷狀況，做好現場人力資源的調度。

5.處理客人投訴

飯店經理人應正確認識和妥善處理客人的投訴，並以積極的心態來應對，把客人投訴視為發現問題、提升服務品質的好機會。飯店經理人在現場管理過程中，應督促員工關注客人的需求，並及時滿足客人的合理需求；當客人的需求沒有很好地得到滿足時，就及時處理好客人投訴，以消除客人的不滿。

6.收集訊息，以便整體改善

你聽到客人說了什麼？飯店要注重在客人消費飯店產品、接受飯店服務的過程中收集客人的意見，記錄客人在第一時間內的感受，並把聽到的客人合理性的意見和建議，作為改進服務品質、加強飯店管理的一個參考依據。

（二）健全品質控制體系

1.總經理重點檢查

飯店總經理定期或不定期巡查飯店所有現場，主要做好兩方面的工作：一是根據經營管理的需要，針對重大活動或飯店的重要接待工作等進行檢查；二是在店務會議上對服務品質進行分析，督促各部門按照飯店規定進行整體改善。

2.值班經理全面檢查

值班期間，代表飯店總經理對飯店現場進行全面督查。值班經理作為飯店當日服務品質的總負責人，履行服務品質管理的職責，必須按照服務品質巡查記錄表的內容和要求進行認真仔細的檢查，並注意掌握各種動態訊息。檢查重點內容在次日早會上彙報。

3.部門經理日常檢查

部門經理巡查該部門管轄範圍的所有現場。他對自己所轄範圍內的各項工作品質負有直接的管理責任，必須恪盡職守，對下屬的工作必須及時加以指導、監督與考核。各項檢查必須形成制度化、表單化，要做到環環有人管、事事有人抓、件件有人做。

4.品質檢查人員專項檢查

品質檢查人員巡查飯店所有的服務或工作現場。作為飯店品質管理的專業人才，不能停留在一般檢查層面，必須要向縱深發展。品質檢查人員除了日常檢查、掌握飯店品質狀況外，還應在專項檢查、動態檢查上下工夫，尋找典型案例，發現深層問題，以體現專業水平。

5.每位員工自我檢查

只有全員參與，每個人自覺關心自己和他人的工作品質，才能為提高服務品

質打下扎實的基礎。各飯店必須培養員工自我檢查的意識和習慣,並採取行之有效的方法,激發全體員工參與品質管理的積極性。

6.保安人員夜間巡查

夜間往往是飯店安全和品質問題的多發期。保安夜間檢查範圍為飯店節能狀況、員工工作紀律、員工工作情況、夜間消防及各項安全狀況等。就發現的各項問題督促相關部門整體改善,並將夜間巡查內容與巡查意見形成品質檢查日報,第二天發送總經理和人力資源部,以確保檢查落實的效果。

7.客人提供最終檢查

只有客人認可的服務,才是最有價值的服務。飯店必須及時收集客人對飯店服務品質的評估,接受客人對服務的檢驗。其來源主要有:一是客人拜訪表,保證意見的時效性和真實性;二是每日大廳經理日報記錄、值班經理記錄,所歸納的客人對於服務品質的有效意見;三是不定時地邀請客人暗訪,對於整個飯店或某個服務區域給予客觀、實事求是的評價。

‖ 四、激勵管理

案例10-3

◎ 特別的獎勵

李先生是某學校校長。有一天,他看到一位男同學用磚頭砸同學,遂將其制止,並責令他到校長辦公室問話。當李校長回到辦公室之時,發現該男同學已在等候,就掏出一塊糖遞給他:「這是獎勵你的,因為你比我早到了。」接著,又掏出一塊糖給他:「這也是獎勵你的,因為我不讓你砸同學,你立即住手了,說明你很尊重我。」男同學接過糖。李校長又掏出第三塊糖遞給他:「據了解,你打同學是因為那位同學欺負其他同學,這說明你很有正義感。」這時,男同學哭了,「校長,我知道我錯了。同學不對,我也不能用磚頭打他。」李校長又拿出

第四塊糖説：「你已經認錯了，再獎勵你一塊。我想，我們的談話也該結束了。」

人受一句話，佛受一炷香。任何時候都不要忘記每個人都渴望受到賞識。懲罰往往是弊大於利，它不是改進工作的動力，只能產生怨恨。讚美是最有效的、低成本的管理手段。

（一）什麼是激勵

飯店員工的工作積極性，主要表現為工作的責任心、主動性和創造性等三方面，因此，提升員工工作的積極性，就是增強員工的工作責任感、激發員工的工作熱情、促進員工努力工作的行為，這是飯店管理的重要內容。作為飯店經理人，必須擅長於採用各種方式激勵員工，最大限度地提升員工的工作積極性，以求為飯店創造出良好的經濟效益和社會效益。

1.什麼是激勵

激勵，按字面意思理解，「激」就是激發，「勵」就是獎勵、鼓勵。激勵，是指飯店經理人根據下屬的需要，激發其動機，使其產生內在的動力，並朝著一定的目標行動的管理過程，也就是提升人的積極性的過程。

2.激勵的基本要素

（1）激勵時機

激勵時機，是指為取得最佳的激勵效果而選擇激勵的時間。激勵時機適當，才能有效地發揮激勵的作用，這應根據員工的具體需要而定。在員工最需要的時候給予激勵，其效果最好。

（2）激勵頻率

激勵頻率，是指在一定時期內對員工施以激勵的次數。激勵頻率對激勵效果有非常顯著的影響。一般來説，頻率越高，激勵效果就越好。

（3）激勵程度

激勵程度，是指激勵方法對員工產生的激勵作用的大小。激勵方法越符合員

工的需要，激勵作用就越大。

（二）激勵技巧

◎　齊威王夫人死，嬪妃十個均受寵愛，孟嘗君很想確切獲知齊威王到底想立哪個嬪妃為夫人。為此，孟嘗君做了十副耳環，其中有一副特別明亮，就若無其事地送給威王。第二天，孟嘗君推薦戴明亮耳環的嬪妃為繼任夫人，得到齊威王的感謝與新夫人的信任。

投其所好，先要探其所好。要想有效的激勵下屬，使其心甘情願為飯店辛勤工作，飯店經理人不但要毫不吝嗇地送「鮮花」給下屬，還要送下屬喜歡的「鮮花」。

1.學會讚美下屬

◎「做得不錯。」

◎「很好。」

◎「非常棒！」

◎「這次表現不錯。」

◎「你這次的接待任務完成得非常出色。」

◎「我相信你有能力做好。」

◎「就照你的意思去做。」

◎「想法很好，就按你的意思去做。」

哄死人無罪，但是打死人就觸犯了法律。

人，都喜歡被稱讚，認可與讚美會極大地提高一個人的積極性。就像對待小孩子一樣，一般情況下，經常是你越誇他，他越起勁。同樣的，成人也會有這樣的特性。所以，不妨多多讚美你的下屬。

（1）信任是前提

認同與讚美有巨大的激勵作用，但往往並沒被經常採用，其原因就在於缺乏

信任。不信任會使人們難於發現他人的優點，因而也就難以表達出對他人的認同與讚美。

飯店經理人是否願意對下屬表示認同與讚美的關鍵，在於他是否信任下屬。飯店經理人要相信下屬都有把工作做好的意願，這樣才會發現下屬的優點。

（2）寬容是基礎

飯店經理人要對下屬抱有寬容之心，並對下屬運用認同與讚美的激勵方法。經理人要允許下屬犯錯，要意識到他們達到你的標準需要一個過程。對下屬的過失，也可從飯店經理人自身查找原因，是不是我們培訓及管理工作不到位而使下屬犯錯？擁有了寬容的心態，就會覺得原來對下屬所説的讚美的話是真誠的，並不是違心的，也就會發現，原來下屬確實有如此多的優點。

2.讚美的技巧

◎ 別人希望你怎麼對他，你就怎麼對他。

◎ 説他們聽起來入耳的話。

◎ 賣給他們本來就想買的東西。

◎ 帶他們走他們本來就想走的路。

（1）及時

◎　拿破崙在帶領軍隊打仗時，每打一次勝仗，就立刻將俘獲來的戰利品分發給士兵，作為對他們勇敢表現的一種讚賞和激勵。

獎勵都是在比較長的時間內實施一次，也就是具有較長的週期。而認同與讚美的激勵措施，則要你隨時發現下屬值得讚美之處，因而不存在規定的週期，可以頻繁使用。對員工及時的激勵才會有效果。

（2）具體

認同和讚美下屬，要針對具體的某一件事情而提出，要事出有因，使其知道因為什麼而得到表揚，切忌泛泛而談。否則，會讓對方「丈二和尚摸不著頭腦」，根本不知道你在稱讚他哪些方面。

（3）真誠

只有真誠的讚美才會換回真心的回報，不要只為了激勵而讚美下屬。同時，讚美也要掌握一個「度」，否則，難免會讓下屬產生「黃鼠狼給雞拜年——不懷好心」的猜疑。

（4）有的放矢

下屬在工作中有表現突出的地方，也有不盡如人意的地方。在這種情況下，飯店經理人要針對他令人滿意的地方有的放矢的實施激勵，要在肯定、表揚之後，再委婉地指出他處理工作不足的地方。

（5）對事不對人

許多飯店經理人可能有這樣的思維：身為上級，就是要批評和指責下屬的。事實上，不恰當的批評會帶來許多負面效應。一般情況下，飯店經理人不可直截了當、開門見山地指出下屬的缺點與不足，否則，下屬會認為這時你對他的看法才是真的，平時都是虛偽的。用委婉的方式就事論事，而非就事論人的批評，往往可以獲得迥然不同的批評效果，使下屬更能接受你的批評。

（三）激勵方法

◎ 舉辦競賽，為獲獎的員工頒發獎品、證書。

◎舉辦表現優秀的員工旅遊。

◎ 舉辦員工外出培訓、學習。

◎ 開辦員工圖書室。

◎ 舉辦員工免費體檢。

◎ 發給員工住房補貼、交通補貼、通訊費補貼等。

◎ 在員工生日時，慶祝員工生日。

◎ 在中秋、春節、端午節等節假日，給員工發放禮品。

◎ 舉辦優秀員工家屬來飯店過年的活動。

1.需要激勵

需要激勵是飯店中應用最普遍的一種激勵方式。飯店經理人要按照每位員工對不同階層需求的狀況，選用適當的動力因素來進行激勵。人的需求是多方面的，各人因情況不同，需要也必然不一樣，既有物質方面的，又有精神方面的。飯店經理人如何有效運用這些激勵因素，關鍵是要分析員工的需要，掌握不同類型員工的主要需要。

2.目標激勵

目標激勵法可促使每位員工關心自己的飯店，可使員工提高士氣。飯店經理人應讓員工參與制定工作目標。因為他們的參與，可使工作的程序、標準和工作量切合實際，使工作目標得到員工的支持。飯店經理人要對目標的執行情況進行監督，不斷評估員工的表現。對那些表現良好的員工要給予及時的表揚和鼓勵，對於違規行為要加以糾正，必要時要予以懲罰。

3.情感激勵

情感激勵是針對人的行為最直接的激勵方式。飯店為了滿足客人的需要，要求員工熱情待客，關鍵是，飯店經理人必須先用自己的真誠打動員工。如果飯店經理人對下屬、員工態度冷漠，不僅使整個飯店的微笑服務難以達到良好效果，而且往往容易傷害員工的感情。一位優秀的飯店經理人，要善於用飽滿的激情感染和激發員工的工作熱情。

4.精神激勵

◎ 逆境取勝

在一次對敵作戰中，拿破崙遭遇敵軍頑強的抵抗，自己也因一時不慎落入泥潭中，弄得渾身是泥，狼狽不堪，軍隊的士氣更加低落，情勢非常危急。可是拿破崙全然不顧，他抱著必贏的信念爬出泥潭，大吼一聲：「衝啊！」軍官和士兵看到他狼狽的模樣，忍不住大笑，但是，也被他的精神所鼓舞。一時間群情激昂、奮勇當先，最終取得了戰爭的最後勝利。

精神激勵透過滿足員工自我實現的需要，最大限度地提升員工的工作積極性

和工作熱情。作為一位飯店經理人,你的自信會感染你的員工;你的樂觀精神會帶領瀕臨危機的團隊走向成功。

5.榮譽激勵

飯店經理人可以各式各樣的榮譽稱號對員工進行表彰和獎勵。例如,最佳員工獎、服務明星獎、微笑大使獎、最佳節約獎、最佳建議獎、最佳業績獎、最佳貢獻獎等。

此外,還有績效激勵、榜樣激勵、競爭激勵、危機激勵、興趣激勵、培訓激勵、職務激勵、挑戰激勵等激勵方法。在實際工作中,激勵並沒有固定的模式,需要飯店經理人根據具體情況靈活掌握和綜合運用,才能真正達到激勵的目的。

第二節　做優秀的團隊領導者

引言

◎ 水的哲學

水,具有很強的包容性,而且勇於超越自我。在前進的道路上,遇到阻礙,會巧妙地繞開,迂迴過去。

水,在堅持原則的前提下,靈活變通,形式多樣。在常溫下,是液體;在高溫下,成為氣體;在低溫下,又會成為固體;在圓的容器中,是圓的;在方的容器中,又會是方的,但自己的性質依然不變。

水,善於與別的事務合作,借助別的事務的優勢,產生新的、更高級的事務。與水果合作,它會成為甜美的飲料;與高粱合作,它會成為甘冽的美酒;與茶葉合作,它會成為醇香的茶水;與草藥合作,它會成為治病的良藥。

水,柔中帶剛,意志堅強,百折不撓。只要它認定一個目標,它會不斷努力,堅持不懈,不達目的、誓不罷休。雖然一滴的力量很薄弱,但是它會一滴一滴,不停地沖擊,直到石頭被滴穿出一個洞口。

水,厚積薄發,一步一步、積攢力量。從點點滴滴,到汪洋大海;從涓涓細

流，到排山倒海、勢不可擋。

水，無孔不入，具有極強的滲透力，只要有點空隙，哪怕是很小的一點，它也會鑽進去，不會放過任何機會。

☆　一滴水落入大海，瞬間就融入大海，不分彼此。一滴水擊在石頭上，碎成無數水珠；然而，當洪流襲來，再大的岩石也無力抵抗。飯店經理人無論是做人、做事、做管理，都要仔細研究並認真學習水的哲學。

‖ 一、領導的本質與領導的方式

◎ 這種方式叫「領導」嗎？

某飯店餐飲部的張姓主管，為了爭取餐飲部員工對他的信任和支持，一方面大肆宣揚餐飲部因為部門經理管理不善存在許多問題；另一方面，又毛遂自薦擔任員工代表，煽動其他員工與餐飲部經理對抗，並使自己成為部門中「非正式組織」的頭目。結果餐飲部經理因為得不到該部門員工的合作和支持而被迫辭職，張某則帶領其他員工朝著他所指定的方向前進。

不可否認，張某「出色」地發揮了他的影響力，是一個「成功」的領導者。但是，從飯店的整體合作與發展的角度來看，這樣的領導是有害而無益的，這不是管理學中所倡導的真正的領導。

（一）領導的含義

1.什麼是領導

「領」就是帶領，就是走在前面、做在前面、身先士卒；「導」就是引導、指導。只有「領」好了，「導」才能起作用。

（1）領導者。領導者是組織中那些有影響力的人員，他們可以是組織中擁有合法職位、對各類管理活動具有決定權的主管人員，也可能是一些沒有職位的權威人士。

（2）領導活動。領導活動是領導者運用權力或權威對組織成員進行引導和

施加影響，以使組織成員自覺地與領導者一起去實現組織目標的過程。領導是管理的基本職能，它貫穿於管理活動的整個過程。

2.領導的要素

領導包括三個要素：

（1）領導者必須有下屬或追隨者。沒有下屬的領導者談不上領導。

（2）領導者擁有影響追隨者的能力或力量，這些能力或力量包括由組織賦予領導者的職位和權力，也包括領導者個人所具有的影響力。

（3）領導的目的就是達成組織目標。領導者透過影響力，來激勵團隊成員心甘情願地努力達到企業目標。

3.領導的特徵

（1）示範性。領導是全體員工的代表，是大家學習和模仿的對象，代表了團隊的形象，是團隊之首。領導的言、談、舉、止、坐、立、行等是員工行為的標準，具有示範作用。

（2）公正性。領導是公共權力的代理人、是團隊的評審員，在處理各項工作，尤其是處理員工問題時，要嚴肅而不輕率隨意，儘可能地保持公平、公正，才能得到大家的信任和支持。

（3）相似性。領導是團隊的領導者。領導者要為員工做實事，體現團隊的意願。在目標與思維上，要與員工保持相似。

（4）先進性。領導，無論在管理上，還是理念上，都應具有先鋒意識，體現生產力的先進性。

（二）選擇適合的領導方式

1.獨裁式領導

所謂獨裁式領導，是指由飯店經理人決定一切，並安排給下屬無條件執行。飯店經理人的這種領導方式要求下屬絕對服從，並認為決策是自己的事情，可以不徵求下屬的意見，只要簡單地發號施令，要求員工必須執行。這種領導方式適

用以下場合：

（1）員工不熟悉運作程序及工作職責。

（2）必須依靠命令或指令才能有效完成的任務。

（3）員工對其他領導方式無動於衷。

（4）你的決策受到時間的限制。

（5）你的權力受到下屬的挑戰。

（6）在你上任前，這裡的管理很混亂。

2.民主式領導

所謂民主式領導，是指飯店經理人和下屬討論、共同商量、集思廣益，然後作出決策，要求上下融洽、協同合作。與下屬有關的工作，讓他們參與、共同分擔。這種領導方式適用場合：

（1）希望員工隨時解決涉及到他們利益的事情。

（2）希望員工承擔決策和解決問題的責任。

（3）希望考慮到員工的看法、意見和不滿。

（4）希望提供機會，培養員工高度的自我發展和職業滿足感。

（5）必須作出會影響某位員工或某些員工的決策，或解決與此有關的問題。

（6）希望群體合作和集體參與。

3.放任式領導

所謂放任式領導，是指飯店經理人撒手不管，幾乎或根本不予指導，下屬願意怎麼做就怎麼做，給員工最大程度的自由。他的職責僅僅是為下屬提供訊息，並與飯店外部環境進行聯絡，以便下屬展開工作。這種領導方式適用場合：

（1）下屬技術高超，業務經驗豐富，受過良好教育。

（2）員工對工作具有自豪感，有強烈獨立完成工作的慾望。

（3）員工忠誠度較高，富有經驗。

（4）使用外來專家。

4.官僚式領導

所謂官僚式領導，是指按照書上所寫的條條框框來管理，照本宣科，強調按規章制度來做事。這種領導方式適用場合：

（1）重複簡單的工作。

（2）必須遵照一定的程序來操作危險、易損的設備。

（3）想使員工意識到，他們必須保持一定的標準和程序。

（4）當員工的安全是關鍵問題時。

領導方式的這幾種基本類型各具特色，也各適用於不同的環境。飯店經理人要根據所處的管理階層、所擔負的工作性質以及下屬的特點，在不同時間處理不同問題時，選擇適合的領導方式。

二、團隊領導者必備的條件

（一）群體素質要求

（1）年齡結構

飯店管理群體內合理的年齡結構應該是老、中、青搭配的梯形結構，這種結構能取長補短，發揮組織的整體優勢，確保飯店管理群體的連續性和相對穩定性。

（2）專業知識結構

現代飯店要求配備多種類型的專業人才，從而使整個群體具有綜合管理能力。飯店管理群體要求具備四方面的專業人才，即科學技術專業人才、經濟管理專業人才、政治思維專業人才、生活行政專業人才。透過各方面專業人才合理配

備、群策群力，從而確保有效地發揮飯店團隊領導者的管理水平。

（3）智慧結構

在現代飯店管理中，有四種類型的管理者，即「思想型」、「實幹型」、「智囊型」、「組織型」。一個管理群體應該包括不同類型的管理者，並使各個類型的管理者充分發揮自身的優勢，實現最優化的智慧結構組合，從而為飯店管理發揮最優秀的效能。

（二）團隊領導者個體應具備的基本素質

「工欲善其事，必先利其器。」要想成為一名優秀的團隊領導者，不但要對自己所處的環境有準確、客觀、積極的認識，而且，在自身的素質、技能、想法理念方面，團隊的領導者也必須達到一定的標準。

1.知識素質

知識素質是團隊領導者最重要的素質，是做好管理工作、提高管理水平的基礎。

（1）基礎知識

基礎知識是指自然科學和社會科學兩方面的知識，是團隊領導者整體知識結構的基礎。例如，政治經濟學、科學的世界觀和方法論、社會學、經濟學、統計學、法學、心理學、哲學等。

（2）專業知識

專業知識是指團隊領導者所掌握的專業管理知識，它是整體知識結構的核心。例如，飯店人力資源管理、飯店經營管理、飯店市場營銷、飯店設備管理、飯店財務統計等專業知識。

2.能力素質

能力是指一個人勝任某項工作的主觀條件，它直接影響到工作的效率和品質。團隊領導者的能力是知識、技能、智力和實踐經驗的綜合表現，它包括管理技能和思維能力、決策能力、組織能力、交際能力、選才用人能力、創新能力、

應變能力等。除了技能之外還有智慧，即表現在管理活動中的各種認識能力的總和。作為團隊的領導者，一般需要具備綜合管理能力、人事組織能力和專業技術能力。

（1）綜合管理能力

綜合管理能力，即團隊領導者的決策、指揮、組織、協調的整體能力。它能把整個飯店的一切活動和利益協調起來，形成整體的能力。

（2）人事組織能力

人事組織能力，即團隊領導者處理人際關係、與人共事和選賢用人的能力，主要包括處理飯店內部、飯店外部和個人之間的關係的能力。一個才能出眾的領導者，需要掌握待人接物的技巧，做到能理解人、寬容人、觀察人、影響人和團結人。

（3）專業技術能力

專業技術能力，是指團隊領導者處理技術和各項管理職務的技術問題的能力。

3.心理素質

領導者的心理活動過程和個性方面，表現出來的持久而穩定的基本特點，稱之為「心理素質」。它透過領導者的智力、非智力因素、組織管理和品德等四方面表現出來。認識活動、情感活動和意志活動之間相互影響，構成了領導者的心理活動過程。態度、信念、興趣、氣質、性格、能力等心理特點的綜合，形成了領導者的個性。團隊管理成功不可缺少的條件之一，就是要求領導者具有敏捷的認識能力、健康的情感、堅強的意志和良好的個性等一系列優秀的心理素質。因此，團隊領導者要強化心理素質的訓練，以適應管理工作的需要。

4.身體素質

健康的體魄、充沛的精力是領導者承擔緊張繁忙的管理工作的身體基本要求。一個身體健康、精力旺盛的領導者，在思維、記憶等方面會明顯強於那些身

體素質差的人。因此，作為一名團隊的領導者要注意鍛鍊身體，做到勞逸結合、保持樂觀的情緒。

（三）掌控一定的權力

權力等於你可能的影響力，即一個人影響另外一個人的能力。權力的關鍵是信賴，你對我的信賴程度越強，那麼我對你的影響力就越大。團隊領導者在管理活動中主要運用五種權力。

1.強制性權力——懲罰威懾

足球賽場上，選手違反比賽規則，裁判員只需亮出紅牌，就可讓違規選手乖乖下場，這就是裁判的權力，這種權力建立在選手對裁判懼怕的基礎之上。所以，作為飯店員工，如果不服從上級的領導，就會受到權力的處分。出於對這種後果的恐懼，員工會作出相應的反應，即服從上級領導。在這個時候，領導者對於員工就有這種強制性的權力。

2.獎賞性權力——利益誘惑

領導者的獎賞性權力與強制性權力相反，是透過獎勵的方式來吸引員工，使其自願服從上級的指揮、正視自己的工作並完成目標。這種獎勵能夠給員工帶來積極的利益和避免受消極因素的影響。其形式可以是多樣的，包括加薪、晉升、提供學習的機會、安排員工做自己喜歡的工作，或是給員工提供更好的工作環境等。

3.法定性權力——組織制定

在飯店的組織結構中，無論你處於何種管理層，獲得的相應的權力是具有法定性的，一旦有了正式的任命，就具有了法定性的權力，無論是使用強制性權力還是獎賞性權力，都必須以法定性權力為基礎。

4.專家性權力——知識權力

在飯店管理中，專家性權力取決於飯店團隊領導者的知識、技能和專長。在知識經濟時代，飯店經營與管理的目標越來越依靠不同部門和單位的管理者來實

現。所以，具備多元化的知識、掌握專業性的技能，並要不斷地充實與提高自己，是領導者獲得專家性權力的基礎。

5.參照性權力——人格魅力

為什麼會有許多的企業不惜花大錢去請名人拍廣告？因為名人在這方面具有一種參照性的權力，他拍的廣告對目標群體會具有強大的影響力。參照性權力的形成是由於他人的崇拜。在飯店組織中，如果領導者具備了良好的個人形象，並且富有主見、善於溝通、極具個人魅力，那麼他就具有參照性的權力，可以影響下屬做他所希望下屬做的事情。

在以上的五種權力當中，強制性權力和獎賞性權力，與飯店團隊的領導者在組織結構中的職位有關，合稱為「職位權力」；專家性權力和參照性權力，則與領導者的個人特質有關，合稱為「個人權力」。相較兩種類型的權力：職位權力，是組織賦予團隊領導者的，以法定權力為基礎，帶有一定的強制性；個人權力，是領導者憑自身修養贏得下屬的敬佩、信賴和服從，可以由飯店經理人根據需要自我調整。領導者職位權力的影響，表現為心理與行為的被動與服從；個人權力的影響，表現為自覺與自願。

‖ 三、做人、做事、做管理

◎ 倒水的學問

眾人聚會，相互倒水，本是人之常情，但仔細研究起來，其中隱含著的做人哲理往往耐人尋味。倒與被倒，先倒與後倒，多倒與少倒，快倒與慢倒，上給下倒與下給上倒，前倨後恭地倒與前恭後倨地倒，笑著倒與繃著臉倒，轉圈倒與固定倒，都大有講究。有時倒水還要冒點風險：不倒吧！領導者不滿，覺得這個人怎麼這麼傲慢；倒吧！群眾不滿，認為他人是馬屁精。真是進退兩難，不知該如何是好。

怎樣倒好一杯茶？這裡面的道理讓人不得不仔細揣摩、悉心領會。有的人悟性高，一兩年就無師自通；有的人悟性差，十年八年仍不得道，最後冤死在這一

杯茶裡亦未可知……。

倒水也有一定的學問。這就要求審時度勢、權衡利弊、果敢行事了。精通「倒術」的前輩毫不猶豫地選擇了「主攻領導，兼顧群眾」的方法，迄今為止，均無大礙，令人深思。

要做事先要做人，做人要低調謙虛，做事要高調有信心。做好了人，事情自然水到渠成；做好了事，做人的水平也上了一個台階。

（一）低調做人——踏踏實實做人

◎ 低下頭做人

美國開國元老之一的富蘭克林，年輕時去一位老前輩的家中做客。他抬頭挺胸地走進一座低矮的小木屋，一進門，「碰」的一聲，他的額頭撞在門框上，青腫了一大塊。老前輩笑著出來迎接説：「很痛吧？你知道嗎？這是今天你來拜訪我所得到的最大收穫。一個人要想洞明世事、練達人情，就必須時刻記住『低頭』。」富蘭克林記住了，也就成功了。

有道是：「地低成海，人低成王。」一個人不管取得了多大的成功，不管名有多顯、位有多高、錢有多豐、權有多大，面對紛繁複雜的社會，也應該保持做人的低調。低調做人不僅是一種境界、一種風範，更是一種思維、一種哲學。

低調做人，是一種品格，一種姿態，一種修養，一種胸襟，一種智慧，一種謀略，是做人的最佳姿態。欲成事者必先學會低調做人，要寬容於人，進而為人們所接納、所讚賞、所欽佩，這正是人立於世的根基。根基穩固，才有枝繁葉茂、碩果纍纍；倘若根基淺薄，就難免枝衰葉弱、不禁風雨。低調做人，不僅可以保護自己，融入群體，與大家和諧共處，也可以讓人暗蓄力量、悄然潛行，在不顯山露水中成就事業。

1.姿態要低調

時機不成熟時要能挺住，羽翼不豐盈時要懂得讓步。

2.心態要低調

不要恃才傲物、鋒芒畢露，謙遜是使人終身受益的美德。

3.行為要低調

財大不能氣粗，居高不可自傲，做人不能太聰明，否則容易樂極生悲。

4.言辭要低調

不要揭人傷疤，不要傷人自尊，得意不能妄行，莫逞一時的口舌之能，要知道「禍從口出」。

低調做人，不是說什麼事情都退在後面，即使自己的利益被侵犯了也不發出任何聲音，人格受到侮辱也不表示反抗，這不是低調，這叫「懦弱」。低調做人，是要用平和的心態來看待周圍的一切，不喧鬧、不假惺惺、不矯揉造作、不搬弄是非、不招人嫌、不招人嫉，即使自己滿腹經綸、能力比別人強，也要學會藏拙。學會低調做人，就要善始善終。在卑微時安貧樂道、豁達大度；在顯赫時持盈若虧、不驕不狂。並且，在任何時候都不要太招搖，走到哪裡都擺著領導者的架子，自己有幾斤幾兩自己要清楚。鄭板橋先生說：「做人，要難得糊塗。」他說的就是這個道理。

（二）高調做事——認認真真做事

會做人就會做事，人和萬事興。做人要坦誠、要以身正處。你希望別人怎麼待你，你就要怎麼待人。做事就要做正確的事，要把正確的事情一一做好。作為飯店的團隊領導者，就要把飯店的工作當成自己的事業來做，而不只是一種謀生的途徑。做人要低調，做事要高調。

1.行動要高調

成功貴在行動：知道≠行動，了解≠行動，做到＝行動。心動不如行動。只有觀念改變，態度才會改變；態度改變，行動才會改變；行動改變、習慣改變，人格才會改變；人格改變，命運才會改變；命運改變，人生才會改變。

一位領導者要有明確的工作目標，一旦有了目標就要立刻著手去努力實現目標。要相信自己的能力、自己的優勢，猶豫不決、舉棋不定的人將一事無成。

2.想法要高調

其貌不揚的醜小鴨也能變成美麗的白天鵝。作為領導者在工作中要保持樂觀的、積極向上的心態，遇到棘手的問題不要只是找理由搪塞，別讓「藉口」吃掉了自己的希望。要堅定信念，讓失敗成為成功的墊腳石。

3.細節要高調

注重細節是成功的關鍵。領導者不但要能用心做事，還要能從小事做起，對待任何的事情都要傾注滿腔的熱情。做事注重細節，就要力求做到「五求」，即求精、求實、求新、求嚴、求先。

作為領導者做事要講求高調。但是，做事高調不是讓你扛著大旗、喊著口號，有點小本事就班門弄斧，讓全世界的人都知道你的豐功偉績。高調做事，要求自己對自己要做的事能夠透徹掌握，把握其根源和關鍵，在胸有成竹的情況下，以專業的眼光和手法做得成功、做得漂亮、做得乾脆俐落。如果還沒有十分的把握就要先自己好好分析研究，再盡力去解決。

（三）管理就是擺平

◎ 老闆鸚鵡

一個人去買鸚鵡，看到一隻鸚鵡前的標示牌：此鸚鵡會兩種語言，售價二百元。另一隻鸚鵡前則標示道：此鸚鵡會四種語言，售價四百元。該買哪一隻呢？兩隻都毛色鮮豔，非常聰明可愛。這人轉啊轉的，拿不定主意。結果他突然發現一隻老掉了牙的鸚鵡，毛色暗淡散亂，標價八百元。這人立刻將老闆叫來問道：「這隻鸚鵡是不是會說八種語言？」老闆說：「不，這隻鸚鵡一句話也不會說。」這人覺得奇怪了，「那這隻鸚鵡又老又醜，又沒有能力，怎麼標這個價錢呢？」老闆回答：「因為另外兩隻鸚鵡叫這隻鸚鵡『老闆』。」

從這個故事中，我們能得到這樣的啟發：真正的領導者自己不一定要事事精通，不一定要才華橫溢，不一定是全才、萬能的。但是，一定要善於團結和領導下屬，尤其是比自己能力強的下屬，讓他們臣服於自己，心甘情願為自己做事，這就是管理。

1.關於管理的基本認識

◎ 管理不是管員工、阻礙員工的手段。

◎ 永遠沒有最好的管理，只有適當的管理。

◎ 管理就是做好無數小的細節的工作。

◎ 最重要的管理是人的管理，最危險的管理是戰略管理。

◎ 飯店經理人在關鍵的時刻應該出現在關鍵的位置解決關鍵的問題。

管理即「管」與「理」。「管」是協調員工的工作，讓大家想法和努力都是往同一個地方的；「理」就是要對員工的心理進行梳理，讓員工保持好心情；對員工的工作進行梳理，保證員工對其所從事的工作想法清楚、有條不紊。

飯店管理的最高宗旨：就是促使飯店內的所有員工的潛在能量得到最大程度的發揮，並向一個共同的目標努力。在飯店管理中，任何一種管理方式都必須符合飯店自身的資源狀況、特定的社會發展階段、市場環境的特點和戰略發展的需要。作為飯店團隊的領導者只有正確理解管理的含義，員工才能夠快樂，工作就不再是讓他們苦惱的事，他們會更加努力。

2.管理的基本思維原則

（1）外部出了問題，從內部找起

當工作出現波折時，不要忙著強調外界的因素，而要先從內部分析，查找問題的根源。

（2）員工出了問題，從領導者找起

當員工在工作中出現問題時，作為上級，不應該忙著指責員工的過錯，而需先從管理的角度分析原因。

（3）工作出了問題，從自身找起

當工作進展不順利時，不要將責任歸咎到客觀原因上，而要先從主觀方面分析自己哪些疏漏和不足，然後整體改善。

（4）經營出了問題，從管理找起

當飯店的客人減少、消費額降低、經營亮起紅燈時，飯店經理人要首先查找是不是管理出現了問題，導致產品品質下降。

（5）今天出了問題，從昨天找起

如果今天在工作中出現了問題，不要將問題僅局限在今天沒有做好。今天的錯誤源於昨天的疏漏，解決問題就要找出問題的根源，從根本上徹底切斷問題源。

飯店經理人是飯店團隊的領導者，在從事飯店管理工作中，就是要將上下、左右、前後、裡外通通擺平。對上，就是處理好與上級、老闆的關係，贏得他們的信任，並使他們支持自己的工作；對下，就是要處理好與下屬和員工的關係，讓他們服從並配合自己的工作；對待左鄰右舍，就是要與相關部門融洽相處，取得他們的協助，也為自己營造寬鬆的工作環境；對待前後，就是要處理好與飯店經營相關的「管」理部門以及同行業朋友們的關係，爭取他們的認可和支持，有了他們的幫助，飯店經理人各項工作的展開就便捷多了；而對於裡裡外外，則要求飯店經理人既要能夠保證飯店內部和諧融洽，同時，又要能夠和新舊客戶處理好關係，贏得客人的信賴，樹立自身品牌，以確保管理達到理想的效果，實現預期的目標。

第三節　行之有效的團隊管理

引言

◎ 林肯住院

林肯總統因病住院期間，前來找他謀求職位的人絡繹不絕，林肯和醫生們都心煩意亂。一次，一個令人討厭的來客正坐下來準備和總統長談，醫生剛好走進來。林肯伸出雙手問道：「醫生，我雙手上的這些疙瘩是怎麼回事呀？」醫生回答：「這是假天花，也可能是輕度天花。」林肯又問：「可是我全身都長滿了，這種病會不會傳染？」醫生回答：「傳染力很強。」這時，坐在一旁的來客忽然

站起來，大聲說：「哦！總統先生，我只是順便來看望您一下，我還有事，要先走了。」「啊！您別那麼急著走嘛！先生。」林肯開心地說。「我以後再來拜訪，以後再來⋯⋯」這人一邊說，一邊急忙向門外走去。等這人走後，林肯高興地說：「現在，我可有了送給那些客人的好禮物了。」

☆　飯店經理人的管理藝術是建立在一定知識、經驗基礎上的非規範化的管理技能。飯店管理人員在工作中要注意掌握和運用管理藝術。

‖ 一、講究管理科學

任何一項管理都需要策略，團隊的領導者在團隊管理中更要講究策略，面對團隊內部具有各種性格特徵的成員和各種紛繁複雜的問題，領導者要能夠多思考、多總結、多探索。而最佳的管理方法，就是能夠不動聲色地將所有成員協調好，將各項問題處理好。尤其是在遇到團隊衝突的時候，要能夠做到「不動氣、不發火、退一步、冷處理」。同一件事情，可能會有多種不同的解決方法，講究策略的領導者在處理各項事務時，往往能夠遊刃有餘、水到渠成。

（一）樹立威信

有句俗語說：「有理不在聲高。」領導者在管理工作中要能夠以自己的品德、修養樹立自己的威信，做到以德服人。

1.全面提高自身素質

領導者要全面提高自身素質，包括專業水平、管理才能和個人修養，只有這樣，員工才會佩服你、尊敬你，繼而服從你。

2.為下屬做榜樣

團隊領導者作為團隊的掌舵人，應該以身作則、率先垂範，別人才會服你。榜樣的力量是無窮的。要求員工做到的，領導者自己應先要做到；規定員工不許做的，自己也絕不「越矩」。

3.不玩官僚主義

官僚主義只會使團隊領導者和下屬以及員工的關係疏遠，百害而無一利。有位領導者在員工工作時，竟然要她放下手中的工作，命令她為自己打開瓶裝水的蓋子，這樣的管理者怎麼可能贏得員工的尊重，樹立自己的威信呢？

4.支持下屬

作為領導者，在工作中要能夠支持和幫助下屬取得突出的成績。這樣的領導者不僅會贏得下屬的敬重、樹立個人威信，而且能夠提升下屬的工作積極性，更好地展開工作，提高工作效率和工作品質。

5.公正地對待每位員工

公平可以使員工踏實地工作，使員工相信付出多少就真的有多少回報在等他。公平使員工滿意，使員工能夠心無雜念的專心工作。在日常的團隊管理中，應遵循公開、公平、公正的原則，以充分提升員工的積極性，激發他們的創造性。

（二）重視飯店營運管理

在一定條件下，飯店管理決定著飯店經營的成效。飯店要想經營有成效，就必須重視對飯店營運的管理。

1.以現代意識管理飯店

在這個被稱作是「知識經濟」、「網路技術」、「綠色環保」的時代，飯店業將面臨著新的挑戰和前所未有的發展機遇。只有順應時代的潮流，掌握市場的新需求，適時進行管理的創新，才有可能在市場競爭中成為最終的贏家。因此，飯店經理人必須與時俱進、加快步伐，不斷變革、不斷創新，以現代的意識來管理新情勢下的飯店。

2.重視品質管理

品質管理體系是飯店可持續經營發展的基礎。飯店經理人要建立、健全系統、完善的品質管理體系、完善品質檢查體系，以高品質的產品贏得客人的青睞，打造飯店的品牌形象，取得良好的經濟效益和社會效益。

3.關注細節管理

老子說：「天下難事，必做於易；天下大事，必做於細。」具體來說，凡事無小事，簡單不等於容易，只有花大力氣，把小事做細，才能把工作做好。飯店經理人所從事的飯店管理工作就是用細節堆砌出來的。任何完美的目標和計劃都必須從簡單的事情做起、從細微之處入手。大量的飯店工作都是一些瑣碎的、繁雜的、細小的事務的重複，因此，飯店經理人要關注對細節的管理。

4.提升執行力

工作中絕不缺少雄韜偉略的戰略家，而是缺少精益求精的執行者；管理中絕不缺少各類規章制度，而是缺少對規章制度不折不扣的執行。飯店經理人要提高員工的執行力：一是快，反應快、計劃快、組織落實快、追蹤檢查快；二是準確，對上級的指示與命令要領會正確、執行準確，不能有偏差，不能單純地追求速度，否則會欲速而不達。正如俗話說：「做正確的事比正確地做事更重要。」；三是靈活，任何方案都不可能是完美無缺的，只有以最大限度地節約人力、物力和財力的方法來完成目標任務，才能說是靈活。所以，飯店經理人讓員工正確地做事固然重要，讓員工做正確的事也很重要，而讓員工聰明地做事則是最重要的。

（三）完善飯店運作系統

飯店運作系統是飯店正常運作的基礎，完善飯店運作系統是為了保證飯店正常、良好的運作狀態。

1.制定系統的服務程序和操作規範

飯店自身必然要建立一套系統的、全面的部門化營運規範、服務和技術人員工作說明書及服務項目、程序與標準說明書，憑藉規範化的操作和個性化的服務贏得客人的認可。同時，服務和操作是靈活的，並非一成不變，要根據市場的需求和飯店的具體情況不斷地修訂和完善。

2.評估飯店運作系統

作為飯店團隊的領導者，飯店經理人要對飯店的經營與運作情況作及時地追

蹤和調查,並對其作準確、系統地評估,及時了解飯店的營運現狀,使問題能夠及時地消滅在萌芽階段。

(四)提高專業化程度

飯店業是一個需要追逐潮流、不斷創新的行業,飯店經營管理的專業化、規範化和優質服務是飯店發展的基礎。離開了這個基礎,任何的潮流和創新勢必成為無源之水和無本之木。

1.飯店的設施和服務,應滿足客人的個性化需求

到飯店尤其是星級飯店來消費的客人,是花錢來買享受的。因此,飯店的設施與服務在能夠滿足其基本需求的前提下,還要能達到專業化的水準,滿足客人的個性化需求。

2.飯店要引導社會和客人的消費及價值趨向

飯店作為當今社會的一個高消費場所,飯店經理人要能夠主動引導社會和客人的價值、消費趨向,以優質的設施設備和專業、科學性的服務標準,引導客人建立正確的價值觀和消費觀,抵制不良風氣進入飯店。

3.多方位體現專業化水準

中國大陸現代飯店業起步較晚,管理理念不完善,專業化水準不高,在市場經濟和全球一體化經濟情勢下,飯店經理人要能夠充分吸收並融合東西方經營管理理念,在營銷、管理、服務、培訓等多方面體現,並提高飯店的專業化水準。

‖ 二、掌握管理方法

飯店經理人不但要講究管理科學,更重要的是要掌握正確的管理方法。正確的管理方法是實現飯店管理有效的基石。但是方法不只是停留在嘴巴上説説而已,還要落實在具體的行動上。

(一)位置要正

飯店經理人在履行管理職責、實施管理策略時,首要要擺正自己的位置、明

確自己的態度。具體包括：

1.思維上不錯位

飯店經理人要認真貫徹政府制定的政策、法令法規，努力完成上級的任務，檢查和控制好飯店的各項經營活動，不僅要「不違法」，還要學會用法律的武器維護飯店的正當權益。

2.工作上不棄位

飯店經理人在管理過程中，在遇到興趣、愛好與工作內容不相符，部門內部或部門之間的矛盾，目標與實際的差距等問題時，要能夠認真負責地對待部門工作，正確處理好社會、飯店、客人、員工等四者的關係，不斷提升部門的服務品質和經濟效益。

3.權力上不越位

飯店經理人在履行管理職責、行使管理權力時，要注意合理控制好部門之間和上下級之間權力與職責的界限，避免越級管理、多頭管理和交叉管理，以實現管理效益的最大化。

（二）眼光要遠

作為團隊的領導者，飯店經理人要看到未來，而不是只盯著眼前。飯店經理人的管理工作不能只是為了賺小錢、謀小利，這樣的管理是短期的、無法持久的。而是要提高眼界，有戰略管理眼光、有長遠的發展規劃，要能夠帶領團隊求得長久的生存和發展。

（三）管理要嚴

飯店經理人在具體的管理工作中要嚴格管理，要管牢各個環節、管緊服務品質、管好自身言行。具體包括：

1.嚴以律己

飯店經理人要具備淵博的知識、卓越的能力、良好的品行和高尚的道德準則；要明白「嚴」與「凶」的區別，正確行使權力、賞罰分明；要樹立正確的權

威觀，增強感召力，沒有感召力就沒有凝聚力，就無法形成一支團結有序的隊伍。也就是説，飯店經理人要能夠透過「言必信、行必果」的管理風格，樹立威信，贏得員工的尊敬和信賴。

2.制度要細

飯店經理人制定出的制度要全面可行、表意明確，不這樣做，就那樣做。但是，制度必須與倡議、倡導區別開來。例如，「微笑服務」是一種倡議，它不屬於制度；「貴重物品保管」是一種要求，也不屬於制度。

3.控制要嚴

飯店經理人對產品的數量、品質、標準的控制要嚴格，同時也要做好飯店品質控制、銷售控制、財務控制及安全控制。要有原則性，不能這樣也可以，那樣也可以，沒有標準。要嚴格按照制度不折不扣地執行。

4.講究藝術

在具體的實踐管理中，飯店經理人要講究制度管理的藝術性。也就是説，既要遵循制度的原則性，又要根據實際情況妥善處理。一方面，飯店經理人要嚴格按照制度辦事；另一方面，又要善於注意獎勵與批評的藝術性，同時還要把執行制度和解決實際問題結合起來。

（四）工作要實

飯店經理人在實施管理中，要落實每一項工作。

1.計劃有序

工作要有計劃、有程序，要制定詳細的目標、方案等。飯店經理人如果管理無計劃，會導致下屬無所適從。

2.重在檢查

工作要有安排、有檢查。飯店經理人的權力可以下放，但是責任不能下放，要注意追蹤各種回饋訊息，要檢查落實每一項工作。

3.慎下指令

飯店經理人在行使權力、實施管理的過程中，要做到慎下指令，工作嚴謹、言而有信、辦事認真。

4.講究效率

飯店經理人要注重工作實績、講究工作實效。

5.推廣品牌

飯店經理人在管理過程中，要注重飯店品牌形象對內對外的宣傳和推廣，為飯店的品牌創造效益。

（五）辦法要多

1.表格管理法

飯店的表格有採購報表、財務報表、營業報表、採購單、物品領用單、維修單、報損單等。飯店經理人要考慮各類表單的用途及所起的作用，同時，還要明確各類表單的性質、傳遞部門和傳遞時限。填單要有統一的規定，各部門的表單處理要規範，要有存檔和回饋。

2.定量管理法

定量管理，就是透過對管理對象數量關係的研究，遵循量的規定性，利用數量關係進行管理。不管是原材料還是人力資源、能源以及成本的控制，飯店經理人都可以採用量化管理。例如，每位客房服務人員每天的整房數是多少間？每位康樂服務人員服務幾間KTV包廂？每位餐飲服務人員在宴會上服務幾桌客人？等。

3.情感管理法

情感管理法，實際上就是心理管理法，是指飯店經理人透過對員工的想法、情緒、願望、需求和社會關係的研究與引導，給予其必要的滿足，以實現預期目標的管理方法。情感管理主要是兩大問題：一是服務品質問題，即處理好客人關係；二是管理水平問題，即處理好員工關係。

管理既是一種技巧，也是一門學問。作為飯店團隊的領導者，飯店經理人在

管理的實踐中，要邊學習、邊領悟、邊運用；要牢記「三人行，必有我師」。飯店經理人要清楚，自己沒有掌握的知識與技能遠比已經掌握的多得多，只有把工作做得細緻到位而又不露聲色，沉著而沒有張揚之氣，才是一位成功的飯店經理人所應具備的涵養。

‖ 三、實現團隊管理有效到位

管理大師彼得・杜拉克說：「管理是一種實踐，其本質不在於『知』而在於『行』；其驗證不在於邏輯，而在於成果，其唯一權威就是成就。」實現管理到位是飯店管理績效的重要體現，是飯店經理人透過自己的權力、知識、能力、品德及情感，去影響下屬共同實現飯店管理目標的過程。管理到位的核心，是飯店經理人管理的到位，飯店經理人的管理沒有到位。那麼，任何所謂的服務到位、品質到位、銷售到位、維修保養到位等都無從談起。

（一）實現飯店目標是管理到位的最終目的

在管理過程中，飯店經理人會遇到各種困難，例如，同行業競爭、資金不足、設備老化、內部矛盾等。在困難面前，飯店經理人是停滯不前還是積極克服，是飯店經理人工作態度的問題，只有將問題解決了、工作目標實現了，才實現了管理到位。

（二）有效的管理制度、程序和標準，是管理到位的保證

俗話說：「無規矩，不成方圓。」飯店經理人要結合政府的規定和行業的標準，根據自身實際情況，建立符合飯店本身發展需要的規章制度，例如，飯店產權制度、飯店基本管理制度、部門制度、專業管理制度和日常工作制度等。科學性的規章制度是飯店管理的依據，任何飯店經理人都無一例外的必須執行，這是實現管理到位的保證。

（三）發現並解決問題是管理到位的能力體現

飯店經理人要具有問題意識，能夠及時發現管理中存在的各種顯性和隱性的問題。尤其是對潛藏在一些細節中的問題，飯店經理人要能夠防微杜漸，及時地

肅清問題的根源，因為這些細節問題，往往決定了飯店管理的成功與失敗。萬豪國際酒店有這樣一條管理理念：「魔鬼藏在細節裡。」忽略細節必然會導致最終的失敗。

（四）預先控制是管理到位的有效方法

預先控制既是管理的手段，也是實現管理到位的有效途徑。實現管理到位的重要一點就是，飯店經理人要能夠把管理和服務過程中可能會出現的錯綜複雜的問題預見在發生之前，並及時糾正和修正偏差，使飯店經營方向始終朝向既定目標。

（五）提升員工的積極性是管理到位的重要手段

飯店管理到位體現了飯店全體員工對管理的共同參與，只有將員工的工作積極性和工作熱情提升起來，實現從利益共同體到命運共同體的轉變，員工才會自覺、自願、自律、自然地為飯店努力工作。

（六）敢於承擔責任是管理到位的具體體現

當自己的團隊出現問題時，飯店經理人不是相互推脫，而是主動承擔責任，從自身管理中尋找問題。當工作需要時，飯店經理人能夠站在員工的前面，妥善地解決問題。承擔責任，既體現了飯店經理人以身作則的作用，又使管理落實到位。

（七）講究管理技巧、提高領導水平是管理到位的核心

僅靠規章制度管理是簡單的管理，很難讓被管理者信服。這就要求飯店經理人除了自身品德和業務素質外，還要掌握管理的技巧與方法。用不同的方法去對待人和管理事，提升員工的積極性，掌握溝通技巧，提高團隊合作能力。

主要參考文獻

1.〔美〕菲利普・科特勒著.梅清豪譯.營銷管理.上海：上海人民出版社，2003年10月

2.〔美〕KATHLEEN　M.IVERSON著.張文譯.飯店業人力資源管理.北京：旅遊教育出版社，2002年3月

3.〔美〕GARYK VALLEN JEROME，J.VALLEN著.潘惠霞等譯.現代飯店管理技巧.北京：旅遊教育出版社，2002年3月

4.〔美〕　CHUCK　Y.GEE著.谷慧敏譯.國際飯店管理.北京：中國旅遊出版社，2002年4月

5.〔美〕　PAULR　TIMM著.肖洪根，李洪波，曾武英譯.對客服務藝術.北京：旅遊教育出版社，2004年8月

6.〔美〕EDDYSTONE　C.NEBEL著.莫再樹，曹賽先，邊毅，袁秋萍譯.更有效地管理飯店.長沙：湖南科學技術出版社，2001年4月

7.呂建中.現代旅遊飯店管理.北京：中國旅遊出版社，2002年5月

8.鄒益民.現代飯店管理.杭州：浙江大學出版社，2006年5月

9.鄒益民.飯店管理——理論、案例與方法.北京：高等教育出版社，2004年8月

10.鄒益民.酒店整體管理原理與實務.北京：清華大學出版社，2004 年11月

11.蔣丁新.酒店管理概論.大連：東北財經大學出版社，2000年6月

12.浦德欣.飯店品質管理.南京：江蘇人民出版社，1999年7月

13.王大悟.21世紀飯店發展趨勢.北京：華夏出版社，1999年12月

14.蔣丁新.飯店管理.北京：高等教育出版社，2004年7月

15.沈建龍.飯店管理概論.北京：高等教育出版社，2005年1月

16.餘炳炎.現代飯店管理.上海：上海人民出版社，1996年6月

17.鄭向敏，郭建國，連宗明.現代飯店管理學.上海：上海三聯書店，1999年8月

18.吳軍衛，吳梅，程新友.前廳服務與管理.北京：旅遊教育出版社，2003年4月

19.周三多，陳傳明，魯明泓.管理學——原理與方法.上海：復旦大學出版社，1999年6月

20.唐德鵬，張文娟，黃宇海.現代飯店經營管理.上海：復旦大學出版社，2000年12月

21.劉偉.現代飯店前廳服務與管理.廣州：廣東旅遊出版社，1999年2月

22.鄒益民，陳劍.「客人至上」的關鍵在於「讀懂客人」.旅遊管理（中國人民大學書報資料中心），2003（4）

23.鄒益民.飯店優質服務新思維.旅遊管理（中國人民大學書報資料中心），2003（6）

後記

當今的時代，是一個急劇變化的時代，飯店業市場中，國內市場國際化、國際競爭國內化的態勢將進一步加劇，誰能順應時代的潮流，把握市場的新需求，適時進行管理的創新，誰將是市場競爭中的贏家。因此，我們必須與時俱進，開拓創新，接軌國際，迎接挑戰。現代飯店經理人，不僅要具備推動飯店發展、帶領團隊成員前進的各種業務能力，而且還要善於學習，勇於創新，要打造出唯一的、難以模仿的核心競爭力，營造團隊核心文化，以獲得持久的競爭優勢。為此，我們不僅要高度重視團隊的建設與團隊的有效溝通，而且要追求卓越，建設一支強有力的高績效的團隊。

本書就團隊建設與有效溝通的各個方面進行了深入、確實的探討和研究，按照團隊—團隊溝通—打造高績效團隊的邏輯順序來組織內容，脈絡比較清晰。總體來說，與已出版的同類著作相比有一些獨特之處：內容新穎、結構合理；條理清晰、通俗易懂；語言可親、風趣幽默；案例豐富、形式活潑。書中大部分觀點和管理方法都是本人從事十幾年飯店管理實踐中累積起來的成功經驗之談，在《團隊建設與有效溝通》中詳細闡發，以求與同行切磋交流。本書針對性和實用性較強，可作為旅遊飯店管理人員的培訓教材，也可作為旅遊院校學生的參考書籍。

本書在寫作過程中，參考了近幾年出版的教材和研究成果，在此一併向作者表示衷心的感謝。同時，要特別感謝浙江大學旅遊學院鄒益民教授對本人寫作想法的啟迪，以及對本人在飯店管理、研究中的支持與幫助。另外，我的同事鄧莉莉和周華維也參與了本書部分章節初稿的寫作，為本書提供了有用的想法和素材，也向她（他）們表示感謝。囿於本人學術水平，書中尚有許多不足之處，敬請各位專家、學者、各位同仁、各位讀者朋友批評指正。

程新友

國家圖書館出版品預行編目(CIP)資料

團隊建設與有效溝通 ／ 程新友 著. -- 第一版.
-- 臺北市 : 崧博出版 : 崧燁文化發行, 2019.02
　　面 ;　　公分
POD版

ISBN 978-957-735-649-9(平裝)

1.旅館業管理 2.組織管理

489.2　　　　　108001290

書　　名：團隊建設與有效溝通
作　　者：程新友 著
發行人：黃振庭
出版者：崧博出版事業有限公司
發行者：崧燁文化事業有限公司
E-mail：sonbookservice@gmail.com
粉絲頁　[QR]　　　網　址：[QR]
地　　址：台北市中正區重慶南路一段六十一號八樓815室
8F.-815, No.61, Sec. 1, Chongqing S. Rd., Zhongzheng
Dist., Taipei City 100, Taiwan (R.O.C.)
電　　話：(02)2370-3310 傳　真：(02) 2370-3210
總經銷：紅螞蟻圖書有限公司
地　　址：台北市內湖區舊宗路二段 121 巷 19 號
電　　話：02-2795-3656　　傳真：02-2795-4100　　網址：[QR]
印　　刷：京峯彩色印刷有限公司（京峰數位）

定價：600 元
發行日期：2019 年 02 月第一版
◎ 本書以POD印製發行